城市规划与交通设计

刘　勇　郑翔云　傅重龙　主编

吉林科学技术出版社

图书在版编目（CIP）数据

城市规划与交通设计 / 刘勇，郑翔云，傅重龙主编 . -- 长春：吉林科学技术出版社，2019.12
ISBN 978-7-5578-6155-1

Ⅰ．①城… Ⅱ．①刘… ②郑… ③傅… Ⅲ．①城市规划—交通规划 Ⅳ．① TU984.191

中国版本图书馆 CIP 数据核字（2019）第 232721 号

城市规划与交通设计

主　　编	刘　勇　　郑翔云　　傅重龙	
出 版 人	李　梁	
责任编辑	端金香	
封面设计	刘　华	
制　　版	王　朋	
开　　本	16	
字　　数	300 千字	
印　　张	13.25	
版　　次	2019 年 12 月第 1 版	
印　　次	2019 年 12 月第 1 次印刷	

出　　版	吉林科学技术出版社
发　　行	吉林科学技术出版社
地　　址	长春市福祉大路 5788 号出版集团 A 座
邮　　编	130118

发行部电话 / 传真	0431—81629529	81629530	81629531
	81629532	81629533	81629534

储运部电话　0431—86059116

编辑部电话　0431—81629517

网　　址	www.jlstp.net
印　　刷	北京宝莲鸿图科技有限公司

书　　号	ISBN 978-7-5578-6155-1
定　　价	55.00 元

编 委 会

前　言

我国的城市交通规划实践经历了从无到有，快速发展的过程。大体上经历了起步阶段、道路交通规划阶段、多层次交通规划以及综合交通规划阶段。

20 世纪 70 年代末，随着城市经济复苏，我国大城市开始出现交通紧张的状况。国内规划界认识到城市交通规划的重要性，开始学习和引进发达国家的交通规划理论与技术。当时我国的城市交通主体为公共汽车和自行车，对城市交通规划的认识仅限于道路的规划和建设，城市交通规划工作处于起步阶段。

20 世纪 80 年代中期以后，城市改革开放的步伐加快，我国几十个城市相继开展了大规模的交通调查，包括居民出行以及货流调查等，这些调查工作为了解我国城市交通的基本情况、研究我国城市交通特征奠定了基础。我国的城市交通规划进入了道路交通规划阶段。1995 年由建设部颁布和施行的国家技术标准《城市道路交通规划设计规范》提出"城市道路交通规划应包括城市道路交通发展战略规划和城市道路交通综合网络规划两个部分"，规范了城市道路交通规划的编制方法。之后，北京、天津、上海、广州、深圳、鞍山、马鞍山等国内大中城市纷纷开展道路交通规划研究。

2000 年以来，人们在实践中逐渐意识到，要缓解城市交通拥挤，仅仅依靠道路等地面交通设施的建设已经无法满足日益增长的城市交通需求，交通规划与交通政策、城市发展政策等关系越来越密切。交通需求管理、交通结构优化、优先发展公共交通、交通可持续发展等课题摆在了我们的面前。城市交通规划已经从早期的道路交通规划，走向了多层次交通规划阶段。一些城市开展了城市交通发展战略研究并公布了相关文件。

近几年来，随着社会的发展，公众对城市交通在效率、安全、环保、公平等方面提出了更高要求，促进城市交通规划从多层次规划向综合交通规划转变。综合交通规划应当涵盖所有交通方式，以利于客运在不同交通方式间的换乘和货运在不同交通方式间的衔接；综合交通规划应当与土地利用规划的一体化，以利于交通规划和区域规划一起支持更合理的交通选择和减少旅行需求；综合交通规划应与能源、环境、安全政策相协调，以利于交通决策支持一个安全的、可持续发展的环境；综合交通规划应与教育、健康和社会福利政策一体化，以利于交通帮助建立一个更加公平和包容的社会。一些大中城市，例如上海、天津、深圳、成都、青岛、石家庄等，近几年陆续开展了城市综合交通规划的工作。为了规范城市综合交通体系规划编制工作，年月住房和城乡建设部颁布了《城市综合交通体系规划编制办法》，明确了城市综合交通体系规划的定位、作用以及编制的基本要求。

目 录

第一章　城市规划概述

第一节　城市规划的职能

一、城市规划概述

在讨论城市规划的实质性内容之前，首先遇到的问题就是："为什么要进行城市规划"和"什么是城市规划"，对于前者，利维（John M. Levy）在其《现代城市规划》（第8版）中归纳为现代社会的"相互联系性"（Interconnectedness）和"复杂性"（complexity）。也就是说，现代社会是一个复杂的相互关联的整体，任何简单的凭直觉的判断和决定已不足以把握全局的发展方向并获得预期的结果。就像在农村，你可以邀请三五亲朋，按照约定俗成的形式，在数天之内建成一座农家小院而不需要做什么特别的"规划"，但建设一座城市、一个街区甚至一座大楼，情况就完全不同了。这就是为什么我们需要"规划"的原因。

要回答"什么是城市规划"可能难度更大一些。这是因为在各种不同的社会、经济、历史、文化背景下，对城市规划的理解有着较大的差异。

（一）城市规划的定义

"城市规划"在英国被称为"town planning"；在美国被称为"city planning"或"urban planning"；在法语和德语中分别被称为"urbanisme"和"stadtplanung"；日语中用"都市计划"来表示，与我国在1949年之前及目前我国台湾地区的用法相同。

英国的《不列颠百科全书》中有关城市规划与建设的条目中提到："城市规划与改建的目的，不仅仅在于安排好城市形体——城市中的建筑、街道、公园、公用事业及其他的各种要求，而且更重要的在于实现社会与经济目标。城市规划的实现要靠政府的运筹，并需运用调查、分析、预测和设计等专门技术。"此外，英国的城乡规划（town and country planning）可以看作是更大空间范围内的社会经济与空间发展规划。

美国国家资源委员会（National Resource Committee）则将城市规划定义为："城市规划是一种科学、一种艺术、一种政策活动，它设计并指导空间的和谐发展，以适应社会与经济的需要。"美国的城市与区域规划（city and regional planning）也可以看作是覆盖范围更广泛的规划体系。

在日本城市规划专业权威教科书中，城市规划被定义为："城市规划即以城市为单位的地区作为对象，按照将来的目标，为使经济、社会活动得以安全、舒适、高效开展，而采用独特的理论从平面上、立体上调整满足各种空间要求，预测确定土地利用与设施布局和规模，并将其付诸实施的技术。"

计划经济体制下的苏联将城市规划看作是："整个国民经济计划工作的继续和具体化，并且是国民经济中一个不可分割的组成部分。它是根据发展国民经济的年度计划、五年计划和远景计划来进行的。"

中国在 20 世纪 80 年代前基本上沿用了上述定义，改革开放之后有所修正，定义为"城市规划是对一定时期内城市的经济和社会发展、土地利用、空间布局以及各项建设的综合布局、具体安排和实施管理"。

事实上，用一句话或几句话简单地概括城市规划的定义并不是一件容易的事情，如果抽象到适用于不同国家与地区的程度就更为困难。下面不妨就上述城市规划定义中所包含的共同点以及相互之间的差异进行简要的分析。

（二）城市规划的语义要素

讨论城市规划的定义并不是玩咬文嚼字的教条主义的文字游戏，而是通过对文字表述的分析，达到理解城市规划内涵的目的，即了解城市规划所包含的语义内容。因此，可以从以下几个方面——城市规划的语义要素来理解城市规划的含义。

1. 具有限定的空间范围

城市规划有一个明确的空间范围，通常被称为城市规划区。城市规划的作用被限定在这个范围内。城市规划区一般包含已建成的城市地区、在规划期内（例如 10 年之内）即将由非城市利用形态向城市利用形态转化的地区以及有必要限制这种转化活动的地区。在这一地区中，改变土地利用形态（例如：在原有的农田上建设建筑物、修筑道路、开辟游乐场所）等开发建设活动，需要按照城市规划预先给出的方式进行。

2. 作为实现社会、经济诸目标的技术手段

城市规划是一项技术。但与以电子产品、汽车等大众消费品的制造技术为代表的现代应用技术不同，其目的不仅是要依此建设一个作为物质实体的城市，更重要的是通过对作为物质实体城市的各种功能在空间上的安排，实现城市的社会、经济等诸多发展目标。因此，城市规划本身不是目的，也不可能取代对社会、经济目标本身的制定工作。城市规划必须与相应的社会经济发展计划相配合，才能真正发挥其作用。

3. 以物质空间为作用对象

城市规划的关注对象是作为物质实体的城市和城市空间。在有关某个城市的诸多发展

计划、规划中，城市规划是将诸多发展目标具体落实到空间上去的唯一的技术手段。例如发展经济需要容纳产业发展的空间，发展教育需要建设学校的空间，提高医疗卫生水平需要医院等相应的场所。这一切都需要通过城市规划落实到具体的城市空间中去。

4. 包含政策性因素和社会价值判断

由于诸项城市功能在空间分布上的排他性，因此，任何一个具体的城市规划都包含有政策性因素。而政策的产生除某些客观条件外，不可避免地在不同程度上受到社会价值判断（或者说是政治）的影响。例如，我国长期执行的"严格控制城市用地规模"的政策就是基于我国人地关系这一国情所制定的；而城市中是优先发展有轨公共交通还是大量兴建城市道路、立交，鼓励发展私人小汽车，就必须基于社会价值判断做出结论。甚至在某些情况下，客观因素与社会价值判断同时存在，例如：在人均土地资源紧张的客观条件下，是鼓励发展中高密度的经济适用住房，还是放任低密度高档房地产项目的开发，就是一个很好的实例。

（三）城市规划与社会经济体制

如果说以上城市规划语义要素中所列举的是城市规划的共同之处，那么在不同的社会经济体制下的城市规划各自具有鲜明的特征。这种差异更多地体现在城市规划被赋予的职能方面。

"城市规划是人类为了在城市的发展中维持公共生活的空间秩序而作的未来空间安排的意志"。在不同的社会经济体制中，产生这种"意志"的途径是不同的。封建社会中，皇权至高无上，因此，传统封建社会中的城市规划体现的是统治者或少数统治阶层的"意志"；而在近代之后的西方资本主义社会中，国家对私有财产的保护使得个人或利益集团的"意志"成为主体。

与此类似，在计划经济体制下，城市规划作为国民经济计划的体现，代表着国家的统一"意志"，具有较强的按计划实施的建设计划的性质；而在市场经济体制下，城市规划所面对的是建设投资渠道的多元化以及由此而产生的利益集团的多元化和"意志"的多元化。

在以市场经济为主导的现代社会中，城市规划实质上是一种为达成社会共同目标和协调利益集团彼此之间矛盾的技术手段。

二、城市规划的性质

（一）城市活动与城市规划

城市规划为城市中的社会经济活动提供了一个物质空间上的载体。如同演员与舞台的关系一样，虽然高水平的舞台并不能保证演员的演出总是一流的，但是很难设想高水平的演员能在一个糟糕的舞台上有上乘的表演效果。因此，城市的物质空间形态规划虽不能直接左右城市活动，但却能为各项城市活动提供必不可少的物质环境，更何况城市活动本身也会直接或间接地为其载体提供物质上的支持。

1928 年成立于瑞士的国际现代建筑协会（CIAM）在 1933 年雅典会议上通过的著名的《雅典宪章》中，将居住、工作、游憩和交通作为现代城市的四大功能，提出城市规划的任务就是要恰当地处理好这些功能及其相互之间的关系。

随着时代的发展，城市功能日趋复杂，《雅典宪章》中的某些原则也受到来自各方面的质疑，但时至今日这种按照城市功能进行城市规划的思想仍具有很强的现实意义。只不过各项城市功能的内涵、存在方式与规划标准随着时代的变化而发生了较大的改变。例如：就工作而言，其内涵早已突破传统制造业的范围，扩展到日益庞大的第三产业，进而发展至当今迅速发展的信息产业、创意产业等。随之而来的是，规划中工作地点在城市中的空间分布也相应地从位于城市外围的工业区转向多元化的，甚至是分散的就业中心，如商业服务中心、中央商务区（CBD）等。居住功能的要求也从满足基本居住功能转向对综合环境质量的追求。甚至由于 SOHO 等概念的出现，居住功能与工作功能之间的界限也变得不再那么明显。城市的交通功能依然重要，但未来信息时代的城市交通或许将进入比特主宰的世界。

（二）城市规划技术与城市规划制度

正如以上所提到的，城市规划与社会经济体制密切相关。这是因为城市规划作为一门与社会生活密切相关的应用技术具有两面性。即：城市规划中一方面包含面对客观物质空间的工程技术内容；另一方面又包含作为维持社会生活正常秩序准则的制度性内容。

作为工程技术手段的城市规划，以追求城市整体运转的合理性与效率为目标，在不同国家和地区之间以及不同的社会体制下具有相对的普遍性，并且易于学习、借鉴和流传。例如：根据城市各类用地之间的相互关系而做出的用地布局、道路网及交通设施的布局，以及各种城市基础设施的规划等，均可以看作此类内容。中国封建社会中的传统城市规划以及计划经济体制下城市规划，通常以此为侧重点。

与此相对应的是，作为制度的城市规划所关注的是城市整体运转过程中的公平、公正与秩序。由于其出发点建立在社会价值判断的基础之上，因此不同国家与地区之间以及不同的社会体制下往往存在着较大的差异。例如：在城市开发建设过程中对私权的保护与限制的方式和程度、对代表公权的城市政府规划管理部门权限的界定、城市规划本身的地位、权力的授予等，均属于此类内容。作为制度的城市规划是现代社会中、在市场环境下，城市建设与开发领域中不可或缺的相对公平、公正与整体合理的游戏规则。

因此，现代社会中，城市规划的性质不再单纯是一项有关城市建造的工程技术，而同时具有作为社会管理手段的特征。这种特征也可以视为近现代城市规划与传统城市规划的分水岭。

三、城市规划的特点

(一)多学科综合性

综合性是城市规划的一个首要特征。城市规划在学科知识结构和理论上涉及多种学科；在实践中涉及社会、经济、环境与技术诸方面因素的统筹兼顾和协调发展。城市规划的这种多学科综合性表现在以下方面。

1.对象的多样性

作为城市规划的对象，城市本身就是一个非常复杂的"巨系统"。城市规划必须面对多样的城市活动，并力图按照各种城市活动本身的规律，在空间上为各种活动做出较为合理妥善的安排，并协调好各种活动之间的矛盾。

2.研究、解决问题的综合性

在上述过程中，城市规划必然涉及诸多领域的问题，并在解决这些问题时借用相关学科的知识、理论和技术。例如：对某个城市的建设用地发展做出评价时，涉及测量、气象、水文、工程地质、水文地质等领域中的知识以及农田保护等国家土地利用政策；研究确定某个城市的发展规模与发展战略时，不可避免地涉及人口发展预测、社会经济发展预测等有关社会、经济领域中的问题与技术手段；各项城市基础设施的规划设计又包含大量相关工程技术的内容；而城市风貌、城市景观、旧城保护等又与美学、艺术、历史等学科密切相关。

3.实施过程的多面性

城市规划的多学科综合性还表现在实施过程中包含建设性内容与控制性内容。前者涉及工程技术、财政与经营等领域，而后者则与政治、法律、公共管理等领域密不可分。

由此可以看出，严格界定城市规划所包含的学科领域并不是一件容易事情，而且，随着时代的发展，城市规划越来越多地借用了相关学科的理论、知识和方法，并逐渐形成相对核心和稳定的内容。在此我们可以借用系统工程中的概念，将城市规划称之为一个"开放的巨系统"。但必须指出的是，城市规划的多学科综合性并不等于没有侧重和在学科领域上的分工。城市规划仍侧重于物质空间环境领域，对相关领域的知识、理论与方法的了解和掌握并不等于取而代之。

(二)政策性、法规性

上面讨论城市规划语义要素时就已强调过：城市规划包含政策性因素和社会价值判断。因此，城市规划的各个层面中均体现不同的政策性因素，大到国家的基本政策（如保护耕地的政策），小到技术性政策（如各类城市用地的面积、比例指标），甚至对于城市规划中某些问题的某些倾向，如大广场、宽马路的规划建设也会通过政府颁布的技术性政策方针加以纠正。事实上，城市规划作为政府行政的工具，其本身就是政策的直接体现。

城市规划的另外一个特征就是在政策明确的前提下，采用具有强制性的手段来贯彻实施各项既定政策。即按照事先的约定（按照一定程序确定的城市规划内容），对与城市建设相关的具体行为做出明确的界定，保护合法行为的权益，限制或处罚非法的行为。事实上，在市场经济与法制化的现代社会中，城市规划已成为城市建设相关领域中一项重要的游戏规则。

（三）长期性、经常性

城市规划的长期性与经常性特征是矛盾统一的关系，并反映在城市规划与城市发展建设的全过程中。

一方面，城市规划具有长期性。首先反映在规划目标期限的周期上。通常一个城市整体的宏观战略性规划具有 10～20 年的规划目标年限。其次，城市规划是一个根据城市社会经济发展状况以及城市建设情况不断反馈、调整、完善的动态过程，一个战略目标的实现（如工业城市、港口城市的建成），往往需要长时期的多轮次的城市规划与实践反复反馈，反复修改调整。从某种意义上来说，城市规划是永无止境的。只要城市存在、发展、变化，城市规划就会存在。

另一方面，这种城市规划与城市现实的互动，除为数不多的突发因素外（例如：城址迁移，大型体育、博览活动的举办等），更多地体现在日常的较小规模的城市建设活动与规划管理工作中。因此，城市规划又是一项经常性的工作。这种经常性体现在：城市规划为日常的城市建设、规划管理工作提供了依据；同时，规划管理部门对城市变化状况的监测与反馈，又成为对城市规划做出合理修订的必要依据。

此外，城市规划的长期性与经常性还是城市规划技术与管理实践中常常遇到的一对矛盾。规划的长期性要求规划必须具有相对的稳定性，而规划的经常性则要求城市规划要适应不断变化的城市发展建设现状。

（四）实践性、地方性

城市规划具有很强的实践性。这表现在：

1.城市规划的目的是实践

编制城市规划的根本目的就是要以此来指导城市发展与建设，作为城市规划管理工作的依据。通常我们所说的"三分规划，七分管理"，通俗地表达了城市规划以实践为目的的本质。因此就要求城市规划不但要以先进的理论和思想作为指导，而且必须注重其可操作性，使理论可以指导实践，真正做到理论与实践相结合。

2.城市规划的致能依靠实践检验

城市规划的优劣主要取决于其是否符合实际要求，是否能够解决问题，是否适用，这些都必须在实践中加以检验。城市规划与其他工程技术类学科具有共同的特点，许多规律与理论必须通过大量的实验、实践才能得出；而理论与方法的正确与否又必须回到实践中去加以检验。如果说城市规划与其他工程技术类的学科有什么不同，那就是城市规划以现实中的城市作为其"实验室"。

正是因为城市规划这种实践性，由于不同国家、地区乃至具体城市中自然条件、社会经济发展水平、城市规划所面临的问题等诸多的差异，致使城市规划必须因地制宜，与各个地方的特点密切结合。除国家所执行的统一政策、法规、标准外，城市规划更多地反映了地方政府的意志。因此可以说，城市规划也是一项地方性很强的工作。

四、城市规划的职能

上面我们不厌其烦地讨论了城市规划的定义、性质和特点等，那么在现代社会中，城市规划究竟应该起到什么作用，即其所应该承担的不可替代的职能是什么？对此不妨归纳如下：

(一)城市规划的基本职能

现代城市的复杂性要求我们必须预先做出各种安排和计划，用以描绘城市未来的发展目标和状况，引导和控制各项城市活动的发展趋势。这些安排和计划可以是文字性的描述，诸如：城市宪章、纲领（例如"打好黄山牌，做好徽文章"）、口号（例如"为把某市建设成北方工业基地而奋斗"）、象征（例如"建成北方香港""建成小上海等"）以及具体描述，也可以是更为具体的数字目标值。但是，这些方式与手段都不足以表达这些目标在空间上的体现。城市规划才是唯一通过具体、准确的图形，在空间上描绘城市或地区社会经济发展蓝图的手段。例如，发展工业促进城市经济增长的政策通过城市规划落实为各类工业用地，以及道路、铁路专用线，供电、排水等相关配套设施；又如：城市社会发展计划提出的人均住宅面积、人均公园绿地面积等总量指标，通过城市规划落实为具有具体面积规模的各种类型的居住用地、公园绿地，以及这些用地在城市中的具体分布。这种在空间上形象地描绘城市或地区社会发展蓝图的职能，是城市规划最基本的职能，其他相关的职能都是由此派生而来的。

(二)城市规划的实施职能

城市规划的这种通过准确平面图形，对城市或地区未来发展蓝图的描绘为城市建设提供了不可替代的依据，使抽象的或总量上的政策、方针、目标具有了具体的形象和在空间上的分布。不同空间层次上的城市规划相互配合，为城市建设和城市管理提供了可操作的依据。例如，对形成城市骨架的道路系统而言，城市总体规划等宏观层次的规划确定其大致的走向、线形和断面形式，确保其用地不被占用；而微观层次上的详细规划或工程设计，则进一步明确断面尺寸、路面标高、车道划分、转弯半径、出入相邻地块的开口位置等。此外，区划（zoning）等适用于市场经济环境的规划制度及内容，更是直接为城市规划管理部门判断所有城市开发建设活动的合法性提供了明晰、准确的依据。

（三）城市规划的宣传职能

城市规划的派生职能还体现在，以形象体现的城市发展蓝图易于广大市民的认知与理解。这种对城市发展未来状态以及现代社会的游戏规则的形象描绘，使得抽象的政策、规则与枯燥的数字变得更为生动、形象，更容易被普遍接受，从而起到对规划内容的宣传作用，进而为使之成为大多数人自觉遵守的对象建立了基础。可以说，城市规划目标、内容等相关信息的广泛传播，是公众关注并逐步走向参与的必要条件。而城市规划作为维护空间秩序的意志体现，在较大范围内达成共识则是其得到执行的必要基础。此外，城市规划在调查、分析过程中所掌握和制作的有关城市物质空间形态方面的结果，也为城市发展过程留下形象的记录，并成为反映城市变迁状况的信息载体，例如城市综合现状图就是其中的代表。

（四）作为政府行政工具的城市规划

城市规划的职能还表现在：它是各级政府机构，尤其是城市政府实施城市发展政策的有力工具。城市规划的综合性和其形象描绘城市空间发展蓝图的基本职能，使得政府必须通过其将各个部门的政策与计划，具体落实到城市物质空间中去。例如：发展城市经济需要安排工业、商务、商业、服务等用地，需要改善道路、机场等各类交通设施的水平；提高社会教育水平需要安排各类学校等教育用地，等等。因此，在西方工业化国家的二元城市规划结构体系中，总体规划等宏观规划用来指导、协调乃至约束各个政府部门与城市开发建设相关的行为与活动，例如教育主管部门负责的公立学校建设，公共卫生部门负责的公立医疗设施建设等；而详细规划等微观规划（多为法定城市规划）则用来引导和控制民间的各种开发行为，例如商品住宅的开发、办公建筑的开发等。

第二节　城市规划的基本内容

一、社会经济发展目标与城市规划

（一）物质空间与非物质空间规划

城市规划是实现社会经济发展目标的技术手段与保障。因此，城市规划并不是孤立存在的，它与城市社会、经济发展计划等密切相关，共同组成实现社会经济发展目标的体系。事实上，盖迪斯关于城市社会复杂性与活动相互关联性的思想以及对综合规划的倡导，影响到第二次世界大战后西方工业化国家城市规划的发展趋势。当今的城市规划，已完成了从注重城市物质空间形态的规划（physical planning）转向对物质空间形态规划与非物质空间形态规划（non-physical planning）并重的过程。

具体而言，非物质空间规划是关于各种城市活动（activity）的计划，主要包含城市经济发展计划，例如，产业发展、劳动力与雇用、收入、金融等方面的内容；以及城市社会发展计划，例如，人口、教育、公共卫生、福利、文化等方面的内容。物质空间规划则是为这些活动提供场所和所需设施以及保护生态环境和自然资源的规划。而政府按照通过税收等手段所获得城市运营资金来源和必要开支所编制的财政计划，则是保障物质空间规划得到实施的必要条件。

因此，现实的城市运营与发展，就是按照非物质空间规划、物质空间规划以及财政计划而展开的。

（二）城市综合规划

如上所述，以城市物质空间为主要对象的城市规划仅仅是整个城市社会经济发展规划中的一个主要组成部分，而包含物质空间规划与非物质空间规划以及财政计划的城市综合规划才是城市发展的纲领性文件。通常，城市综合规划对城市社会经济的发展目标、内容、实施措施与步骤做出安排，并对相关城市物质空间的未来状况做出相应描述，是有关城市发展的战略性规划。2004 年之前，英国的开发规划（development plan）体系中的结构规划（structure plan）、日本的城市综合规划，都可以看作是这一类型的规划。在我国现行的各类规划与计划中还没有这种类型的规划，城市综合规划所应反映的内容分散在不同的规划与计划之中。

近年来，我国各地政府开始尝试编制独立于现行城市规划体系之外的"战略规划"，以寻求城市长远发展的途径，但在内容上仍侧重对物质空间形态的关注，致力于回答以往城市规划中有关"城市性质、规模与空间发展方向"方面的问题。事实上，城市规划中对"城市性质、规模与空间发展方向"的讨论，是对城市规划前提的自我设定与自我反馈，容易导致物质空间规划"万能论"与"决定论"的倾向。而城市综合规划则脱开传统城市规划的领域限定，从更为广泛的范围和更为科学合理的角度，为城市规划提供前提和依据。

城市综合规划明确体现了包括城市规划在内的各类规划与计划的不同分工，在分析、确定城市社会经济发展目标（例如，经济发展规模、速度，产业结构，社会发展水平，生活环境质量等）的基础上，描绘上述目标在空间上的落实情况。后者直接与城市规划相呼应，有时甚至是相同内容。在这里，我们可以把城市规划近似地看成是社会经济发展指标在空间上的分布，认识到城市规划的这种承上启下的作用。

（三）我国现行规划体系中的两个方面

城市规划内容本身侧重于城市物质空间规划，但在不同的国家与地区以及不同的历史时期，其侧重程度有所不同。城市规划与非物质空间规划内容的关系大致有两种情况。一种是城市规划内包含非物质空间规划的内容，例如英国的开发规划；另外一种情况是存在包含非物质空间规划内容的其他规划，并作为城市规划的前提和反馈对象，例如日本的综合规划。

在我国现行的规划体系中，各级政府编制的"国民经济和社会发展第 × 个五年规划"以及"×× 年国民经济和社会发展远景目标纲要"几乎是唯一专门表述非物质形态规划内容的文件。国民经济和社会发展五年规划除论述城市发展战略目标、重大方针政策外通常提出一些城市经济发展重要指标，如人均国内生产总值（GDP）、国民收入、工农业总产值、财政收入、社会商品零售额、三种产业比例等，以及城市社会发展重要指标，如平均寿命，义务教育普及率，市民每万人医生、病床数，科研经费占 GDP 比例等。

必须指出的是：在实践中由于城市总体规划的目标年限（通常为 20 年）远远超过国民经济和社会发展五年规划的目标年限，甚至相关的中长期展望的年限也无法完全覆盖城市总体规划的目标期限，因此造成城市规划的依据相对不足。

此外，随着城市规划中城乡统筹思想的贯彻执行以及国民经济和社会发展规划对空间要素的关注，针对由不同行政部门所主导的城市规划、国民经济和社会发展规划以及土地利用总体规划分头编制并执行的现实状况，"三规合一"开始作为一种规划整合方向被提出。"三规合一"后的新型综合性规划或许可以发展成为城市综合规划。

二、城市规划的空间层次

城市规划在内容上侧重物质空间规划并涉及非物质空间规划，在空间上涵盖城市、城市中的地区、街区、地块等不同的空间范围，并涉及国土规划、区域规划以及城市群的规划。

（一）国土及区域规划

国土规划的概念最早起源于纳粹德国，特指在国土范围内对机动车专用道路、住宅建设等开发建设活动的统一计划。现代的国土规划被定义为"在国土范围内，为改善土地利用状况、决定产业布局、有计划地安置人口而进行的长期的综合性社会基础设施建设规划"，或者更为明了地表达为"国土规划是对国土资源的开发、利用、治理和保护进行全面规划"。由此可以看出，国土规划一方面对国土范围的资源，包括土地资源、矿产资源、水力资源等的保护、开发与利用进行统筹安排；另一方面则对国土范围内的生产力布局、人口布局等，通过大型区域性基础设施的建设等进行引导。

不同国家中国土规划的内容与形式也存在着较大的差别。例如：美国田纳西河流域管理局（TVA）所做的流域开发规划常常被引为国土规划的经典案例，但事实上美国从来就不存在全国性的规划，甚至在 1943 年国土资源规划委员会（NRPB）被撤销之后，就没有一个负责国土规划的机构，但这并不影响联邦政府通过各种政策与计划影响定居与产业分布的模式。日本早在 1950 年就制定了《国土综合开发法》，并据此编制了迄今为止的 5 次"全国综合开发规划"。该规划主要侧重国土范围内区域性基础设施的建设和重点地区的建设。1974 年日本又制定了《国土利用规划法》，将对国土利用状况的关注以及对包括城市规划在内的相关规划内容的协调，列入国土规划的内容。此外，荷兰也是一个重视国土规划，并较早开展该项工作的国家。

中国自 20 世纪 80 年代起，尝试开展国土规划方面的工作，但至今尚未有正式公布的国土规划。全国城镇体系规划、全国土地利用总体规划纲要以及全国主体功能区规划可以看作是国土规划的一种类型。

如果说国土规划专指范围覆盖整个国土空间的规划，那么对其中的特定部分所进行的规划则被称为区域规划。

与国土规划相同，我国目前尚缺少严格意义上的综合性区域规划。国民经济和社会发展计划，省域主体功能区规划，对应省、市、县等行政管辖范围的土地利用总体规划以及各种行政范围内的城镇体系规划，如省域城镇体系规划，市域、县域城镇体系规划，跨行政区域的区域规划研究，如：京津冀北地区空间发展战略规划、珠江三角洲经济区城市群规划等都可以看作是侧重于区域发展及空间布局研究的区域性规划。

应该指出的是，国土规划以及区域规划本身并不属于城市规划的范畴，但通常作为城市规划的上级规划存在。在自上而下的规划体系中，城市规划以这些上级规划为依据，在其框架下细化与落实相关目标。

（二）城市总体规划

城市总体规划是以单独的城市整体为对象，按照未来一定时期内城市活动的要求，对各类城市用地、各项城市设施等所进行的综合布局安排，是城市规划的重要组成部分。按照《城市规划基本术语标准》的定义，城市总体规划是："对一定时期内城市性质、发展目标、发展规模、土地利用、空间布局以及各项建设的综合部署和实施措施。"

城市总体规划在不同国家与地区被冠以不同的名称。如在美国，城市总体规划被称为 master plan、comprehensive plan，或者是 general plan（后两者有综合规划的含义）；日本则把城市总体规划称为"城市基本规划"，或者直接借用 master plan 的称谓；而德国则把相当于城市总体规划内容的规划称为"土地利用规划"（flachennutzungsplan）。但无论称谓如何，城市总体规划所起到的作用是类似的，均是对城市未来的长期发展做出的战略性部署。

在近现代城市规划二元结构中，城市总体规划属于宏观层面的规划，通常只从方针政策、空间布局结构、重要基础设施及重点开发项目等方面对城市发展做出指导性安排，不涉及具体工程技术方面的内容，也不作为判断具体开发建设活动合法性的依据。由于城市总体规划涉及城市发展的战略和基本空间布局框架，因此要求有较长的规划目标期限和较好的稳定性。通常城市总体规划的规划期在 20 年左右。

我国现行的城市总体规划脱胎于计划经济时代，依照"城市规划是国民经济计划工作的继续和具体化"的思路，主要侧重于对城市功能的主观布局以及城市建设工程技术，并将其任务确定为："综合研究和确定城市性质、规模和空间发展形态，统筹安排城市各项建设用地，合理配置城市各项基础设施，处理好远期发展与近期建设的关系。"虽然近年来各地政府以及规划院等单位试图改革城市总体规划的编制方法与内容，以适应市场经济下城市建设的需要，但尚在摸索过程中。

2000 年，广州市政府率先在国内开展了"城市总体发展概念规划"咨询活动，随之带来了各地政府编制"城市发展概念性规划""城市空间发展战略规划"等宏观战略性规划的热潮。这种"概念性规划"或"战略规划"，对城市发展过程中所遇到的问题以及未来必须突破的发展"瓶颈"进行综合分析，仍侧重对城市空间发展结构的描述，应属于宏观层次的城市规划，甚至可以归为城市总体规划的类型之中。但目前这类规划尚未纳入我国现行的城市规划体系中，属于地方政府编制的意向规划，缺少明确的法律依据。从这种状况也可以看出：我国现行城市总体规划的编制指导思想、方法及内容需要及时做出调整，以适应市场经济环境。

此外，2007 年颁布的《城乡规划法》未将"分区规划"列入法定规划体系，但规划实践中对此有不同的意见和争议。

（三）详细规划

与城市总体规划作为宏观层次的规划相对应，详细规划属于城市微观层次上的规划，主要针对城市中某一地区、街区等局部范围中的未来发展建设，从土地利用、房屋建筑、道路交通、绿化与开敞空间以及基础设施等方面做出统一的安排，并常常伴有保障其实施的措施。由于详细规划着眼于城市局部地区，在空间范围上介于整个城市与单个地块和单体建筑物之间，因此其规划内容通常接受并按照城市总体规划等上一层次规划的要求，对规划范围中的各个地块以及单体建筑物做出具体的规划设计或提出规划上的要求。相对于城市总体规划，详细规划的规划期限一般较短或不设定明确的目标年限，而以该地区的最终建设完成为目标。

详细规划从其职能和内容表达形式上可以大致分成两类。一类是以实现规划范围内具体的预定开发建设项目为目标，将各个建筑物的具体用途、体型、外观以及各项城市设施的具体设计作为规划内容，属于开发建设蓝图型的详细规划。该类详细规划多以具体的开发建设项目为导向。我国的修建性详细规划即属于此类型的规划。另一类详细规划并不对规划范围内的任何建筑物做出具体设计，而是对规划范围的土地利用设定较为详细的用途和容量控制，作为该地区建设管理的主要依据，属于开发建设控制型的详细规划。该类详细规划多存在于市场经济环境下的法治社会中，成为协调与城市开发建设相关的利益矛盾的有力工具，通常被赋予较强的法律地位。德国的建设规划（bebauungsplan）与日本的地区规划可以看作该类规划的典型。

在中国的城市规划体系中，20 世纪 90 年代之前的详细规划属于建设蓝图型规划；在此之后，为适应市场经济的要求，1991 年建设部颁布的《城市规划编制办法》首次将详细规划划分为"修建性详细规划"与"控制性详细规划"。后者借鉴了美国等西方国家普遍应用的"区划"的思路，属于开发建设控制型的规划。至此，详细规划的两大类型均存在于我国现行城市规划体系中。

（四）建筑场地规划

在北美地区，在相当于详细规划的空间层次上还有一种被称为"场地规划"（site planning）的规划类型。凯文·林奇（Kevin Lynch）将场地规划描述为："在基地上安排建筑、塑造建筑之间空间的艺术，是一门联系着建筑、景园建筑和城市规划的艺术。"虽然场地规划与建设蓝图型的详细规划相似，都是着重对微观空间的规划与设计，但与详细规划又有所不同。首先场地规划通常以单一的土地所有地块为规划对象范围，亦即开发建设主体单一，设计目的明确，建设前景明朗；因此，场地规划更像是建筑设计中的总平面设计。其次，场地设计主要关注空间美学、绿化环境、工程技术和设计意图的落实等，不涉及多元化开发建设主体之间的协调。因此，场地规划可以看成是开发建设蓝图型详细规划的一种特殊情况——单一业主在其拥有的用地范围内所进行的详细规划。工厂厂区内的规划、商品住宅社区的规划等均属于此类型的规划。在这一点上，场地规划又与开发建设蓝图型详细规划类似。

（五）各个规划层次之间的关系与反馈

虽然各个规划层次之间处于一种相对独立、自成体系的状态，但无论在"自上而下"的规划体系中，还是在"自下而上"的规划体系中，各个层次的规划都存在着以另一层次规划为前提或向另一规划层次反馈的关系。尤其是在"自上而下"的规划体系中，具有更大规划空间范围的上级规划往往作为所覆盖空间范围内下级规划的依据。例如，区域规划为城市总体规划提供依据，而城市总体规划又进一步为详细规划提供依据；反之，详细规划在编制过程中所发现的城市总体规划中所存在的、仅通过详细规划无法解决的问题，又为下一轮城市总体规划的修订提供反馈信息，即下级规划的编制与执行过程中所暴露出的属于上级规划范畴的问题，又可以为上级规划的新一轮修订提供必要的反馈信息。同样，城市规划的编制与实施也存在着这样的互动关系。

三、城市规划的主要组成部分

以上我们分析了城市规划所涉及的学科领域和空间层次，那么城市规划在落实到物质空间规划时究竟涉及哪些方面和具体内容呢？虽然不同国家和地区中城市规划对规划内容划分的方式、称谓各不相同，但仍可以归纳为下面将要论述的4个方面，即土地利用、道路交通、绿化及开敞空间以及城市基础设施。此外，还有一些从其他角度着手所开展的规划，例如城市环境规划、城市减灾规划、历史文化名城或街区保护规划、城市景观风貌规划、城市设计等，但这些规划的内容在落实到物质空间方面时，仍与以上4个方面发生密切的联系，甚至与此重叠，仅仅是出发点不同而已。例如：减灾规划中的避难场所，多利用公园绿地等开敞空间；紧急避难与救援通道的规划与道路规划密切相关等。现将这4个方面简述如下：

（一）土地利用规划

可以说，所有的城市活动最终落实到城市空间上的时候，都体现为某种形式的土地利用。居住、生产、游憩等城市功能相应地体现为居住用地，工业用地，商务、商业用地，公园绿地等；而为满足上述功能而必备的各种城市设施，如道路、广场、水厂、污水处理厂、高压输电、变电站等同样也要占用土地，从而表现为某种形式的土地利用。

因此，土地利用规划是城市规划中最为基本、最为重要的内容。土地利用规划从各种城市功能相互之间关系的合理性如手，对不同种类的土地在城市中的比例、布局、相互关系做出综合的安排。事实上，从城市所担负和容纳的各种功能入手，根据各自的特点划分为不同种类的用地，并依据相互之间的亲和与排斥关系进行分门别类的布局安排是近现代城市规划中"功能分区"理论的基础。1933年的《雅典宪章》对此做出了精辟的概括。虽然后来的"功能分区"理论中机械、死板与教条主义的侧面逐渐暴露出来，并出现强调城市功能适度混合的观点，但"功能分区"依然是现代城市规划的基本原则之一。

在组成城市规划的这4个基本方面中，土地利用规划与所在国家和地区的政治制度与经济体制关系最为密切，其中不但包含规划技术上的普遍规律，而且还随土地所有制、行政管理形式的不同，表现为不同的形式与内容；因此，也最具变化和复杂性。此外，土地利用规划中不仅包含土地利用的目标，还常常伴随实现这些目标的手段。

在讨论某个国家或地区的城市规划时，甚至可以将土地利用规划作为城市规划的代名词。

（二）道路交通规划

城市内各种城市活动的开展伴随着人员、物品从一个地点向另一个地点的移动；一个城市为了维持正常的运转，同样必须保持人员和物品与外部的交流。这些人员和物品的移动就构成了城市交通与城市对外交通。虽然在现代社会中，相当部分的信息移动已由电子通信技术完成，不再伴随物质的移动，但人员面对面交往与物品的交换仍是维持社会运转的必要条件。因此，按照城市中或城市与外部人员和物品移动的需求，对包括道路在内的各项交通设施做出预先的安排，使城市社会更加便捷、高效地运转就是道路交通规划所要达到的目的，也是城市规划的重要内容之一。

实际上，这里所说的道路交通规划包含两个部分的主要内容，即交通规划与道路规划设计。前者侧重对人员、物品移动规律的观测、分析、预测和计划，通常作为交通工程规划，具有相对的独立性；后者则是按照前者的分析、预测及计划的结果，为满足人员与物品的移动需求在城市空间上所作出的统一安排，是城市规划关注的重点。此外，城市道路系统除满足城市交通的需求外，还为城市基础设施的铺设提供地下、地上的空间。

（三）公园绿地及开敞空间规划

城市是一个人工营造的依赖人工技术存在的人类聚居地区，城市的建设伴随着人类对自然原始生态系统的改造。人类改造自然能力的不断增强，也就意味着对自然生态破坏程度的加深。另一方面，处于自身所创造的钢筋混凝土、钢铁与玻璃的人工环境中的人类，无论在心理上还是在生理上都比以往更加热爱和向往自然的环境。因此，城市规划就担负起双重的任务，即一方面尽可能减少城市这种人工环境的建设对原有生态系统平衡的破坏，尤其是避开一些难以复原或更为敏感的地区；另一方面将自然的因素有意识地保留或引入城市的人工环境中，或者用人工的方法营造绿色环境，作为对丧失自然环境的一种弥补。在讨论城市绿色空间时，人们往往将关注点集中在大型城市公园、绿地等公共绿地上，但城市的绿色空间是一个完整的体系，各种类型的绿色空间，无论它是否向公众开放、是否为多数人所利用，均是这个系统的有机组成部分，在构成绿色空间体系上均起着重要的作用。各种专属使用的绿色空间，如居住区中的集中绿地、校园中的绿地等就是具有代表性的实例。同时，相对于传统的"园林绿化"的概念，开敞空间（open space）是一个更能体现城市中建设与非建设状况的概念。按照这一概念，城市中除道路等交通专属空间外，非建设空间（注意，不是未建设的空间）均可看作是开敞空间的组成部分。如果说城市建筑构成了城市空间中作为"图"的实体部分，那么由绿色空间为主体所形成的城市开敞空间就是城市空间中的"底"。当我们将城市开敞空间作为关注对象时，这种"图""底"关系发生逆转。城市开敞空间系统是城市规划所关注的重要内容之一。

（四）城市基础设施规划

现代城市是一个高度人工化的环境。这个环境必须依靠人工的手段才能维持其正常运转。很难设想，现代城市离开电力供应和污水的排放会是一个什么样的状况。电力、电信、给水、排水、燃气、供热等城市基础设施是一个维持现代城市正常运转的支撑系统。由于城市基础设施大多埋设在地面以下，很少给人以视觉印象，甚至有时会被忽略，但每时每刻都在影响着千千万万的市民生活和城市活动的开展。因此，可以说城市基础设施是城市中的幕后英雄。

相对于城市规划中的其他要素而言，城市基础设施规划（又称城市工程规划）中，属于纯工程技术的内容较多，与其他工程技术相同，在不同国家或地区之间可以相对容易的借鉴。但城市基础设施的规划与建设涉及城市经济发展水平与财政能力。同时，规划中设施类型的选择与建设顺序的确定与社会价值判断相关。在城市规划中，城市基础设施的规划通常会受到其他规划要素（如土地利用规划、道路交通规划）的影响和左右，具有相对被动的特点。

四、法定城市规划

法定城市规划简单说就是依据法律编制并实施的城市规划。

城市规划是有关该城市未来空间发展的基本方针、政策甚至是具体的蓝图，是社会意志的集中体现。那么，是不是所有冠以城市规划的文件都能体现大多数市民的意志呢？答案是否定的。除去封建时代代表帝王意志的城市规划，现代城市规划中的一些早期案例也缺少民主决策的特征。例如，1909年美国的"芝加哥规划"，原本是作为商界赠送给政府的礼物，没有任何证据表明它是社会意志的集中体现，也不存在法律上的依据。在现代法治社会中，只有具有法律上合法地位的规则才有可能被社会公众接受并遵守。城市规划作为现代城市社会中一项重要的规则，其合法性的重要性是不言而喻的。因此，城市规划的内容能否得到较好的落实和实施首先取决于其法律地位。就目前我国的城市规划而言，赋予其明确的、恰当的法律地位也是体现"依法治国"精神的重要环节。

编制城市规划的目的在于按照其预定内容，实施具体的城市建设。城市规划的实施主要通过两种途径：一个是通过政府在财政预算范围内对城市基础设施和公益性设施进行建设，即政府直接作为投资与建设的主体；另一个是，通过城市规划中的预设指标，如土地利用的用途、建设强度等，对民间的开发建设活动实施控制和引导，以达到城市规划所预期的目标。在后一种情况中，政府仅对开发活动进行监督，并不直接参与。无论哪一种情况，政府在执行规划的过程中，即城市规划行政的过程中都需要依据相关的法律法规，而做到依法行政。这种依据法律所编制并实施的城市规划被称为"法定城市规划"。通常，法定城市规划又可以根据城市规划文件与法律文件的关系大致分为两类：一类是城市规划文件独立于法律文件之外，即依据城市规划相关法规（通常是全国或某个地区范围内的统一立法），编制内容、确定程序等符合法律要求的城市规划文件，作为城市规划管理的依据，中国、德国、日本等国家和地区均属于这种类型。另一类是部分城市规划文件作为法律文件，直接通过立法程序被赋予法律地位，美国的区划条例属于这一类型。

城市规划依据法律规定，对私人等专属财产实施限制的权力通常被谨慎地限定在一定范围之内，并在这种限制达到一定程度的情况下（例如规划不允许开发建设，即建设权利完全被剥夺的情况）赋予被限制对象获得补偿的权利。在二元结构的城市规划体系中，通常这种对私有权利实施限制的规划内容集中存在于微观层次的规划中，且具有唯一性。此外，法定城市规划还涉及土地政策、私有财产的保护与限制、城市建设资金来源等相关问题。

虽然法定城市规划的内容和表达形式与城市规划体系密切相关，但通过预先设计的、公开的、包含听取不同意见的决定程序是保障法定城市规划合法性的关键。只有城市规划能够真正成为广大市民利益的代表，真正体现社会意志，才能够成为可约束公众行为的合格的法定城市规划。

第三节　城市规划的编制及实施

编制城市规划是市、县人民政府的一项重要职责，依据城市规划法第12条的规定，"城市人民政府负责组织编制城市规划，县级人民政府所在地镇的城市规划，由县级人民政府组织负责编制"。城市规划特别是城市总体规划，涉及城市建设和发展的全局，包括土地、人口、环境、工业、农业、商业、文化、交通、能源、通信、防灾等各方面的内容。编制过程中需要收集各个方面的资料，进行各方面的发展预测，协调各个方面的关系。对于城市规划编制这种综合性的工作，必须由城市人民政府直接领导和组织。城市规划的设计工作，可以由城市规划行政主管部门或具有相应设计资格的单位承担。编制城市规划大体上要分成七个阶段来完成。第一，编制城市规划纲要，它是由城市人民政府在城市规划编制前组织制定的。主要对总体规划需要确定的性质、规模、目标、发展方向等内容提出原则性的意见，作为编制城市规划的依据之一。第二，进行调查研究、收集资料，广泛征求人民群众和有关部门的意见。第三，进行技术、经济论证和多方案的比较。第四，组织鉴定。第五，同级人民代表大会或者常委会审查同意，即对拟上报的城市规划方案进行讨论审查，并决定同意上报。第六，上级人民政府审批。第七，公布。

一、编制城市规划的原则及其内容

城市的聚集效益决定了经济社会的发展必然走城市化的道路，建设和发展城市必然要占用土地。由于我国土地资源短缺，人多地少，尤其是耕地少，使得城市建设必须严格执行规定的城市用地标准，不得扩大城市用地规模。在确定具体建设项目的位置范围时，应当对各项定额指标精打细算，尽量利用荒地、劣地、非耕地，尽少占菜地良田。城市新区开发，旧区改建应当统一规划、综合量开发，配套建设，避免零星、分散建设。通过综合开发满足工业、交通、住宅、商业、办公、基础设施、科教文卫等各方面的要求，切实充分发挥每一寸土地的价值。编制城市规划应该按照下列原则进行：

（一）统筹兼顾、综合部署的原则

城市规划应当依据国民经济和社会发展规划以及当地的自然环境、资源条件、历史情况、现状特点，统筹兼顾，综合部署。城市规划确定的城市基础设施建设项目，应当按照国家基本建设程序的规定纳入国民经济和社会发展计划，按计划分步实施。城市总体规划应当和国土规划、区域规划、江河流域规划、土地利用总体规划相协调。

（二）合理用地的原则

土地是人类赖以生存的最基本的生产要素和生活资料，由于其有限性和不可再生性，土地也是一种极为宝贵的自然资源，我国是一个地少人多的国家，控制城市用地规模，珍惜、节约、合理利用每一寸土地是编制城市规划时应贯彻的一个重要原则，因此城市规划应当贯彻合理用地、节约用地的原则。

（三）有利生产、方便生活、促进流通、繁荣经济、促进科技文化教育事业的原则

为实现城市的经济和社会发展目标，城市规划应当体现有利生产、方便生活、促进流通、繁荣经济、促进科学技术文化教育事业的原则。同时城市规划应当符合城市防火、防爆、抗震、防洪、防泥石流，以及治安、交通管理、人民防空建设等要求，在可能发生强烈地震和严重洪水灾害的地区，必须在规划中采取相应的抗震、防洪措施，保障城市及人民生产生活的安全。

（四）保护环境和文化遗产的原则

城市规划应当注意保护和改善城市生态环境，防止污染和其他公害，加强城市绿化建设和市容卫生建设，保护历史文化遗产、城市传统风貌、地方特色和自然景观。尤其对于民族自治地方的城市规划，应当注意保持民族传统和地方特色。

编制城市规划一般分为总体规划、详细规划两个阶段。但考虑到大城市、中等城市规模较大，依据总体规划直接编制详细规划，确有一定困难，因而规定，大、中城市可以编制分区规划。所谓分区规划是将总体规划中不同地区，不同地段土地的用途、范围、容量等分别做出进一步的确定和控制，使其能够顺利地编制详细规划。在理论上，分区规划仍然属于总体规划的范畴，只不过通过若干张分区规划，将总体规划的意图更清晰、更有操作性地表现出来，而小城市一般可以不编制分区规划。

1. 总体规划

城市总体规划是确定城市性质、规模、发展方向，合理利用城市土地，协调城市空间布局和各项建设的综合部署，其期限一般为 20 年。近期建设规划是指对城市近期内发展布局和主要建设项目的安排，其期限一般为 5 年，同时也是城市总体规划中的一个组成部分。除此之外，城市总体规划还应当对城市远景发展进程及方向做出轮廓性的安排。

城市总体规划应有下列一些主要内容：市和县域行政辖区内的城镇体系规划，城市交通、基础设施、生态环境、风景旅游资源进行合理布局和综合安排；确定规划期限内城市的用地规模和人口规模；确定市区，中心区的位置、范围，确定城市用地发展方向和布局结构；确定城市对外交通系统的结构和布局，编制城市交通运输和道路系统专业规划；确定城市供水、排水、供气、供热、供电、通信、环保、环卫等设施的发展目标和总体布局；确定城市河湖水系和绿化系统的治理、发展目标和总体布局；编制城市防洪、抗震、人防等专业防灾规划；确定需要保护的风景名胜、文物古迹、传统街区，并划定保护和控制范围；编制历史文化名城保护规划；确定旧城改建、用地调整的原则、方法和步骤，提出控

制市区人口密度的要求；对城市规划区内的农村居民点、乡镇企业等建设用地，蔬菜、牧场、林木花果、副食品基地等做出统筹安排，划定保留的绿地和隔离地带；编制近期建设规划，确定近期建设目标、内容和实施部署。

城市总体规划是通过文件和主要图纸表现出来。规划文件主要包括规划文本和附件。规划说明及基础资料收入附件。图纸主要有城市现状图、市、县城城镇体系规划图、总体规划图、近期建设规划图、各类专业规划图等。对于图纸比例，大中城市一般为1：10000—1：25000，小城市一般为1：5000—1：10000，其中城镇体系规划图一般为1：50000—1：100000。

2. 详细规划

详细规划是依据城市总体规划或分区规划，规定一定区域内的建设用地的各项控制性指标和规划管理要求，或直接对建设项目做出的具体安排，详细规划分成控制性详细规划和修建性详细规划。

控制性详细规划主要作为城市建设综合开发、土地出让、土地使用权转让进行规划管理的依据，主要内容有：确定规划地区内各类用地的界线和适用范围，提出建筑高度、容积率、建筑率的控制指标，各类用地内可以建设的建筑类型，规划地区内交通出入口方位，建筑红线距离等；确定规划地区内各级道路的红线位置、断面、控制点坐标和标高；确定规划地区内工程管线走向，管径及工程设施的用地界线。控制性详细规划通过规划文件和图纸表示出来。规划文件包括土地利用和建设管理的细则及附件，附件包括规划文件说明及基础资料。图纸主要有，规划地区现状图、规划地区规划图等。图纸比例一般为1：1000 ～ 1：2000。

修建性详细规划是对即将进行修建的地区和建设项目所做的具体安排，主要内容有：建筑和绿地的空间布局、景观规划设计、总平面布置图；道路系统、绿地系统、工程管线和竖向规划设计；估算工程量、拆迁量、总造价和分析投资效益。修建性详细规划通过规划文件和图纸表示出来。规划文件为规划设计说明书，图纸主要包括，规划地区现状图、总平面布置图、各项专业规划图、竖向规划图等。图纸比例一般为1：500—1：2000。

3. 分区规划

分区规划是在总体规划的基础上，对城市中的部分地区的土地利用、人口分布、基础设施配置做出进一步的规划安排，为详细规划的编制提供依据，主要内容有：原则确定分区内土地使用性质、人口分布、建筑用地的容量控制指标；确定市、区级基础设施的分布及用地范围；确定分区内主、次干道的红线位置、断面、控制点坐标和标高，主要交叉1：3、广场、停车场的位置和控制范围；确定绿地系统、供电高压线走廊、对外交通设施、风景名胜的用地界线，文物古迹、传统街区的保护范围和保护要求；确定工程管线的位置、走向、管径、服务范围及工程设施的位置和用地范围。

分区规划通过规划文件和图纸表示出来，规划文件包括规划文本和附件，主要图纸有

分区规划图、分区现状图、分区土地利用规划图、各项专业规划图等，图纸比例一般为
1：5000。

二、城市规划的审批

(一) 城市规划分级审批制度

1. 城市总体规划的审批

直辖市的城市总体规划，由城市人民政府报国务院审批，省、自治区人民政府所在地
的城市、百万人口以上的大城市、国务院特别指定的城市的总体规划，经省、自治区人民
政府审查同意后，报国务院批准。设市城市的总体规划报所在地的省、自治区人民政府审
批。县人民政府所在地镇的总体规划报省、自治区、直辖市人民政府审批，其中市管辖的
县人民政府所在地镇的总体规划报所在地市人民政府审批。

2. 详细规划的审批

城市的详细规划由城市人民政府审批。由于详细规划分成控制性详细规划和修建性详
细规划，因此，可以考虑控制性的规划由市人民政府审批，修建性的规划由城市规划行政
主管部门审批。详细规划是依据总体规划进行编制的，尤其大中城市，详细规划是依据总
体规划和分区规划进行编制的，修建性规划又是依据控制性规定做出的，因此，修建性详
细规划由规划行政主管部门审批不会影响城市总体规划的实施。

3. 分区规划的审批

城市分区规划原则上由市人民政府审批。只有大、中城市才有必要编制分区规划，虽
然理论上分区规划属于总体规划的范畴，但它又是依据已经批准的总体规划编制而成，可
由城市人民政府审批。

根据城市规划的规定，城市总体规划上级审批前，须经同级人民代表大会或其常务委
员会审查同意。实践证明，城市总体规划应当让同级人民代表大会及其常务委员会了解并
进行把关是非常必要的，但人民代表大会及其常务委员会通过的草案、报告具有法律效力，
各级行政机关无权再行变更，而城市总体规划须报上一级行政机关审批并有可能变更。因
此，城市规划法针对的审查同意，是指由人民代表大会及其常务委员会对拟上报的规划方
案进行讨论审查，并同意上报的含义。

(二) 城市总体规划的调整

城市总体规划的调整是指在不影响城市性质、规模、发展方向的前提下，对城市中的
局部地区的用途、容量、标准定额等方面所做的修改。例如适当调整某些地块的功能，以
满足城市用地需求及合理利用土地的需要。例如，在不违背城市道路总体布局的原则下，
对某些道路的宽度、走向等进行修改。城市规划是一门内容广泛并具有长期性、综合性特
征的学科。总体规划的期限为二十年，而城市的生产、生活的发展日新月异，规划要适用、

指导不断变化着的城市需求，就决定了必须要定期地对城市总体规划进行局部的修改。对城市总体规划进行的局部调整，应当由城市人民政府将调整方案报同级人大常委会和原审批机关备案。

（三）城市总体规划的变更

城市总体规划的变更是指涉及城市性质、规模、发展方向等方面所做的修改。例如，由于机场、铁路、大型工业项目的兴建或下马，影响到城市的总体布局和城市的发展方向。例如由于产业结构的重大调整或城市人口大幅度增长，造成城市性质和规模的重大变更。经过批准的城市总体规划，在经历一段时间后，出现不能适应城市经济和社会发展的要求；进行重大变更，也是正常的。对城市总体规划进行重大变更的修改，应当由城市人民政府组织进行，修改后的方案，须经同级人民代表大会或其常委会审查同意后，报原批准机关批准。总的来说，对城市总体规划的变更，应当与编制和审批的程序一样有计划有步骤地进行。

三、城市规划的实施

城市规划的实施，也就是经过法律程序批准的城市规划设计方案的实施过程。在这一过程中，需要城市规划管理部门实行严格的规划管理，以保证和促进城市的各项建设，按照规划付诸实施。

（一）选址意见书

选址意见书是建设单位在进行项目的可行性研究阶段，在设计任务书报批时，必须附具的，由规划行政主管部门出具的关于该建设项目，选在哪个城市，或选在城市中哪个方位及范围的书面文件。1978 年国家计委、国家建委、财政部颁发的《关于基本建设程序的若干规定》中规定了，建设项目要认真调查原料、工程地质、水文地质、能源等条件，必须慎重选择建设地点，凡在城市辖区选点的，要取得城市规划部门的同意，并且要有协议文件。1985 年国家计委和城乡建设环境保护部颁发的《关于加强重点项目建设中城市规划和前期工作的通知》中规定，凡与城镇有关的建设项目，应按照城市规划条例的有关规定，在当地城市规划部门的参与下共同选址。大、中型建设项目在可行性研究阶段，应当把计划管理与规划管理有机地结合起来，从而保证各项建设有计划，按规划进行。选址意见书制度正是通过法律的形式将选址的规划管理固定下来，使设计任务书的编制符合城市规划要求，保证城市规划的实施。

选址意见书包括以下程序：首先，建设单位在进行可行性研究报告阶段，应当邀请城市规划主管部门共同参加，就项目选在哪个城市，选在城市哪个位置进行调查研究和协商。其次，建设单位在上报设计任务前，应当与城市规划行政主管部门协商项目的定点，协商一致后，由规划部门出具关于项目选在城市哪个位置的书面意见。最后，建设单位在报批设计任务时，应当将选址意见书同设计任务书一并报批。审批部门应当尊重选址意见书关于项目定点的确定，没有附具选址意见书的设计任务书，审批部门不能擅自批准。

（二）城市规划公布制度

城市规划公布是指城市人民政府应当将经批准的城市规划采用适当的方式向全社会公布。《城市规划法》第28条规定，"城市规划经批准后，城市人民政府应当公布"。在公布规划过程中，涉及某些保密单位或地区，或者影响到对拆迁当事人的补偿、安置等方面问题时，可以通过采取相应的行政措施加以解决。

城市规划公布制度的意义主要表现为下列三点：

1. 便于群众了解

将批准后的城市规划公布施行，城市中各单位和广大人民群众就可以了解城市性质、发展规模和发展方向，各项用地的布局，各项建设的具体安排等，有利于把城市整体的利益和自身局部的利益结合起来，以城市规划作为进行建设活动的准则，并自觉维护城市规划的权威。

2. 便于群众参与

将批准后的城市规划公布施行，使城市中各单位和广大人民群众真正了解到城市规划所确定的城市发展目标与建设部署，与自身长远的和当前的利益都是息息相关的，从而提高参与城市规划实施的积极性和主动性；使广大人民群众自觉配合城市规划行政主管部门，按照城市规划的要求进行建设活动，并且配合城市规划行政主管部门，及时发现和制止各类违背城市规划要求的违法行为。

3. 便于群众监督

把行政机关及其工作人员的执法行为置于群众监督之下，是发扬民主，有效地防止和反对官僚主义，同一切不良现象做斗争的重要手段。将批准后的城市规划公布，群众就可对城市规划区内的建设活动进行监督，发现问题及时举报，以便城市规划行政主管部门能够及时制止和处理各种违法占地和违法建设行为。

（三）建设用地规划许可证

建设用地规划许可证是由城市规划行政主管部门确定建设项目的用地位置和范围，证明建设项目符合城市规划，允许建设单位依此向土地管理部门申请征用，办理划拨土地手续的凭证。建设用地规划许可是对城市用地进行规划管理的重要制度，根据城市规划法第31条和第39条的规定，"只有取得建设用地规划许可证后，才可向土地管理部门申请征用土地；未取得建设用地规划许可证，而直接向土地管理部门申请征用土地并取得批准文件的，批准文件无效，占用的土地由县级以上人民政府责令退回"。城市规划用地管理的主要内容城市规划确定了城市总体布局和不同地段的使用性质、容积率、控制指标等。各类建设项目可以使用哪块土地，不可以使用哪块土地，在保证建设项目功能和使用要求的条件下，如何经济、合理的利用城市土地，必须符合城市规划。为了保证城市土地利用和各项建设符合城市规划，任何单位和个人必须服从规划管理。取得建设用地规划许可证的程序包括以下内容：第一，审核申请建设用地定点的批准文件（设计任务书、有关部门的批件等）是否具备合法性。第二，根据建设项目的性质、规模及外部关系（环保、消防、菜地等）征求有关部门的意见。第三，核定建设项目的位置和范围，画出规划红线。第四，提出规划设计条件，作为进行总平面布置的依据。第五，审查建设用地总平面布置，确认是否符合规划要求。第六，核发建设用地规划许可证。

（四）建设工程规划许可证

建设工程规划许可证是建设单位提出申请，经规划行政主管部门审查，确认建设工程符合城市规划、并准予开工的凭证。建设工程规划许可证是证明建设活动合法、保护建设单位和个人合法权益的依据；是规划行政主管部门检查、验收建设工程，对违反建设工程规划许可证规定的内容进行处罚的依据。对城市中各项建设工程实施严格统一的规划管理，是保证城市规划顺利实施的主要制度之一，它的主要内容包括下列几个方面：第一，各项建设必须符合城市规划，服从规划管理，其中各项建设活动包括，各类房屋及其附属物的建设；城市道路、桥涵、铁路、机场、港口、供水、供气、供热、供电等基础设施的建设；防灾工程（防洪、人防、抗震）、绿化工程（公园、绿地、雕塑等）、农贸市场、广告牌等建设；为完成上述工程或因其他需要进行的临时建设。第二，对建设工程的性质、规模、位置、标高、高度、造型、朝向、间距、建筑率、容积率、色彩、风格等进行审查和规划控制。第三，对道路的走向、等级、标高、宽度、交叉口设计、横断面设计及道路的附属设施进行审查和规划控制。第四，对各类管线（供水、供气、供热、供电、排水、通信等）的性质、走向、断面、架设高度、埋置深度、相互间的水平距离、垂直距离等进行审查和规划控制。

取得建设工程规划许可证的程序包括以下内容：审查申请单位提交的批准文件是否齐备和合法；建设工程涉及相关行政主管部门的，征求有关行政主管部门的意见，如环境保护、交通、防疫、安全、文物等部门；提出规划设计要求，作为编制建设工程初步设计方案的依据，审定初步设计方案是否符合规划设计要求；审查施工图，核发建设工程规划许可证。

（五）现场检查制度

现场检查是指城市规划行政主管部门工作人员进入有关单位，或者施工现场，了解有无违章用地、违章建筑情况，检查建设工程是否符合规划设计条件或者要求、并对各类违章用地、违章建设活动进行处罚的活动。进入现场，及时发现、纠正和处理各种违章用地、违章建设，才能保证城市土地利用和各项建设活动符合城市规划，保证城市规划的顺利实施。现场检查主要包括：有无未取得建设用地规划许可证，擅自征用和使用土地的行为；有无未取得建设工程规划许可证擅自进行建设的行为；在办理征用土地手续时，有无违背建设用地规划许可证规划的位置、范围的行为；在进行建设活动时，有无违反建设工程规划许可证规定的要求的行为等等。任何单位和个人不得以保密等为借口阻挠规划工作人员进入现场，或者拒绝提供与城市规划管理有关的情况、文件、图纸等。城市规划工作人员在现场检查中接触或获得的有关单位和个人的技术秘密或业务秘密，应当严格保守，不得泄露。故意泄露有关单位和个人技术秘密或业务秘密造成经济损失的，应当承担相应的法律责任。

（六）竣工验收制度

竣工验收是指规划行政主管部门参加建设工程的验收，检查建设工程是否符合规划设计条件或要求，对符合城市规划的建设工程予以认可并准允交付使用的活动。根据城市规划法第38条的规定，城市规划行政主管部门可以参加，也可以不参加建设工程的竣工验收，一般通常参加重要建设工程，即新建大中型建设项目或规划部门认为有必要参加验收的建设项目。竣工验收是基本建设程序中的最后一个阶段，在立项阶段、征用土地阶段、设计和施工阶段中，通过选址意见书、建设用地规划许可证、建设工程规划许可证，对建设项目是否符合城市规划进行了强有力的管理。规划主管部门参加建设工程的竣工验收，对建设工程是否符合城市规划进行最后把关，是对建设项目全过程实施规划管理不可缺少的重要组成部分，是保证建设活动符合城市规划的重要手段。

城市规划部门参加建设工程竣工验收，主要内容是检查建设工程规划设计要求，包括下列内容：检查建设工程的位置、用地范围是否符合建设用地规划许可证规定的要求；检查建设工程的平面布局（坐标、建筑间距、管线走向、出入口布置、与相邻建筑物的关系）是否符合规划设计要求；检查建设工程的空间布局（地下设施与地面设施的关系、建筑率、容积率、高度、层数、与周围建筑物的关系）是否符合规划设计要求；检查建设工程造型（造型形式、风格、色彩、与周围环境的协调）是否符合规划设计要求；检查建设工程各项经济技术指标、建设标准、建设质量等是否符合规划设计要求；检查建设工程的配套设施（道路、绿化、停车场、雕塑等）是否符合规划设计要求。

第二章　城市总体布局

城市总体布局是城市的社会、经济、环境及工程技术与建筑空间组合的综合反映。城市总体布局是通过城市主要用地组成的不同形态表现出来的。城市的历史演变和现状存在的问题、自然和技术经济条件的分析、城市中各种生产和生活活动规律的研究（包括各项用地的功能组织）、市政工程设施的配置及城市艺术风貌的探求，都要涉及城市的总体布局，而对这些问题研究的结果，最后又都要体现在城市的总体布局中。

城市总体布局是城市总体规划的主要内容，它是一项为城市长远合理发展奠定基础的全局性工作，它是在城市发展纲要基本明确的条件下，在城市用地评价的基础上，对城市各组成部分进行统筹兼顾、合理安排，使其各得其所、有机联系。

城市总体布局要力求科学、合理，要切实掌握城市建设发展过程中需要解决的实际问题，按照城市建设发展的客观规律，对城市发展做出足够的预见。它既要为城市远期发展做出全盘考虑，又要合理地安排近期各项建设。科学合理的城市总体布局将会促进城市建设的有序性和带来经营管理的经济性。

城市总体布局是城市在一定的历史时期，社会、经济、环境综合发展而形成的。通过城市建设的实践，得到检验，发现问题，修改完善，充实提高。随着社会经济的发展，人们生活质量水平的提高、科学技术的进步，规划布局也是不断发展的。例如社会改革和政策实施的积极作用、科学技术发展及城市产业结构的调整，交通运输的改进与提高、新资源的发现与利用、能源结构的改变与完善等因素，都会对城市未来的布局产生实质性的影响。

第一节　城市总体布局的主要内容

城市总体布局是城市总体规划的重要内容，它是一项为城市长远合理发展奠定基础的全局性工作。在城市性质和规模大致确定的情况下，先选定城市用地发展方向，也就是城市建成区今后拓展的主要方向，再进一步确定城市总体布局形态，对城市各组成部分进行统筹安排，使其空间结构合理、布局有序、联系密切。用地发展方向是否合理，总体布局形态是否科学，基本上决定了城市总体规划的成败，在这方面的失误将使该城市发展付出沉重代价，且损失不易挽回，因此必须格外慎重，多方论证。

一、城市总体布局的空间解析

城市的功能活动总是体现在城市总体布局中。将城市的功能、结构与形态作为研究城市总体布局的切入点，通过三者的相关性分析，可以进一步理解三者之间相关的影响因素，便于更加本质地把握城市发展的内涵关系，提高城市总体布局的合理性和科学性。

（一）城市功能

城市功能是城市存在的本质特征，是城市系统对外部环境的作用和秩序。城市功能的空间概念包括了两层含义：城市的功能定位及功能的空间分布。1930 年《雅典宪章》曾将城市的基本功能活动归结为居住、工作、游憩、交通四大活动，并提出了这四大功能要素的空间布局原则及功能分区的概念。1977 年《马丘比丘宪章》明确指出："城市规划必须在不断发展的城市化进程中，反映出城市及其周围区域之间基本动态的统一性，并且要明确邻里与邻里之间、地区与地区之间以及其中城市结构单元之间的功能关系。"现代城市功能日益增强，城市功能要素的类型和空间分布情况也愈来愈复杂。城市功能布局是"将城市中各种物质要素，如住宅、工厂、公共设施、道路、绿地等按不同功能进行分区布置组成一个相互联系的有机整体"。

（二）城市结构

城市结构是"构成城市经济、社会、环境发展的主要要素，在一定时间形成的相互关联、相互影响、相互制约的关系"。城市结构包含有多方面的内容：经济结构、社会结构、政治结构和空间结构等。空间结构是社会经济结构在土地使用上的反映。城市空间结构是城市要素的空间分布和相互作用的内在机制。城市结构作为城市的理性抽象，它虽然难于直接地被触摸，却蕴藏着城市各项实质的与非实质的要素在功能上与时空上的有机联系，正是这种关系的作用，引导或制约着城市的发展。城市问题的解决，包括探索可以采取对策的过程，其结果都要在城市结构中体现出来。正如丹下健三说过："不引入结构这一概念，就不可能理解一座建筑、一组建筑群，尤其不能理解城市空间。"

（三）城市形态

城市形态是城市整体和内部各组成部分在空间地域的分布状态，是各种空间理念及其各种活动所形成的空间结构的外在体现。这一概念包括下列含义：它是城市各种功能活动在地域上的呈现，其显著的体现就是城市活动所占据的土地图形；用地形态是城市形态的主要外在表现。影响和制约城市形态的主要因素有：城市发展的历史过程；地理环境；城市职能、规模、结构等特征；城市交通的相对可达性；规划及政策控制等。

综上可见，城市功能是主导的、本质的，是城市发展的动力因素；城市结构是内涵的、抽象的，是城市构成的主体；城市形态是表象的，是构成城市所表现的发展变化着的一种空间形式特征。城市的总体布局是基于城市功能、结构和形态三者的相关性分析，它们之间的协调关系是城市发展兴衰的标志。

二、城市总体布局主要内容

城市总体布局包含两层意思：一是从区域范围研究城市布局，即城镇体系布局；二是从一个城市内部研究各功能区的关系和空间布局。本章着重探讨的是城市内部的总体布局问题。

城市总体布局就是综合考虑城市各组成要素，如工业用地、居住用地及对外交通运输用地等，并进行统筹安排。城市用地的组织结构是总体布局的"战略纲领"，它明确城市用地的发展方向和范围，确定城市用地的功能组织和用地的布局形式，同时探索城市建筑艺术。城市总体布局既要掌握城市建设发展过程中需要解决的实际问题，又要按照城市建设发展的客观规律，对城市发展做出足够的预见。通过城市建设的实践，得到检验，发现问题，修改、完善、充实、提高。随着生产力的发展，科学技术的不断进步，规划布局所表现的形式也会不断发展的。

城市总体布局的核心是城市主要功能在空间形态演化中的有机构成。它研究城市各项用地之间的内在联系，综合考虑城市化的进程、城市及其相关的城市网络、城镇体系在不同时期和空间发展中的动态关系。根据制定的城市发展纲要，在分析城市用地和建设条件的基础上，将城市各组成部分按其不同功能要求、不同发展序列、有机地组合起来，使城市有一个科学、合理的总体布局。

作为城市总体规划的核心内容，城市总体布局具体内容可以通过以下几个方面来体现：合理布置工业用地，形成城市工业区；根据城市居民的不同需求布置城市居住用地，形成居住区；配合城市各功能要素，组织城市绿化系统；按居民工作、居住、游憩等活动的特点，建立各级休憩与游乐场所，组织公共建筑，形成城市公共活动中心体系；按交通性质和车行速度，划分城市道路类别，形成城市道路交通体系。城市总体布局不是单一的城市用地的功能组织，而是整个城市空间的合理部署和有机组合。因此，城市用地的选择，城市规模、形态、产业结构、功能布局等也都是城市总体布局的基础和需要综合协调的内容。

第二节　城市总体布局的功能组织

城市用地的功能组织，是城市总体布局的核心问题。按照传统的概念，城市活动可概括为工作、居住、交通和休息四个方面，为了满足这四方面活动的需要，就需要有不同功能的用地。这些用地之间有联系，有依赖，也互相干扰，因此要根据各类用地的功能要求以及相互之间的关系，加以组织，形成一个协调的整体。

一、城市用地功能组织原则

(一)从市情出发,点面结合,城乡一体,协调发展

要将城市与周围影响的地区作为一个整体来考虑。如果把城市作为一个点,而以所在地区或更大的范围作为一个面,就要做到点、面结合。要分析研究城市在地区国民经济发展中的地位和作用,以明确城市发展的任务和可能的趋向,作为规划的依据。要研究地区工农业生产、交通运输、矿藏、水利资源利用等对城市布局的影响,使城市用地布局和功能组织合理。比如,江苏南通是我国著名的棉纺织工业城市,这就是在它周围的农村经济作物——棉花产区的基础上发展起来的;又如湖北荆州主要是由防洪的荆江大堤、两沙运河及西干渠构成的狭长带形城市。

(二)功能明确,重点安排城市主要用地

工业生产是现阶段城市发展的主要因素,工业布局直接影响城市功能结构的合理性。因此,要合理布置工业用地,组合考虑工业与生活居住、交通运输、公共绿地之间的关系。就组织交通而言,工业区与居住区的具体布置中还应注意用地的长边相接,以扩大步行上下班的范围。沿着对外交通干道布置工厂,是城市边缘地段经常见到的。在布置中要合理组织工厂出入门和厂外通路交叉,避免过多地干扰对外交通。此外,要为组织生产协作、合理利用资源、物资流通、节约能源、降低成本等创造条件。同时要考虑为居民创造安宁、清洁、优美的生活环境。对交通枢纽城市,首先应选择和布置好交通枢纽用地,对于风景旅游城市则应首先考虑风景游览用地的选择和合理布局。

(三)规划结构清晰,内外交通便捷

规划时要做到城市各主要用地功能明确,各用地间关系协调,交通联系方便、安全。城市各组成部分力求完整,避免穿插,尽可能利用各种有利的自然地形、交通干道、河流等,合理划分各区,并便于各区的内部组织。例如,安徽合肥市,因地制宜制定城市用地的功能分区,逐步形成以经过改造的原有城市为中心,沿几条主要的对外公路向东、北、西南三个方向放射发展的布局就比较合理。必须指出,市中心区是城市总体布局的心脏,它是构成城市特点的最活跃的因素,它的功能布局和空间处理的好坏,不仅影响到市中心区本身,还关系到城市的全局。必须反对从形式出发,追求图画上的"平衡",把不必要的交通吸引到市中心来的做法。

(四)便于分期建设,留有发展余地

城市建设是一个连续的过程,城市新区的发展,旧区的改造、更新,整个城市功能的完善、提高,是不可断的、渐进的。因此,在研究城市用地功能组织时,要合理确定第一期建设方案,考虑近远期结合,做到近期现实,远景合理,项目用地应力求紧凑、合理。

城市建设各阶段要互相衔接，配合协调。例如湖北宜昌市，为了使葛洲坝水利枢纽的工程设计施工组织与城市的近期建设计划相统一，采取了城市道路系统与施工道路相结合，暂设工程与长久性建筑相结合，施工取土与开拓城市用地相结合等措施，各阶段的建设配合协调，做到大坝建成，城市形成。此外，规划布局中某些合理的设想，在目前或暂时实施有困难，就要留有发展余地，并通过日常用地管理严格控制，待到时机成熟，可再实施。比如，湖南长沙的铁路旅客站向城东搬迁，江苏无锡的大运河向城南重新开拓，都是20～30年前的设想，如今都已经实现了。同时，留有发展余地，可增加规划布局的"弹性"，使各用地组成部分具有适应外界变化的能力。

二、用地的功能组织与结构

按功能要求将城市中各种物质要素，如工厂、住宅、仓库等，进行分区布置，组成一个互相联系，布局合理的有机整体，以减少总的出行量和平均出行距离，为城市的各项活动创造良好的环境。要保证城市各项活动的正常运行，必须把各功能区的位置安排得当，既保持相互联系，又避免相互干扰，其中最主要的是要处理好工业区和居住区之间的关系。

城市用地组织应根据城市的合理规模和切合实际的用地指标，确定城市各项用地的数量，并研究这些用地在总体布局方面的具体要求，在此基础上进行城市用地的组织，形成某种规划结构，这当中要注意到下列各点。

第一，工业区应该和居住区有方便的交通运输联系，货运量大的工业区与铁路和港口之间的布局关系，要从交通运输考虑，用铁路支线把它们联系起来。

第二，商业批发仓库、供应仓库、市场等可以布置在居住区，为工业企业服务的材料、成品仓库应布置在工业区内，仓库必须有方便的对外交通联系。

第三，水运和铁路运输用地必须保证居住区与铁路车站和码头等有方便的交通联系，但不允许铁路路线与居住区用地过多的交叉，以防止被铁路分割。

第四，对环境有污染和危害的仓库、堆场应与居住区隔离开来，布置在城市边缘的下风向和河流的下游地带；把居住区布置在工业区上风向和河流的上游，并有卫生防护区，使规划符合基本的卫生要求。

第五，产生噪声大的工厂、铁路列车编组站、飞机场等应尽量远离居住区。

第六，在各个城市建设中，有各种各样城市主要功能区的布置方式，这些功能区是受城市的规模和城市的国民经济特征所制约的。

第七，为了使劳动和居住的地点更紧密结合起来，可以建立混合式的生产—居住区（布置不排放有害物质的，每昼夜货运量不超过10个标准车厢的科研所、高等院校、综合性的企业及其他劳动就业点），也可以建立其他整体化规划结构的组织形式，如有些发达国家在城市布局中发展起来的多功能的综合区，用高效能的交通联系起来。总之，目前正在追求功能纯化的低密度城市向功能混合的较高密度的城市方向发展。

第八，在大城市和特大城市中，被人工界线（公路、铁路等）和天然界线（水面、山丘、洼地、大片绿地）划分开的用地，可以被看作是若干个城市规划区。规划区的规模、功能组成及形状，在每一种具体情况下，都是由与城市建设的具体情况相适应的城市总平面图所决定的。特大城市规划区的居民人数，大约取 50 万人以内，大城市在 30 万人以内，较大中等城市大体在 10 万人以内。

第九，城市的规划分区和规划结构要同时考虑，并与建立城市交通干道系统及公共中心系统结合起来。目前城市正由单中心向多中心城市空间结构转变，并取得了一定实效。

第十，在布置城市各个功能区时，要注意用地的建设质量，不能影响整体功能的发挥。

第三节　城市总体布局的形式

城市用地布局形式指城市建成区的平面形状以及内部功能结构和道路系统的结构和形状。城市布局形式是在历史发展过程中形成的，或为自然发展的结果，或为有规划建设的结果，这两者往往是交替起作用的。影响城市布局的因素时时在发展变化，城市布局的形态也会不断地发展变化，因此，研究城市布局形式及其利弊，对制定城市总体规划有指导意义。

一、影响城市布局的因素

城市布局形式的形成受到众多因素的影响，有直接因素的影响，也有间接因素的影响。对于一个城市来说，往往是多种因素共同作用的结果。

（一）直接因素

1. 经济因素

主要指建设项目，如工业基地、水利枢纽、交通枢纽、科学研究中心等的分布和各种项目的不同技术经济要求；资源情况，如矿产、森林、农业、风景资源等条件和分布特点；建设条件，如能源、水源和交通运输条件等。

2. 地理环境

如地形、地貌、地田、水文、气象等。

3. 城镇现状

如人口规模、用地范围等。

（二）间接因素

1. 历史因素

城市在长期的历史发展过程中，从城市核心的形成开始，经过自然的发展和有规划的建设，各个时期呈现不同的形式。

2. 社会因素

包括社会制度和社会不同阶层、集团的利益、意志、权力等，都对城市的选址、发展方向、规划思想和城市布局结构有着十分重要的影响。

3. 科学技术因素

现代工业的产生使城市的布局形式发生变化。钢铁工业城市要求工业区和居住区平行布置；化学工业城市要求工业区同居住区之间有一定的隔离地带；现代先进的交通运输工具和通信技术的问世，使大城市的有机疏散、分片集中的规划布局形式成为可能。

二、城市布局类型

（一）城市相对集中布局

相对集中布局的城镇，是在用地和其他条件允许，符合环境保护要求的情况下，将城镇各组成要素集中紧凑，连篇布置，使建成区相连或基本相连。这种布局形态便于集中设置较为完善的市政、公共设施，建设和管理比较经济，生产和生活比较方便。缺点是工业区和居住区距离较近、绿地较少，环境不易达到较高标准。一般二三十万人口的中小城市、县城、建制镇镇区可采用这种布局形态。但随着城市规模的不断扩大，建成区面积超过 $50km^2$，居住人口超过 50 万，容易形成"摊大饼"形态，这样将导致城市环境恶化，居住质量下降。在城市规划中应注意改变这种已经变得不合理的布局形态。

相对集中布局形态一般可分为块状式、带状式、沿河多岸组团式等形态。

1. 块状式

又称饼状式，建成区的基本形态为一个地块，形状有圆形、椭圆形、正方形、长方形等，中间没有绿带隔离，或只有小河把街坊分开。我国地处平原的城市大多为这种形态，这种布局形式便于集中设置市政设施、合理利用土地、便捷交通、容易满足居民的生产、生活和游憩等需要。直到现在，北京、沈阳、长春、西安、石家庄、济南、成都、郑州这些特大城市仍基本保持这种形态。建成区面积较大的块状城市往往形成"摊大饼"，对城市交通、环境等方面的弊端已严重制约城市发展，影响市民生活。规划应控制这种"饼状"的继续膨胀，通过建设新城区或卫星城镇等措施来分担城市部分职能，疏散城区过密人口，改善城市布局形态。

2. 带状式

这种布局形式是受自然条件或交通干线的影响而形成的。有的沿着江河或海岸的一侧或两岸绵延，有的沿着狭长的山谷发展，还有的沿着陆上交通干线延伸。这类城市平面结构和交通流向的方向性较强，纵向交通组织困难，常有过境交通穿越，如兰州、沙市、洛阳、丹东、青岛、常州、宜昌等。

3. 沿河多岸组团式

由于自然条件等因素的影响，城市用地被分隔为几块。结合地形把功能和性质相近的部门相对集中，分块布置，每块都有居住区和生活服务设施，相对独立（称组团），组团之间保持一定的距离，并有便捷的联系，生态环境较好，并可获得较高的效益。武汉、重庆、韶关、宜宾、泸州、合川就是这种布局形态。武汉被长江和汉水分割成汉口、武昌、汉阳三部分，号称武汉三镇。重庆也被长江和嘉陵江分成中心城区、江北、南岸三部分。韶关市被北江、浈江、武水分成三江六岸布局形态。

（二）相对分散布局

相对分散布局城镇，是因地形、矿产资源、历史等原因，使建成区比较分散，每块建成区规模大小不一，彼此距离较远，由交通线保持联系。这种布局形态使建成区之间联系不如相对集中布局那么方便，城市道路、供水、排水、供电、通信、供气等基础设施投资可能增加，管理难度增大；优点是有利形成良好生态环境，减少人口居住密度，也有利于更合理利用土地。

相对分散布局的城市形态多样，主要有主辅城式、姐妹城式、一城多镇式、星座式、点条式等。

1. 姐妹城式

城市建成区由大小差不多的双城组成，故也称双城式。两城共同承担主城区的功能，但有所分工，如银川、包头。银川市由旧城区和新城区双城组成，旧城为行政中心，新城为经济中心，由两条主干道相联系。包头也是由旧城（东城区）和新城（青山区、昆都仑区）组成，新城是新中国成立后配合包钢建设逐渐形成新城区。银川和包头的新城区都是为了适应经济发展、大型工业建设形成的，与旧城保持一定距离，有合理分工，规划仍保持这种双城结构。

2. 主辅城式

城市建成区由主城区和 1~2 个辅城组成。主城为城市中心所在，规模较大，为城市主体。辅城与主城保持一定距离（十几公里至几十公里），多为港口城或新的大工业区，为主城的卫星城，居住人口较主城少。连云港、福州是典型的主辅城结构。连云港主城为新浦、海州组成的原城区，辅城为港口区。福州的主城为原城区（包括南岛），辅城为马尾港区，是建港时形成的新城区。秦皇岛是一主二辅结构，主城为秦皇岛港所在的海港区，辅城为山海关区和北戴河区。宁波市也是一主二辅结构，原城区为主城，北仑区和镇海区为辅城。

3. 一城多点式

这种城市的建成区由多个城市组团组成，中心区不够突出，各组团（镇）规模相当。这是因为这些城市是由相邻数镇联合发展起来，如山东的淄博市是由张店、淄川、博山、临淄（辛店）、周村五镇组成一个特大城市。不少工矿城市是由若干个矿区组成多点式结构。石油城大庆市建成区散布在萨尔图、龙凤、卧里屯、让胡路、乘风庄等十几个矿区，这是由于油井分布而形成的特殊布局形态。市中心萨尔图规模不大，中心地位不突出，大庆市规划将强化市中心区的地位，更好发展中心城区作用。

4. 点条式

有的山地城市因受地形限制，只好沿河谷发展，在地形较开阔处建设城区、工矿区、居民区，往往形成绵延数十公里，形似长藤丝瓜的点条式城市形态。这些城市建设过程中大多受到当时三线建设的"山、散、洞"布局思想的影响，造成城市布局过于分散，给生产、生活造成诸多不便。规划应根据当地的具体条件，把生产、生活区适当集中，加强配套，并控制人口规模。地处大西南金沙江畔的钢城攀枝花市、鄂西北山区的汽车城十堰市都是这类布局形态的代表。

5. 掌状式

有的山地工矿城市因受到地形和矿产资源分布的影响，建成区沿河谷发展，结合矿井布置，沿几条河谷形成长条状工矿区，酷似手掌。山西省的煤矿城市古交便是典型的掌状式结构。城市沿汾河上游 5 条河谷伸展，既利用河谷地形，又与矿井分布一致。不过这种布局形态对城市内部道路交通组织较困难。

（三）集聚——扩散型的组团布局

如何确定一个城市布局形态，如何对现状布局形态进行改造，应根据每个城市的条件、特点而定。现代城市规划一般宜采用集聚与扩散现相结合的组团布局形态，这种城市布局形态采取适当集聚、合理扩散、加强配套、弹性发展的手法，根据不同城市性质、规模、现状特点、用地条件，把城市划分成若干个大组团，每个大组团再细分成小组团。各组团规模适中，社会服务设施自行配套，中心城组团规模较大。大的城市也可采用双中心，甚至三中心结构。各组团间可利用天然水面、山体保持距离，或建立绿化隔离带，这样既可保持良好的生态环境，又富有弹性发展余地。中心城以外可规划若干个有一定规模、设施配套的卫星城镇，以分流中心城过密人口，转移部分产业。

（四）大都市连绵区（带）

在大城市和特大城市快速增长的同时，随着人口和产业在空间密集程度的进一步提高，城镇密集地区显著增长，成为局部高度城市化的地区。城镇密集地区作为国家和地区的经济中心区，在经济社会发展中的地位日益突出。在世界上一些人口密集的发达地区，城市化的广域扩展和近域推进高度结合，城市地域相互交融，城市之间的农村间隔地带日渐模糊，整个地区内城市用地比例日益增高，形成地域范围十分广阔的大都市连绵区（Megalopolis），亦称大都市连绵带。

20世纪50年代，大都市连绵区首先在美国东部大西洋沿岸和五大湖南部地区以及西欧发达国家出现。目前，全球典型的大都市连绵区包括美国东北部大西洋沿岸波士顿—华盛顿大都市连绵区、美国大湖地区芝加哥—匹兹堡大都市连绵区、美国西部太平洋沿岸圣迭戈—旧金山大都市连绵区、日本东海岸东京—名古屋—大阪大都市连绵区、英国伦敦—伯明翰大都市连绵区、荷兰兰斯塔德大都市连绵区等。随着世界范围城市化的普遍推进，自20世纪70年代起，许多发展中国家经济发达、人口稠密的城镇密集地区，如巴西东海岸、韩国、印度等地的城镇密集地区，以及中国东南沿海地区，也逐渐向大都市连绵区发展演化。大都市连绵区的不断形成和发展，已经成为全球城市发展的一个明显趋势。

从一定意义上讲，大都市连绵区是城市化进程中高于大都市圈的一个阶段，是多个大都市圈在功能和空间上衔接融合的结果。大都市连绵区的发展，是更宏观尺度上的人口和产业的集聚，反映了工业化后期及信息化发展进程中城市空间布局的一种新态势。大都市连绵区内部的各城市之间，已经形成了十分紧密的信息、人口、交通、产业联系，形成了有机关联的功能整体，这种集合效应可以使大城市的规模效益和带动作用得到充分的发挥。大都市连绵区区域性基础设施共建共享的程度很高，形成了十分发达的区域性基础设施网络体系，城镇沿交通轴线成带状展开，在功能紧密关联的同时又保持了相当比例的生态用地和专业化农、林业用地，形成了有效的空间间隔。大都市连绵区的这种地域空间组织形式，又在相当程度上避免了单个城市连续膨胀造成的生态环境问题。一般认为，大都市连绵区的形成和发展，一方面强化了大城市多具备的区位优势，另一方面又有效地缓解了单一中心的人口和环境压力。正因为如此，大都市连绵区成为20世纪70年代以来全球最具经济活力的地区，在国家和地区经济发展中发挥着至关重要的核心作用。

第四节　城市总体布局艺术

一、城市总体布局的艺术手法

城市总体布局艺术是指城市在总体布局上的艺术构思及其在城市总体骨架和空间布局上的体现。城市总体布局要充分考虑城市空间组织的艺术要求，对用地的地形地势、河湖水系、名胜古迹、绿化林木、有保留价值的建筑等组织到城市的总体布局之中，并根据城市的性质规模、现状条件、总体布局，形成城市建设艺术布局的基本构思，反映出城市的风貌、历史传统等地方特色，强调城市建设艺术的骨架。

(一) 自然环境的利用

城市艺术布局，要体现城市美学要求，为城市环境中自然美与人工美的综合，如建筑、道路、桥梁的布置与山势、水面、林木的良好结合。城市艺术面貌，由自然与人工、空间与时间、静态与动态的相互结合、交替变化而构成。充分利用好各个城市独特的自然环境，如高地、山丘、河湖、水域，将其作为总体布局的视线和活动焦点，创造出平原、山地和水乡等各具特色的城市形象。

平原地区，规划布局紧凑整齐。为避免城市艺术布局单调，常采用挖低补高、堆山积水、加强绿化、建筑高低配置得当，道路广场、主景对景的尺度处理适宜的手段，给城市创造丰富而有变化的立体空间。

丘陵山川地区，应充分结合自然地形条件，采取分散与集中相结合的规划布局。处理好城市建设与地形之间的关系，就能获得与众不同的多层次的艺术景观。如兰州位于黄河河谷地带，采取分散与集中相结合的布局，城市分为 4 个相对独立的地区；拉萨建筑依山建设，层层叠叠，主体空间感较强。

河湖水域地区，应充分利用水域进行城市艺术布局。如杭州、苏州、威尼斯等城市。

(二) 历史条件的利用

对历史遗留下来的文化遗产和艺术面貌，应充分考虑利用，保留其历史特色和地方风貌，并将其组织到城市艺术布局中，丰富城市历史和文化艺术内容。如北京市中轴对称、规整严格的城市艺术布局，是按照中国古代封建都城模式，继承历代都城布局传统并结合具体自然条件而规划建设的。

(三) 工程设施的结合

城市艺术面貌与环境保护、公用设施、城市管理密不可分。可结合城市的防洪、排涝、蓄水、护坡等工程设施，进行城市艺术面貌的处理。沿江、河岸线的城镇，可利用防洪堤等进行各种类型的植物绿化、美化，既增强城镇空间变化，又为居民创造良好的居住环境，也能使城镇面貌获得良好的效果。如北京的陶然亭公园、天津的水上公园的形成就是良好的范例。

(四) 设计意图的体现

城市总体布局一方面基于对地形地貌、水系、植被、历史遗存等客观条件的分析，并在规划中给予有意识的组织和利用；但另一方面，即使面对同样的客观条件，按照不同的规划设计主观意图所形成的城市总体布局也可以千差万别。因此，从某种意义上来说，城市总体布局也是城市整体设计意图的集中体现。通常，城市总体艺术布局关注城市中的以下要素：

重要建筑群（如大型公共建筑、纪念性建筑等）的形态布局、体量、色彩；公园、绿地、广场及水面等组成的开敞空间系统；城市中心区、各功能区的空间布局；城市干道等所形成的城市骨架；城市天际线等城市空间的起伏与景观。

结合每个城市的具体情况，对上述要素做出统一安排就形成了城市的总体艺术布局，并成为城市总体布局的重要组成部分。

二、总体布局的艺术组织

（一）城市用地布局艺术

城市用地布局艺术是指城市在用地布局上的艺术构思及其空间的体现。城市用地布局要充分利用和改造自然环境，考虑城市空间组织的艺术要求，把山川河湖、名胜古迹、园林绿地、有保留价值的建筑等有机地组织起来，形成城市景观的整体骨架。

自然条件利用得当，不仅美观，而且经济。如平原城市，地势平坦，又比较紧凑、整齐的条件，可借助于建筑布局的手法，如组织对景和利用宽窄不同的街道、大小和形式不同的广场、高低错落的建筑轮廓线及组织绿地系统以形成自然环境与建筑环境相交替的城市空间布局，打破平坦地形所引起的贫乏、空旷、单调感；山区城市可利用地形起伏，依山就势布置道路、建筑，形成多层次、生动活泼的城市空间；近水城市则可利用水面组成秀丽的城市景色等。

（二）城市空间布局艺术

城市空间布局要充分体现城市审美要求。城市之美是城市环境中自然美与人为美的综合，如建筑、道路、桥梁等的布置能很好地与山势、水面、林木相结合，可获得相得益彰的效果。掌握城市自身特点，探索适宜本城市性质和规模的城市艺术风貌。在不同规模的城市中，在整个城市的比例尺度上，如广场的大小，干道的宽窄，建筑的体量、层数、造型、色彩的选择，以及其与广场、干道的比例关系等均应相互协调。城市美在一定程度上要反映城市尺度的匀称、功能与形式的统一。

城市中心艺术布局和干道艺术布局是城市空间布局艺术的重点。前者反映的是城市印象中的节点景观，后者反映的是一种通道景观。两者都是反映城市面貌和个性的重要元素，要结合城市自然条件和历史特点，运用各种城市布局艺术手段，创造出具有特色的城市中心和城市干道的艺术面貌。

在城市空间布局时，还要考虑城市整体景观的艺术要求，以此反映城市整体美及其特色。在空间布局中，要加强对城市中不同地区的建筑艺术的组织，通过城市活动空间的点、线、面的组合和城市建筑物与构筑物在形式、风格、色彩、尺度、空间组织等方面的协调，形成城市文脉结构、整体的空间肌理和组织的协调共生关系，完善城市中成片街区和小街、小巷体现出来的最富有生活气息的城市艺术面貌。

（三）城市轴线布局艺术

城市轴线是组织城市空间的重要手段。通过轴线，可以把城市空间布局组成一个有秩序的整体，在轴线上组织布置主要建筑群的广场和干道，使之具有严谨的空间规律关系。而城市轴线本身又是城市建筑艺术的集中体现，因为在城市轴线上往往集中了城中主要的建筑群和公共空间。城市轴线的艺术处理也是城市建筑艺术上着力描绘的精华所在，因而也最能反映出城市的性质和特色。

（四）历史文化特色传承

在城市空间布局中，要充分考虑每个城市的历史传统和地方特色，创造独特的城市意境和形象，充分保护好有历史文化价值的建筑、建筑群、历史街区，使其融入城市空间环境之中，成为城市历史文脉的见证。

在空间布局中要注意发扬地方建筑布局形式，反映地方文化特质，如江南的河街结合布局形式等。我国历史遗留下来的封建时代的城市，如西安、北京等，总体结构严谨，分区严密，建筑群的组织主次分明，高低配合得体，并善于利用地形等特点，都值得我们加以继承和发扬。对富有乡土气息的、建筑质量比较好的、完整的旧街道与旧民居群，应尽量采取整片保留的方法，并加以维修与改善。新建建筑也应从传统的建筑和布局形式中汲取精华，以保持和发扬地方特色。

（五）总体艺术布局协调

1. 艺术布局与适用、经济的统一

适用、经济要与艺术要求相辅相成，主要在于合宜的规划处理。艺术布局与施工技术条件也要协调统一。

2. 历史、近期与远期的统一

历史条件、时代精神、不同风格、不同处理手法的统一。城市各个历史时期所形成的城市面貌不同，只考虑近期或只考虑远期都是片面的，要先后步调一致。在一个旧城改造中，各个历史时期不同风格的城市艺术布置，或一个新建城中各个区域不同形式的艺术处理，或具体设计的不同手法，应当统一到城市的整体艺术布局中去，体现各个城市的特色和风格。

3. 整体与局部、重点与非重点的统一

所谓重点突出，"点""线""面"相结合，就是突出城市艺术布局的构图中心（如市中心或其他主要活动中心），把它和道路、河流、绿化带等"线"和园林绿化地区等"面"结合起来。

4. 不同类型城市应有不同的艺术特色

城市总体艺术布局，要结合城市的性质、规模、地区特色、自然环境和历史条件，因

地制宜地进行综合考虑。不同性质、规模的城市，在城市总体艺术布局上也应反映它们不同的艺术特色。省会或自治区首府要有一个较完整的行政中心，表现出一个省市政治、经济、文化的特点，因此，可有一些较宏伟的建筑群。在不同规模的城市，其比例尺度，如广场的大小，干道的宽窄，建筑体量、层数、造型、色彩的选择及与广场、干道的比例关系等均应相互协调。把较大城市的广场、干道、建筑群的比例尺度放到较小的城市中去是不适宜的。

第五节　城市总体布局方案评价

一、城市总体布局评价的意义与特点

城市总体布局的评价是通过对城市总体布局方案进行比较、分析，进而选择出最优方案的过程，是城市规划编制过程中的一个必不可少的环节。其主要目的是通过对不同规划方案的比较、分析与评价，找出现实与理想之间、各类问题和矛盾之间、长期发展与近期建设之间相对平衡的解决方案。

(一)城市总体布局评价的重要性

虽然我们通过对城市发展规律的总结归纳和科学系统的分析，可以找出影响城市总体布局的主要因素和形成城市总体布局的一般规律，但就某一个具体的城市而言，其规划中总体布局的可能性并不是唯一的，这是由以下几个原因造成的。首先，城市是一个开放的巨系统，不但其构成要素之间的关系错综复杂，牵一发而动全身，而且对构成要素在城市总体布局中的重要程度，主次顺序，不同的社会阶层、集团或个人有着不同的价值取向和判断。也就是说，面对同样的问题，由于价值取向的不同而形成不同的解决方法，反映在城市总体布局上就会形成不同的方案。例如，以公共交通和集合式住宅解决居住问题的城市总体布局与以私人小汽车和低密度独立式住宅解决居住问题的城市，其总体布局截然不同。其次，城市规划方案以满足城市的社会经济发展为前提。其中充满了不确定性因素，而这种对未来预测的不同结果、判断及相应的政策也会影响到城市总体布局所采用的形式。例如，基于对城市郊区化进展的判断所采取的强化城市传统中心的总体布局，与解决城市中心职能过于向传统城市中心集中、疏解城市中心职能所采取的总体布局之间存在着明显的差别。最后，即使在相同的前提与价值取向的情况下，城市行政领导等决策者甚至是规划师个人的偏好也会在相当程度上影响或左右城市的总体布局形态。总之，人们对问题的认识、价值取向、个人好恶等均会影响到城市总体布局的结果。因此，城市总体布局是一个多解的，有时甚至是难以判断其总体优劣的内容。正因为如此，在城市规划编制过程中，城市总体布局的评价就显得尤为重要。其主要意义和目的可以归纳为：从多角度探求城市发展的可能性与合理性，做到集思广益；通过方案之间的比较、分析和取舍，消除总体布局中的"盲点"，降低发生严重错误的概率；通过对方案进行分析、比较，可以将复杂问题分解梳理，有助于客观地把握和规划城市；为不同社会阶层与集团利益的主张提供相互交流与协调的平台。

（二）城市总体布局评价的基本思路与特点

多方案的比较、分析与选择是城市规划中经常采用的方法之一。城市总体布局构思与确定阶段的多方案比较主要从城市整体出发，对城市的形态结构及主要构成要素做出多方位、多视角的分析和探讨。关键在于要抓住特定城市总体布局中的主要矛盾，明确需要通过城市总体布局解决的主要问题，不拘泥于细节。例如，在 2003 年开展的北京空间战略发展研究中，改变现状单一城市中心、城市用地呈圈层式连绵发展的城市结构是北京在发展中急需解决的主要矛盾。针对这一主要矛盾，3 个研究参与单位分别提出了不同的解决思路，并最终归纳出"两轴—两带—多中心"的城市格局。对于新建城市而言，城市总体布局的多方案比较可能意味着截然不同的城市结构之间的比较；而对现有城市而言，则可能是不同发展方向与发展模式之间的比较。

在城市总体布局多方案比较的实践中，存在着两种不尽相同的类型。一种是包括对城市总体布局前提条件分析研究在内的多方案比较，或者称为对城市发展多种可能的探讨。在这类多方案比较中，研究的对象不仅包括城市的形态与结构，往往还包括对城市性质、开发模式、人口分布、发展速度等城市发展政策的探讨。1954 年的东京圈土地利用规划、1961 年的华盛顿首都圈规划，以及 21 世纪澳门城市规划纲要，研究的都是这一类型的实例。另一种类型则是在规划前提已定的条件下侧重对城市形态结构的研究，常见于规划设计竞赛。著名的巴西首都巴西利亚规划设计竞赛、我国上海浦东陆家嘴 CBD 地区的规划设计竞赛等都属于这一类。

此外，在城市规划实践中，除对城市总体布局进行多方案比较外，有时还会针对布局中某些特定问题进行多方案的比较。例如，城市中心位置的选择、过境交通干线的走向等。

二、城市总体布局方案的比较与选择

（一）多方案比较的内容

城市总体布局涉及的因素较多，为便于进行各方案间的比较，通常将需要比较的因素分成几个不同的类别。

应该指出的是，现实中每个城市的具体情况不同，对上述要素需要区别对待，有所侧重，甚至不必针对所有因素进行比较。同时，方案比较本身的目的也直接影响到方案比较的主要内容和侧重点的不同。

(二)多方案比较的实例

1. 东京城市圈开发形态方案

20世纪50年代中期,伴随着经济起飞和全国性中心职能向首都地区集中,东京城市圈开始出现大规模土地开发的压力。日本城市规划学会大城市问题委员会下设专门调查委员会对此进行了调查研究并提出研究报告。其中针对东京城市圈半径40km范围内的开发形态,从肯定或否定大城市两个角度出发提出了6种不同类型的城市开发模式。方案比较侧重对人口分布、交通设施、开敞空间、居住环境、新开发与既有中心城市的关系等方面的分析。在6种方案中,特定城市开发型的方案后来被首都圈建设委员会采纳,并以此为基础形成了第一次首都圈建设基本规划。

2. 21世纪澳门城市规划纲要研究

为迎接1999年澳门回归祖国,清华大学、澳门大学等单位联合开展了21世纪澳门城市规划纲要研究工作。其中,针对澳门城市现状中人口建筑密度较高、城市用地匮乏、缺少发展空间等问题,并考虑到回归后产业发展方向、规模、速度以及澳穗合作中的不确定性等因素,就城市发展规模及形态提出了"稳定型""调整型"以及"转换型"三个不同的方案。这一系列方案提出的目的并非希望通过方案之间的比较,来选择一个最为合理现实的方案,而是着重探讨在不同产业发展模式以及不同澳穗合作模式下的多种可能性,为回归后的特区政府制定城市发展政策提供参考。

3. 巴西利亚的城市总体设计

1956年巴西政府决定将首都从里约热内卢迁至中部高原巴西利亚,以带动内陆地区的发展。随后举行了规划设计竞赛,共有6个方案获得1~5等奖。各获奖方案在人口规模等条件已定的情况下(50万人),侧重对城市功能组织的形态与城市结构的表达。经过评选,巴西建筑师路西奥·科斯塔(LucⅠo Costa)的方案最终获得第一名并被作为实施方案。该方案以总统府、议会大厦和最高法院所构成的三权广场为中心,并与联邦政府办公楼群、大教堂、文化中心、旅馆区、商业区、电视塔、公园等组成东西向的轴线。在轴线两侧结合地形布置了居住区、外国使馆区和大学区,并由快速干道与轴线和外部相连接。整个城市宛如一只展翅飞翔的大鸟,形成了独特的城市形态。虽然在1960年巴西首都迁至此地后,对该方案的批评就没有中止过,但目前巴西利亚已基本按规划建成,并作为完全按照规划建成的现代城市,于1987年被联合国教科文组织列为世界文化遗产。

(三)方案选择与综合

城市总体布局多方案比较的目的之一就是要在不同的方案中找出最优方案,以便付诸实施。方案比较时,所考虑的主要内容也在上述"多方案比较的内容"中列出。然而通过分析比较找出最优方案有时并不是一件容易的事情。通常,比较分为定性分析与定量评判两大类。定性分析多采用将各方案需要比较的因素用简要的文字或指标列表比较的方法。首先通过对方案之间各比较因素的对比找出各个方案的优缺点，并最终通过对各个因素的综合考虑，做出对方案的取舍选择。这种方法在实际操作中较为简便易行，但比较结果较多地反映了比较人员的主观因素。同时参与比较人员的专业知识积累和实践经验至关重要。事实上，如果对每个比较因素的含义进行比较严格的定义，并根据具体方案的优劣程度设置相应的评价值，则可以计算出每个方案的得分值。但比较因素的选择、加权值、参评人的构成等均影响到各个方案的总得分值。这种方法虽然在一定程度上试图将比较过程量化，但仍建立在主观判断的基础上，与此相对应的是对方案客观指标进行量化选优的方法，即将各个方案转化成可度量的比较因子。例如，占用耕地面积、居民通勤距离、人均绿地面积等。但在这种方法中，存在某些诸如城市结构、景观等规划内容难以量化的问题。因此，实践中多采用多种方法相结合的方式进行方案比较。

另外，城市总体布局的多方案比较仅仅是对城市发展多种可能性的分析与选择，并不能取代决策。城市总体布局方案的最终确定往往还会不同程度地受到某些非技术因素的影响。此外，在某一方案确定后还要吸收其他方案的优点，进行进一步的完善。

1. 方案在实施过程中的深化与调整

通过多方案的比较、选择与综合，城市总体布局即可基本确定。但在城市规划实施的过程中，还会遇到各种无法事先预计的情况，这些情况有时也会不同程度地影响城市的总体布局，需要进行及时的调整和完善。例如，筑波研究学园城市是位于日本首都东京东北60km处的一座新城，其总体规划于1965年首次颁布，随着新城建设中迁入该地区的各个研究机构、高等教育机构不断提出新的要求及土地征购进展情况的变化，新城建设总体规划分别在1966年、1967年、1969年进行了3次调整，保留了原有的城市结构。目前的城市建设基本按照1969年所确定的方案实施，并有局部调整。

应该指出的是，城市总体布局关系到城市长期发展的连续性与稳定性，一旦确定就不宜做过多的影响全局的改动。对于涉及城市总体布局的结构性修改一定要慎之又慎，避免因城市总体布局的改变而引起新问题。

2. 城市总体规划评价方法举例

层次分析法（AHP）是由美国运筹学家托马斯·赛蒂（T. L. Saaty）教授在20世纪70年代研究"根据各个工业部门对国家福利的贡献大小而进行电力分配"课题时提出来的。它将半定性、半定量的问题转化为定量计算，是一种定性与定量相结合的、系统化、层次化的分析方法，适用于难以完全定量化的复杂问题的评价。该方法首先把复杂的决策系统层次化，然后通过逐层比较各种关联因素的重要性程度建立层次模型的判断矩阵，并通过一套定量计算方法为决策提供依据。由于在处理复杂决策问题上具有实用、有效、简单等优点，迅速在全世界范围内推广开来，自1982年被介绍到我国，其应用已遍及社会各领域。

第三章　城市交通规划

第一节　城市交通规划概述

一、城市交通问题与城市交通规划理论的发展

(一)城市交通规划中存在的问题

20世纪以来，在世界各国的城市化和城市现代化不断向前发展的过程中，城市交通问题一直如影随形，成为世界各国城市（尤其是大城市）必须面对的挑战。现代城市交通问题是复杂而多样的，不仅仅表现为中心城区主干道的交通拥堵、交通供给能力不足，同时由于城市交通机动化水平不断提高，带来对于不可再生资源的过量消耗以及空气和噪声对环境的污染等，都给城市未来的可持续发展带来极大的威胁。从欧美、日本等发达国家解决城市交通问题的成功经验不难看出，制订系统的、多层次的城市交通规划是实现城市交通问题综合治理的有效手段。城市交通规划理论也在不断解决新的、更复杂的城市交通问题中得到了丰富和发展。

(二)城市交通规划理论的发展

所谓城市交通规划，从技术层面看是指通过对城市交通需求量发展的预测，为较长期内城市的各项交通用地、交通设施、交通项目建设与发展提供综合布局与统筹规划，并进行综合评价。20世纪50年代以前，城市交通规划都是以道路网规划的形式出现的，这种状况在中国一直延续到20世纪70年代末。

真正意义上的现代城市交通规划诞生于20世纪50年代。1962年完成的《芝加哥地区交通研究》突破了以往交通规划等同于道路网规划的局面，揭开了城市交通规划崭新的一页。20世纪60年代，欧美发达国家私人小汽车的迅猛发展，使公共交通面临严峻挑战。这一时期城市交通规划开始与土地利用相结合，针对日益严重的交通拥挤问题，重点研究了城市常规公交规划技术、公交优先通行技术以及轨道交通规划技术。

20世纪70年代的城市交通规划在土地利用、人口及就业分析基础上进行交通需求预测，提出城市交通规划应由城市交通发展政策、动态交通、静态交通、公共交通、行人交

通及规划的实施与滚动等组成，"以人为本"思想初露端倪。同时，计算机技术的迅速发展提高了数据处理及分析预测的效率和速度。

20世纪80年代开始，针对大城市普遍出现的交通紧张状况，城市交通规划改变了以往"就交通论交通"的局面，从分析城市交通系统间相互联系与内在影响因素入手，揭示问题的症结，进而提出城市交通发展战略目标、规划方案与政策建议，明确提出大城市中必须把公交放在首位，交通规划和建设不仅是为了解决交通问题，也是完善和发展城市的必要手段。到了20世纪90年代，在以往城市交通规划研究与实践的基础上，明确了"交通系统调查—现状分析诊断—交通发展战略研究—交通需求预测—交通专项规划"的城市交通规划工作程序，城市交通规划过程与主要研究内容逐步清晰。交通规划新理论、新技术的研究和探索不断深入，出现了需求与供给平衡、网络效率、交通组织、交通控制与管理等全过程的协调和优化的思想。

现代城市交通规划诞生后的半个世纪中，规划理论和技术的实用性不断增强，在规划模式、预测模型、交通结构、网络分析技术以及计算机应用技术等方面表现得更为突出。

二、对中国现行城市交通规划的反思

与西方发达国家相比，当前随着城市化进程的加速和交通机动化水平的提高，在中国大城市，交通拥挤、空气、噪声污染等城市交通问题较为严重。中国的城市交通规划实践始于20世纪70年代。80年代初为解决交通拥堵，运用西方交通规划的理论和方法对城市进行大规模综合交通调查，这一时期立交桥和环路的建设成为北京、天津等各大城市交通建设的重点，并在建成初期取得了较为显著的效果。但是由于忽视了使用综合调查成果编制具有较强适应性的交通规划，进入90年代，更为拥堵的道路交通现实使中国城市交通规划进入了前所未有的困惑期。一方面，旧城改造采用了高密度、大容量的土地开发，带来了原有交通设施无法满足的交通需求；另一方面，大城市交通规划编制的周期长，城市建设的快速发展使其难以按照原有的规划意图去实现。这样费时费力制订出的综合交通规划由于缺乏弹性而失去了对城市交通发展的指导作用。同时也使外界对城市交通规划在城市建设中的作用产生了怀疑。这促使人们对现行的交通规划观念、方法手段进行全面的反思。

中国现行城市交通规划的不足主要表现在以下几个方面：

(一)目标单一，观念上滞后

传统城市交通规划改善交通的方法大多把重点放在增强交通运输能力上，解决交通问题的主要手段是不断地修建道路。运输能力的增强激发了新的交通需求，致使道路越建越多，标准越修越高，交通拥挤却有增无减。因此，如果仅将视线停留在道路本身供需匹配的关系上，却不对交通需求的产生进行合理调整和控制，只会陷入一种交通供给与需求不断交替增长的恶性循环之中。

(二)处于从属地位，作为城市规划的配套规划

传统的城市交通规划是被动的，交通预测对土地使用规划具有很强的依附性，土地使用布局确定了城市交通的发生源和空间分布；交通设施规划更多地表现为配套的作用，满足土地使用和城市发展的需要。交通规划的被动适应主要反映在设施规划相对滞后于需求增长的速度。这是因为虽然交通预测的目的是对规划方案的分析和评价，但并没有直接参与方案的制订过程，使交通规划基本处于为其他规划提供配套服务的地位。因此，传统交通规划总是像救火队，哪里出现了交通拥堵就在哪里规划和建设道路，这种"头疼医头，脚痛医脚"的做法不但不能疏导交通，反而使交通量迅速集聚。

(三)侧重道路设施规划，内容片面

传统交通规划实质就是道路设施规划，往往是根据城市用地布局的要求，规划匹配道路网络，组织和分隔城市用地成了道路的首要功能。城市交通规划关注的重点是交通运输能力的提高和交通设施的用地安排，缺乏必要的供求分析和定量依据。对于在机动化程度提高后，如何平衡发展道路设施与公共客运设施，即道路系统在满足机动车运行的同时，考虑客运效率，合理分配各种方式占用的道路资源，以及突出交通枢纽的特殊地位，重视管理设施的建设，进一步整合多种交通设施，均衡流量分布和发挥整体效益等方面，传统交通规划存在诸多缺陷。

(四)管理部门单一，缺乏协同性

城市交通涉及的领域越来越广泛，城市交通规划与政府决策的结合也越来越紧密。而传统的交通规划主要是城市规划部门关注的焦点，较少进入城市其他部门的视野。在城市发展的新阶段，交通设施是市政建设中重要的基础设施，需要制订详细的交通设施建设计划；交通管理部门关注道路交通的畅通与安全，对交通设施建设会提出要求，还会提出政策需求。此外，环保部门的环保计划、计划部门的投资计划等，都将交通规划作为一项重要的内容。

通过反思，越来越多的城市管理者和交通规划的专业技术人员认识到了及时转变城市交通规划观念的重要性。这些转变主要体现在以下四个方面：转变观念，从重物质规划转向满足人们的合理出行需求；提升地位，由被动向主动，由从属地位向主导作用转变；充实内容，从交通规划向运输规划转变；实施模式转型，通过近期建设规划规范交通设施的投资与建设行为。如果上述转变能够在未来的城市交通规划中真正得以实现，必将对提升中国城市竞争力、保持城市可持续发展起到重要的作用。

三、构建可持续发展的城市交通规划理论框架

(一)可持续发展的交通规划的概念及目标

可持续发展的一般定义是"既能满足当代人需要,又不对后代人满足其需要的能力构成危害的发展"。对可持续发展的丰富内涵加以概括,可以归纳为四项基本原则:发展原则、协调性原则、质量原则和公平性原则。

针对传统城市交通规划的不足,结合城市交通可持续发展的要求,可持续发展的城市交通规划是将资源优化利用和环境保护引入城市交通规划过程中,改变传统以满足交通需求为唯一目标的规划理论和方法,建立以满足交通需求、资源优化利用及改善环境质量为目标,以交通负荷、环境容量及资源消耗为控制指标,符合可持续发展要求的城市规划理论方法。可持续发展的城市交通规划集中、系统地体现了由传统城市规划向现代城市交通规划观念转变的全部要求,是现代城市规划未来发展的必然趋势。

在城市可持续发展交通规划中,满足交通需求、资源优化利用及改善环境质量三个主要目标相互联系、相互作用,共同构成可持续发展的城市交通规划目标体系。

(二)可持续发展的交通规划层次和范围

可持续发展的城市交通规划是一项复杂的系统工程,通常将其划分为三个层次,即城市交通可持续发展战略规划、城市交通综合规划和城市交通近期建设规划。

1. 城市交通可持续发展战略规划

城市交通可持续发展战略规划是用于描述城市交通远景的指导性规划,是根据城市的土地利用规划、生态环境容量、人口发展与分布和未来经济发展规划,预测未来城市客货运交通需求,确定保证城市交通可持续发展的交通系统供应量。战略规划年限较长,一般为 20 ~ 50 年。

城市交通可持续发展战略规划应解决的问题包括:城市交通发展的远景目标及水平;交通方式与交通结构的研究;城市道路网络主体布局;城市对外交通和市内客货运输设施的选址及用地规模;对未来交通发展政策和交通需求管理政策提出建议。

2. 城市交通综合规划

城市交通综合规划的目的是满足交通需求、优化资源利用且改善环境质量。城市交通综合规划是城市交通可持续发展战略规划的深化和细化,其用地范围与城市总体规划用地范围一致。规划年限一般为 5 ~ 20 年。

城市交通综合规划重点解决的问题包括:面向可持续发展的中长期交通方式结构优化;道路网布局、公交、静态交通等城市交通专项规划;规划方案的可持续发展评价;分期建设及交通建设项目排序等。

3. 城市交通近期建设规划

近期规划是以城市交通可持续发展战略规划和城市交通综合规划为基础制订的城市交通近期建设计划。重点是通过对城市交通可持续发展现状的分析评价，提出 1～5 年内，为促进城市交通可持续发展而需要采取的措施。规划的内容主要包括：现状城市交通可持续发展状况评价；现状交通网络的完善规划；道路交通建设方案设计；近期重大项目的效果分析及实施保障措施等内容。

（三）可持续发展城市交通规划的技术过程

一般来说，传统的城市交通规划技术过程分为以下几个步骤：

1. 总体设计

包括确定规划的目标、指导思想、年限、范围，成立交通规划的组织机构，编制规划工作大纲。

2. 交通调查

交通调查是了解现状网络交通信息的必要手段，交通规划的内容因规划层次及规划内容的不同而不同。一般包括：出行 0-D 调查、道路交通状况调查、公交线路随车调查、社会经济调查。

3. 交通需求预测

交通需求预测是分析将来城市居民、车辆及货物在城市内移动及进出城市的信息。一般来说，交通需求预测包括：社会经济发展指标、城市人口及分布、居民就业就学岗位、居民出行发生与吸引、居民出行方式、居民出行分布、交通工具拥有量、客运车辆 0-D 分布、货运车辆 O-D 分布等。

4. 方案制订

根据交通需求预测结果，确定城市交通综合网络及其他交通设施的规模及方案，进行城市交通系统的运量与运力的平衡。

5. 方案评价

对城市交通系统设计方案的评价主要从技术和经济两个方面进行。

6. 信息反馈与方案调整

根据方案评价结果对规划方案进行必要的调整。

与传统的单一目标的城市交通规划比较，可持续发展的城市交通规划是一个多目标、多因素相互作用的复杂系统。因此，可持续发展的城市交通规划的技术过程也是动态的、复杂的。

第二节　城市道路交通系统规划

一、城市道路网系统规划

城市道路网系统是城市交通的物质载体，是城市道路交通规划的核心内容。

(一)城市道路网系统的空间类型

城市道路网系统与城市布局密切相关，是为满足城市交通需求、土地利用及其他要求而形成的。城市道路网系统的布局取决于城市的结构形态、地形地理条件、交通条件和不同功能的用地分布。在不同的社会经济和地理条件下，城市道路网络系统会呈现出不同的形态。当前世界主要城市常见的道路网系统类型有五种形式。

1. 方格网式

方格网式又被称作棋盘式道路系统，是一种历史最长、应用较广泛的道路系统网络形式。在地形平坦，地貌完整、连续的平原地区城市最常见。方格网式道路网系统的优点是道路布局整齐，有利于形成规整的建设用地，易于开发；平行道路多，交通路径选择性强，有利于交通分散，便于机动灵活地组织交通。存在的不足有：对角线方向的交通联系不方便，易造成部分车辆的绕行。此外，有可能形成呆板、可识别性差的道路景观。中国古代的长安、明清时期的北京，以及美国纽约的曼哈顿地区都是方格网式道路系统的代表实例。

2. 环形放射式道路网系统

环形放射式道路网最初多见于欧洲以广场组织道路规划的城市，如莫斯科、巴黎。中国各大城市采用此种类型的道路系统，通常是由中心区逐步向外发展，自中心区向四周引出的放射性道路逐步演变而来的。放射性道路在加强市郊联系的同时，也将城市外围交通引入了城市中心区域；环形道路在加强城区以外地区相互之间联系的同时，有可能引起城市沿环路发展。环形放射式道路系统有利于市中心同外围地区的联系，有利于外围地区之间的相互联系；但是同时容易将外围交通引入中心区，造成交通堵塞。环线道路与放射型道路应该相互配合，环线道路要起到保护中心区不被过境交通穿越的功能，必须提高环线道路的等级，形成快速环路系统。中国采用环形放射式道路网的城市有成都、沈阳等。

3. 方格网与环形放射混合式道路网系统

方格网与环形放射混合式道路网系统又称为混合式道路网系统，是对方格网和环形放射式的综合。其特点是能扬长避短，充分发挥各种形式路网的优势。在城市内部，方格网道路系统可以有效地避免交通向城市中心聚集。城市外围的道路环状系统又可以保证各地区与中心城区及各地区之间的便捷联系。美国的芝加哥、日本的大阪和中国的北京等城市均属于这种道路系统。

4. 自由式道路网系统

自由式道路网系统是由于城市地形起伏比较大，道路结合地形呈不规则状布置而形成的。该种路网形式的特点是受自然地形制约，会出现许多的不规划街坊、造成建设用地分散。自由式路网系统没有一定的格式，变化很多，如果综合考虑城市布局和城市景观等因素，精心规划，不仅可以建成高效运行的道路系统，而且可以形成活泼丰富的景观效果。中国山区或丘陵地区的城市较常采用这种形式，如青岛、重庆等。

5. 组团式道路网系统

河流或其他天然屏障的存在会使城市用地分成若干系统，组团式道路系统是适应此类城市布局的多中心系统。多中心组团式城市在我国约占10%。对于大城市，宜从单中心向多中心发展，以适应改善中的城区交通拥堵战略的要求。

(二) 城市道路网系统规划原则

现代城市道路网系统规划是将道路系统规划与土地利用规划相结合，以满足客货车流、人流的安全畅通为主旨，同时兼具反映城市风貌、历史文化传统，为地上、地下工程管线敷设提供空间。城市道路网系统规划设计中应遵循的一般性原则归纳如下。

1. 坚持道路系统规划与土地利用规划相结合

由于城市交通与土地利用密切相关，城市道路系统的规划与土地利用规划形成了需要相互协调的互动关系。即道路系统要结合土地利用规划中的功能布局，土地利用规划要照顾到各种城市活动引起的交通需求对道路系统所产生的影响。

2. 形成功能完善、配置合理的道路网系统

不同性质、不同等级的城市道路相互连接，形成了一个有机的网络系统。在一个较好的道路系统中，不同功能的道路分工明确，不同等级的道路层次清晰，间距均匀、合理，没有明显的交通"瓶颈"，可以满足或基本满足道路客货运交通的需求。

3. 道路线形结合地形

从交通工程的合理性出发，城市道路的线形宜采用平直的形状，以满足交通尤其是机动车快速交通的需求。但在地形起伏较大的山区或丘陵地区的城市，过分追求道路线形的平直不但会因开挖填埋所增加的土方工程量使工程造价提高、自然环境受到破坏，而且过分僵直的道路也会使城市景观单调乏味。所以，在山区或丘陵城市，可结合自然地形使道路适当折转、起伏，不单纯追求宽阔、平直。这样不但可以降低工程造价，而且可以使城市景观更加富有变化。

4. 考虑对城市环境的影响

城市道路网的规划不但要结合地形条件，而且还要考虑到对城市环境的影响。例如，道路是一种狭长的开敞空间，如果与城市主导风向平行，就很容易形成街道风。街道风有利于城市的通风和大气污染物的扩散，但不利于对风沙、风雪的防范。道路网的规划应根据各个城市的情况具体选择道路的走向，做到趋利避害。再如，道路交通所产生的废气、噪声等对城市环境会造成一定的影响，规划中应从建筑布局、绿化、工程措施（遮音栅）等方面采用多种措施缓解其影响。

5. 保持城市景观风貌

道路规划在满足其交通功能要求的基础上，应有意识地考虑城市道路景观风貌的形成。宏观上将视野所及范围内的自然景色（大型山体、水面、绿地等），标志性物体（历史遗迹、大型公共建筑、高层建筑、高耸构筑物等）贯穿一体，形成城市的景观序列；微观上注意道路宽度与两侧建筑物高度的比例、道路景观等。可按照不同性质的城市道路或不同路段，形成以绿化为主的道路景观和以建筑物为主的街道景观。

6. 满足工程管线的敷设要求

各项城市基础设施通常沿城市道路埋设，其管径、埋深、压力各异，且设置大量检修井与地面相连。道路规划的线形、纵坡坡度、断面形式等要满足各种城市基础设施的铺设要求，同时还要考虑地铁建设的可能性。

7. 保证城市安全

城市道路网规划还要考虑城市安全方面的要求。在组团式布局中，城市各组团之间的联系道路不能少于两条。当一条道路因突发事件或交通事故堵塞时，另一条仍能保证通行。城市在每个方向上的对外联系道路也不应少于两条。对于山区或湖区定期受洪水侵害的城市，应设置通向高地的防灾疏散道路，并适当提高疏散方向的道路网密度。

二、城市道路系统的规划设计

（一）城市道路系统的构成及功能划分

城市道路系统规划的首要目标是满足城市交通运输的要求。要实现这一目标，城市道路系统的规划必须做到"功能分清、系统分明"，使城市各功能区之间有"便捷、经济、高效、安全"的交通联系。在现代城市道路系统中，按照交通性质、通行能力和行驶速度等指标，可将城市道路划分为快速路、主干路、次干路和支路四个等级。

快速路与主干路属于交通性道路，构成了城市道路系统的骨架，主要承载城市各地区间以及对外交通系统间的交通流量。次干路以交通性为主，同时兼具交通性和生活性两重功能；支路通常为生活性道路，在居民区、商业区和工业区内起广泛的联系作用。

(二)城市道路系统规划指标

城市道路系统的建设发展水平是通过具体规划指标来综合反映的。这些指标具体包括以下几项：

1. 道路网密度

道路网密度又称为道路线密度，是城市建成区内道路的总长度与城市建成区面积之比值，以 km/km^2 为单位。这个比值可以是针对城市干路的（城市干路网密度），也可以是针对所有城市道路的（城市道路网密度）。中国现行的《城市道路交通规划设计规范》分别给出了大中小城市中，快速路、主干路、次干路和支路的道路网密度。路网密度越大，交通越方便，但密度过大会导致交叉口过多，反而会影响道路交通的效率。城市主干路的间隔一般控制在 700 ~ 1200m，但在城市中心等交通生成的密集地区也可适当加密，道路间距以 300 ~ 400m 为宜。

2. 道路面积率

道路网密度无法反映道路的宽度以及包括停车场、交通性广场等其他交通设施在内的道路交通设施整体水平，所以道路交通设施的水平还可以用道路面积率来衡量。道路面积率是指道路交通设施用地的总面积与城市建设用地之比，以百分数为单位。根据中国现行《道路交通规划设计规范》，城市道路用地面积应占城市建设用地面积的 8% ~ 15%。由于大城市的交通要求比中小城市高得多，为适应大城市远期交通发展的需要，其道路面积率应适当提高。对规划人口在 200 万以上的大城市，道路面积率宜为 15% ~ 20%。目前中国大城市中现状道路面积密度在 10% 左右，距离发达国家大城市大多在 20% 的状况尚有一定的距离。

3. 人均道路占有率

另外一个以面积密度指标衡量道路交通设施水平的指标是人均道路用地面积，以 $m^2/$ 人为单位。按照中国现行规范，人均占有道路用地面积宜为 7 ~ 15m^2。其中，道路用地面积宜为 6.0 ~ 13.5 $m^2/$ 人，广场面积宜为 0.2 ~ 0.5$m^2/$ 人，公共停车场面积宜为 0.8 ~ 1.0$m^2/$ 人。

(三)各类道路的规划要求

1. 快速路

快速路是为流量大、车速高、行程长的汽车交通连续通行设置的重要道路，形成城市主要的交通走廊，承担大部分的中长距离出行。快速路规划应符合以下要求：规划人口在 200 万以上的大城市和长度超过 30 km 的带形城市应设置快速路，快速路应与其他干路构成系统，与城市对外公路有便捷的联系；快速路上的机动车道两侧不应设置非机动车道，机动车道应设置中央隔离带；与快速路交汇的道路数量应严格控制，相交道路的交叉口形式应符合表 3-1 的规定；快速路两侧不应设置公共建筑出入口，快速路穿过人流集中的地区应设置人行天桥或地道。

表 3-1　大、中城市道路交叉口的形式

相交道路	快速路	主干路	次干路	支路
快速路	A	A	A、B	
主干路		A、B	B、C	B、D
次干路			C、D	C、D
支路				D、E

　　注：A 为立体交叉口，B 为展宽式信号灯管理平面交叉口，C 为平面环形交叉口，D 为信号灯管理平面交叉口，E 为不设信号灯的平面交叉口。

2. 主干路

　　主干路是城市道路网络的骨架，是连接城市各主要分区的交通干线，以交通功能为主，与快速干道共同承担城市的主要客、货流量。主干路规划应符合的要求包括：主干路上的机动车与非机动车应分道行驶，交叉口之间分隔机动车与非机动车的分隔带宜连续；主干路两侧不宜设置公共建筑物出入口；次干路两侧可设置公共建筑物，并可设置机动车和非机动车的停车场、公共交通站点和出租汽车服务站。

3. 次干路

　　次干路是介于城市主干路与支路间的车流、人流主要交通集散道路，宜设置大量的公交线路，广泛联系城内各区。次干路两侧可以设置吸引人流与车流的公共建筑、机动车和非机动车的停车场地、公交车站和出租车服务站。次干路与次干路、支路相交时，可采用平面交叉口。

4. 支路

　　支路是次干路与街坊内部道路的连接线，以服务功能为主，其上可设置公交线路。支路还包括非机动车道路和步行道路。支路规划应符合下列要求：支路应与次干路和居住区、工业区、市中心区、市政公用设施用地、交通设施用地等内部道路相连接；支路可与平行快速路的道路相接，但不得与快速路直接相接。在快速路两侧的支路需要连接时，应采用分离式立体交叉跨过或穿过快速路；支路应满足公共交通线路行驶的要求；在市区建筑容积率大于 4 的地区，支路网的密度应为表 3-2 中所规定数值的 2 倍。

表 3-2　小城市道路网规划指标

项目	城市人口（万人）	干路	支路
机动车设计速度（km/h）	>5	40	20
	1 ~ 5	40	20
	<1	40	20

项目	城市人口（万人）	干路	支路
道路网密度（km/km²）	>5	3 ~ 4	3 ~ 5
	1 ~ 5	4 ~ 5	4 ~ 6
	<1	5 ~ 6	6 ~ 8
道路中机动车车道条数（条）	>5	2 ~ 4	2
	1 ~ 5	2 ~ 4	2
	<1	2 ~ 3	2
道路宽度（m）	>5	25 ~ 35	12 ~ 15
	1 ~ 5	25 ~ 35	12 ~ 15
	<1	25 ~ 35	12 ~ 15

5. 环路

当穿越市中心的流量过多，造成市中心区道路超负荷时，应在道路网络中设置环路。环路的设置应根据交通流量与流向而定，可为全环，也可为半环，不应套用固定的模式。为了吸引车流，环路的等级不宜低于主干道，环路规划应与对外放射的干线规划相结合。

6. 城市出入口道路规划

城市出入口道路具有城市道路与公路双重功能，考虑到城市用地发展，城市出入口道路两侧的永久性建筑物至少退后道路红线 20 ~ 25m² 城市每个方向应有两条以上出入口道路。有地震设防的城市，尤其要重视出入口的数量。

三、城市轨道交通路网规划

轨道交通是一种舒适、快捷、清洁、低噪音、大容量的交通工具，其作用的独特性主要体现在两个方面：一是解决城市交通拥堵。轨道交通有着地面车辆无法比拟的运输效率，是提高公共交通吸引力和服务水平的重要措施；二是引导城市结构优化，改善城市用地形态。在上海没有地铁的1990年，莘庄、花木都是很遥远、偏僻的地区，而在上海地铁1号线、5号线开通之后，城市化地区跨越莘庄延续到闵行。同样，北京"城市铁路"的通车也拉近了城郊回龙观与北京市区的距离。

（一）轨道交通路网系统规划的指导思想和原则

1. 指导思想

轨道交通网络规划是城市总体规划中的专项规划，是宏观的控制性规划和指导性的实施规划，也是近远兼顾的长远性规划。因此，按规划年限可分为近期和远景规划。近期规划与当前城市总体规划年线一致；远景规划无具体年限，按城市远景规划用地性质、范围及人口的发展规划为基础条件，使网络规划既能适应和支持城市总体规划，同时又有适当超前性和滚动性，引导和推动总体规划的实施，使两者相辅相成。轨道交通网络规划的指导思想是"依据总体规划、支持总体规划、超前总体规划、回归总体规划"。

2. 遵循的原则

轨道交通网络在规划时必须遵循以下原则：用最少的轨道交通总里程吸引最大的出行量。 使最先修建的线路是最急需的线路；有利于城市今后的可持续发展；充分考虑轨道交通与土地利用的相互影响，处理好满足需求与引导发展的关系；线路走向应与城市主客流方向一致，应连接城市主要客流发生吸引源；轨道交通作为城市交通的骨干，应与现有交通工具相配合，协调发展，以最大限度地提高其使用效率；组建大型换乘中心，使之成为城市发展的副中心或新区开发的先导和依托点；与城市建设计划和旧城改造计划相结合，以保证轨道交通建设计划实施的可能性和连续性，工程技术上的经济性和合理性；与城市的地质、地貌和地形相联系，以降低轨道交通工程造价。有条件的地方应尽量采用高架或地面形式。

(二) 轨道交通路网系统规划的要点

在遵循轨道交通路网规划的指导思想和原则的基础上，要建立一个以地铁或轻轨路网为骨干的城市综合交通体系，还应注意以下几点：

1. 依据城市形态地理态势与总体规划配合协同发展

进行轨道交通规划时必须贯彻城市总体规划的基本战略及用地发展方向，透彻了解城市的形态演化过程、趋势以及地理地形因素的作用。此外，交通形式与土地开发模式是紧密联系的。密集的城市结构促进公共交通的发展，轨道交通车站周围土地会吸引紧凑的土地使用。

2. 交通网外形的形式设计和本身相配合

网络的形式主要是由城市地理形态（河流、山地等）、现状城市用地布局和人口流向分布决定的，但主观决策的成分较多。路网本身的形式能决定整体几何性运输能力和客运流向，典型的形式是放射线和环线。线路越长，路网层数越多，吸引量就越大，但成本效益并不一定好。线路离得太近，局部路网密度太大，吸引范围重叠，也不能发挥效益。

3. 吸引交通流量的最大化

将人的出行尽可能地转入轨道运输系统，降低地面和道路交通流拥挤程度。客流量越大，运输效率越高，公交企业效益越好。如达不到最低的建设临界客运量标准，就会严重亏损。吸引客流量的大小和城市人口及密度、开通后的交通管理政策、轨道交通的经营策略和服务质量等有关。

4. 考虑运营上的配合

（1）轨道交通换乘站

路网规划中设置的换乘站在一条路线的工程设计中，要考虑两条以上的线路吸引人流量的规模，因为钢筋混凝土构造很难改造。线路终点站设置要尽可能将同一走向的大量出行人口包进线路范围，减少换乘。

（2）与地面公共汽车交通的配合

在轨道交通方式建成或运营以后调整公共汽车的线路走向，轨道交通无法实现的由地面交通去完成，实现互补。多线路换乘地点可改建成换乘站。

（3）与对外交通设施贯通配合

轨道交通站应直接与火车站、长途客运站、航空港等连在一起。

（三）轨道交通路网规模的确定和网络优化

网络规模就是轨道交通线路总长度的宏观控制。确定网络合理规模应主要从"需求"与"可能"两方面分析。"需求"是以城市总体规划提出的人口分布、出行强度和总量分析为基础，根据城市交通方式构成及其比例，分析城市轨道交通需求的规模；同时以城市形态结构为基础，分析网络合理密度和服务水平需求的规模。"可能"是分析城市经济承受能力和工程正常实施进度可能的规模。

城市轨道交通路网优化是制订轨道交通路网规划的又一重要环节。在借鉴国内外大城市轨道交通经验的基础上，上海提出了"枢纽锚定全网"的轨道交通网络优化理论。这种"先枢纽后网络"的规划思想的理论依据在于："用地布局决定客源生成——客源分布决定枢纽位置——枢纽布置决定网络形成——网络系统决定交通功能。"即在进行网络规划时，首先应根据交通集散点的分布情况，确定不同等级和不同类型枢纽的布局，然后根据枢纽布局调整网络，以满足各集散点之间的交通联系。

（四）轨道网络规划编制方法

1. 经验判断法

这种方法主要根据人口与就业岗位分布情况，设定影响范围，通过对线网覆盖率的判断来确定线路的走向。这样的做法较为简单，只需将人口与岗位分摊到交通小区中并打印出相应的人口与岗位分布图，在此底图上就可根据经验判断画出线路走向。但是由于这种方法仅考虑了人口密度的分布情况，而忽视了人员出行行为的不同，所以线路布设有可能与客流的实际流向不完全吻合。

2. 期望线网法

这一方法必须借助交通预测模型，也可称为蜘蛛网分配技术。所谓期望线网，是指各形心点相连的虚拟空间网络，在该网络上采用"全有全无的方法"，将公交出行矩阵一次分配至该网络上之后，可以识别出客流主流向，由于网络分配图也反映了客流在交通小区间的路径选择，所以能够方便地找到客运走廊。这种方法特别适用于轨道交通规划，因为轨道布线并不需要完全沿道路布设，而蜘蛛网分配技术在寻找客流走向时则完全摆脱了道路设施的约束。用此方法编制的轨道网络，往往能使轨道交通与地面公交互为补充，从而扩大了整个公交系统的服务范围。

四、城市地面公共交通规划

中国城市道路上的客运交通工具主要包括公共汽车、无轨电车、有轨电车，出租车则是公共交通的辅助方式。

(一)公交线网的规划原则

公交路线的规划一方面应使主要的大客流使用最直接的街道线路，减少不必要的迂回，并通过中途换乘满足次要客流的需求；另一方面在客流大的主要街道上开辟公共交通线路，并在运营中不断调整完善公交线网，大城市可以根据客流的时段分布，设置常规线路、高峰线路和夜间线路。

(二)公交线网的密度

大城市或城市中心地区人口密度高，客流集散量大，部分道路和路段可以重复设置公交线路。公交网密度是衡量城市公共交通高效性、方便性和可达性的重要指标，通常大城市市中心区公交线网密度宜为 3 ~ 4km/km^2，在城市边缘地区一般应达到 2 ~ 2.5km/km^2。

(三)公交站点的布置

站址和站距是公交线路合理布置的两个基本因素，直接影响居民公交出行的时耗和路线的运力。公交乘客的出行时间由步行到站、候车、乘车、换乘和步行到目的地几部分时间组成，其中步行时间主要取决于站址。公交站点的布置应尽可能地接近居住区和主要的活动场所，为了方便乘客换乘，公交站点应尽量布设在交叉口附近。对乘客而言，最佳站距应使出行时间的总和最小，站距越小，乘客步行时间就越短，但是公交车速就会降低。就城市总体而言，公交平均站距在 500 m 左右为宜。市中心区由于客流上下频繁，站距可相应小些；郊区线路则要保证一定的车速，站距可相应大一些。

五、慢速交通系统规划

慢速交通系统包括自行车专用道系统和步行道路系统。

(一)自行车道路系统规划

自行车长期以来在中国广泛使用。它具有低成本、无污染和机动灵活等特点，适宜的出行距离一般在 6km 以内，这种交通方式在城市的短程出行中占有明显的优势。选择自行车出行的不利因素是：易受天气和季节的影响，易发生交通事故，对机动车通行会造成较大的干扰。

自行车交通规划应根据自行车流量、流向和行程活动范围，汇集成自行车流量分布图，规划自行车支路、自行车专用路、分离式自行车专用道等，结合公共活动中心及交通枢纽，设置自行车停车场，组成一个完整的自行车交通系统，创造安全、高效、舒适的自行车行车环境。自行车支路是利用城市现有的小路、支路、小巷作为自行车的专用路，将居住、工作和公共活动中心连贯起来，形成地区性的通行网络。自行车专用路通常布置在居住区通往工业区上下班交通流量大的地段。

为了有效地减少机非干扰，大城市应该倡导道路功能上机非分流，开辟平行于城市主干道的自行车专用路。自行车专用道是在街道的横断面上分隔出自行车专用车道，城市道路中"三块板"横断面是常见的形式，但这种自行车交通组织方式无法避免在交叉口出现机动车与自动车的冲突。

（二）步行交通

步行交通具有个体性强，出行的目的、时间和强度随人变化，以个人的体力为基础，选择路线较自由等特点，这些都是步行交通规划需要考虑的因素。

步行交通规划首先要考虑的是步行道的宽度。在城市道路中，一条步行带的宽度一般为 0.75m 左右，通行能力一般为 800 ~ 1000 人 / 小时，市区繁华区域则要略低一些。步行带的数量主要取决于高峰小时的行人数量，在城市主干路单侧一般不少于六条，次干路不少于四条，住宅区道路则不少于两条。步行交通规划还需考虑布置必要的步行交通设施，主要包括人行道、人行横道及信号灯、人行天桥地道、步行街区等步行系统，以及为残疾人服务的盲道、坡道等设施。

步行道的另一个重要功能是满足人们散步、休闲、购物、交往等需要。因此，城市中往往需要设置与机动车干道完全分离的步行路、步行区，结合景观设计，创造优美的步行环境。

六、停车场的规划

停车场也称为静态交通，包括机动车停车场和自行车停车场，是城市道路交通不可分割的一部分。随着中国私人汽车数量的不断增长，带来的不仅仅是"行车难""停车难"的问题也变得越来越突出。当前，中国不少城市已经将停放车规划作为专项交通规划加以考虑。

（一）停车场的种类

停车场按服务类型分类可分为社会停车场、配建停车场和专用停车场。按使用对象又可分为居住地停车、工作地停车、路内停车、路外公共停车。

（二）停车场规划原则

根据城市规划、交通规划及交通管理方面的要求，结合市区的土地开发规划和旧城改建计划及房屋拆迁的可能性，做好停车场规划设计，使需要与可能相结合；停车场规划要与交通综合治理、交通组织相结合，使两者互相促进以利于交通环境的改善；要珍惜土地资源，节约用地，因地制宜，减少拆迁，尽量少占繁荣地带的商业用地；大型公共建筑，如饭店、商场、写字楼一定要配建停车场，不能将停车用地移作他用；路段路边停车场地要逐步清理，让道路恢复交通功能；充分利用闲置边角地带或将原有场地适当改建加以利用；停车场的规划设计应方便车辆出入及停驻，减少对于道路交通的干扰。

（三）停车场规模的确定

关于停车场规模的确定，一般认为其与城市规模、经济发展水平、汽车保有水平、居民主要出行方式、停车收费政策等有关。具体停车场的规模则与高峰日平均停车总次数、车位有效周转次数、平均停车时间、车辆停放不均匀性有关。对停车场面积的需求，无论是全市所需总量还是具体某种类型的城市活动，均可采用一定的经验公式或数据计算得出。

（四）停车场的选址

城市停车场的选址应遵循以下原则：

第一，对外交通集中场所，如在火车站、长途汽车站、港口、码头、机场等大量车流、人流集中点附近布置时，应尽量与其他道路有方便的联系，汽车出入停车安全，不影响过往交通。

第二，城市客运枢纽、交通广场、车流集散之处，以便于换乘其他车辆，如公交、地铁等。

第三，文化体育设施（公园、体育场馆、影院、大型商场公司）附近，其停车规模视停车需求量而定，特别是大型停车场地要认真考虑有方便的人、车集散条件。

第四，停车场不宜布置在主干道旁。为避免出入停车场的汽车直接驶入城市干道或快速干道，影响主干道的快速行车，最好布置在次干道的旁边。

第五，停车场厂址选择时要便于组织车辆右行，减少同其他道路车辆的交叉、冲突。

第三节　城市对外交通系统规划

一、概述

（一）城市对外交通的概念及分类

城市对外交通是指以城市为基点，联系城市及其外部空间以进行人与物运送和流通的各类交通系统的总称，包括铁路、公路、水路和航空等。城市对外交通应具有速度快、容量大、费用低、安全性高、低污染、乘坐舒适等特点，但由于这些特点很难完美地体现在某一种交通方式上，各种对外交通方式都有各自的特点和适宜运输的对象。因此只有这几种交通方式相互协作、互为补充、发挥各自的优势，才能构成高效的城市对外交通系统，共同为城市发展服务。

城市对外交通既担负着城市与外部空间的长途运输，同时也担负着城市与郊区之间、城市与卫星城镇之间、工业区与其他对外交通设施之间短途客货运输。根据交通的范围，城市对外交通又可分为市际交通和市域交通。

1. 市际交通

市际交通主要指城市与城市之间的交通，城市是市际交通的终点或交点。市际交通发达，能使城市具有强大的聚散能力。所以它应与市内交通良好、高效衔接，使城市出入口交通畅通，又要避免过境交通穿越城区。

2. 市域交通

市域交通主要指城市行政管辖范围内城市与郊区之间、城市与卫星城镇、乡镇之间联系的交通。它在社会经济发展、科教文化传播方面起到重要作用。加强市域内交通建设，可以促进和带动市域经济发展，也使中心城市发展相得益彰。

（二）城市对外交通与城市发展的关系

城市对外交通是城市形成与发展的重要条件，也是构成城市的重要物质要素。它把城市与外部空间联系起来，促进城市对外的政治、经济、科技和文化的交流，从而带动城市的发展与进步。

1. 城市对外交通的发展直接影响着城市的产生、城市的规模和城市的发展

例如，中国的上海、武汉、青岛、湛江、秦皇岛、广州等城市都是随着内河、海运事业或者铁路建设的发展而成为工业城市和港口城市的；蚌埠、郑州、石家庄、哈尔滨、江西鹰潭等城市，由于位于铁路干线的衔接点或交叉点上，从小城镇迅速发展成为拥有十几万、几十万乃至上百万人口的现代化城市。同时，城市对外交通还要与市内交通相互协调编织成为一张有机结合的城市交通网络，二者紧密衔接和相互配合，使城市的基本功能得到充分的发挥。因此，在城市发展中，对外交通系统的规划和发展对整个城市的工业、居住、环境、经济等方面都会产生直接的影响。

2. 城市对外交通对城市规划的重要影响

城市对外交通对城市规划有重要影响，主要体现在以下几方面：

①影响城市人口和用地规模。

城市中从事对外交通运输业的职工，一般城市占劳动人口的5%～10%，而以交通运输为主要职能的城市，则占10%～15%。如郑州市铁路枢纽用地占全市总面积13%。因此在推算城市人口和用地规模时，对外交通运输是一个重要因素。

②影响城市用地布局

对外交通运输设施的布置对城市布局有重要影响，如城市中大量的工业企业、仓库必

须接近对外交通线路，而居住区则宜与之保持一定的距离。港口城市的用地发展，往往受到港区和岸线等位置的制约；铁路枢纽城市，铁路干线走向和枢纽布置同城市布局和用地发展又有互相制约的关系。

③影响城市道路系统

城市的客运站、货运站、港口码头、机场等既是对外交通节点，又是市内大宗客货流的起始点。为了充分发挥运输效率，对外交通运输设施与市内道路系统必须统一规划。

④影响城市景观

铁路客运站、水运站、航空港等是城市的重要公共建筑和对外窗口，体现城市的面貌。

3.城市对外交通系统规划及发展的条件

城市对外交通系统的规划及发展，取决于这个城市的地理位置、职能、规模、发展潜力及其在全国或地区交通运输网中的地位。一个职能较为完备的城市，一般都有多种对外交通运输方式，它们按各自的特点和适应性，结成综合交通网络，共同为城市服务。随着经济增长和现代科学技术的进步，各种运输方式和新技术都在不断发展，城市规划和城市建设也要适应各类交通运输的发展要求。

（三）城市对外交通规划的原则

城市对外运输是城市对外保持密切联系，维持城市正常运转的重要手段。城市对外交通是以城市为基点，城市与城市外部区域之间进行人与物运送和流通的各类交通运输系统的总称，包括铁路、公路、航运及航空运输等，城市对外交通与市内交通构成城市交通的有机网络，内外交通紧密衔接和相互配合，使城市的基本功能得到保证。城市对外交通设施规划遵循的一般原则如下：

1.满足自身技术要求

各项城市对外交通设施对用地规模、布局、周围环境以及对外交通设施之间的联合运输等有其各自的需求和具体的技术要求。城市规划应充分掌握这些要求，并在规划中予以体现。

2.为城市提供良好的服务

城市对外交通设施，尤其是与客运交通相关的设施要注意到作为服务对象的市民的使用方便。例如，铁路客运站、公路客运站的位置要靠近城市的中心区。

3.减少对城市的负面影响

对城市对外交通设施产生的噪声、振动，对城市用地的分割等不利影响，城市规划应从整体布局和局部处理两方面入手，采用相应的规划手段降低负面影响的程度。

4.与城市内部交通系统密切配合

城市对外交通设施只有通过与城市交通系统的密切配合才能发挥其最大效应。因此，对外交通设施的布局必须与城市干路系统、主要公共交通系统相结合，统筹考虑。

(四)城市对外交通系统的构成

如上所述，城市对外交通方式主要包括铁路、公路、水运和航空，是城市与外部空间进行联系不可缺少的重要方式。航空运输是点上的运输方式，铁路和水运是线上的运输方式，公路运输可以实现面上的运输，独立完成"门到门"运输任务。城市对外交通应妥善处理好各种交通运输方式之间的关系，针对各自特点，发挥各自长处，实现城市与外部空间的高效连接。

1. 铁路运输的特点

铁路运输是利用铁路线路和运输设备进行的运输生产活动，具有较高的速度、较大的运量、较好的安全性及长途运输效率高等特点。因此，铁路运输在城市对外交通中占有重要地位，是我国城市对外交通的主要运输方式。

铁路运输的准时性和连续性强。铁路运输几乎不受气候影响（除特大的台风及雨雪天气），一年四季可以不分昼夜地进行定期的、有规律的、准确的运转。

运行速度快。平均速度排第二位，时速一般在 80 ~ 120km 左右，高速铁路的速度已经超过 300km/h。

牵引力大，运输能力强。铁路运输采用大功率机车牵引列车运行，不同类型的机车的最大牵引重量可达几千吨甚至上万吨，可以承担长距离、大运量的运输任务。一般每列客车可载 1800 人左右，一列货物列车一般能运送 3000 ~ 5000 吨货物。

铁路运输成本较低、能耗低。虽然铁路运输的成本高于水运和管道运输，但是比公路运输和航空运输成本低得多。铁路运输费用仅为汽车运输费用的几分之一到十几分之一，运输耗油约是汽车运输的 1/20。

环境污染小。与其他交通运输方式相比较，铁路运输的污染性较低，对环境和生态平衡的影响程度最小，特别是电气化铁路影响更小。

灵活性差。列车须按固定的路线行进，交通运输对象需要在固定的站场进出线路系统，运输中要进行编组、解体、中转和调度等工作，导致总运输时间增加。另外，铁路运输要按区间进行单向和双向运行，运输的组织要求十分严密，必须有很强的时间性。

2. 公路运输的特点

公路是城市道路的延续，公路运输是利用道路和交通工具进行的运输生产活动，使旅客和货物发生位移的陆路运输，主要适用于中短途运输。随着高速公路网的发展，与城市连接的高速公路逐渐成为城市主要对外联系干道。公路运输具有如下的特点：

机动灵活。机动灵活是公路运输最大的优点。公路运输在空间上很容易实现"门到门"运输，并且可以根据客户需求随时提供运输服务，能灵活制定运营时间表，运输服务的弹性大。同时能根据客户需求提供个性化服务，最大限度地满足不同性质的货运运输。

原始投资少，资金周转快。公路运输与铁路、水路、航空运输方式相比，所需固定设施简单，车辆购置费用一般也比较低。因此投资回收期较短。有关资料表明，在正常经营情况下，公路运输的投资每年可周转 1～3 次，而铁路运输则需要 3～4 年才能周转一次。

运输成本高。公路运输的总成本包括固定成本和变动成本两部分。对于运输企业而言，固定成本所占的比例相对较高。由于公路运输的单次运输量较小，相对于铁路运输和水路运输而言，每吨公里的运输成本较高。研究表明，公路运输的成本分别是铁路运输成本的 11.1～17.5 倍，水路运输成本的 27.7～43.6 倍，管道运输成本的 13.7～21.5 倍。

运输能力小。每辆普通载货汽车每次至多仅能运送 50t 的货物，约为货物列车的 1/100；长途运输一般也只能运送 50 位左右的旅客，仅相当于铁路普通列车的 1/36～1/30。此外，由于汽车体积小、载重量不大，运送大件货物较困难。因此，在一般情况下大件货物和长距离运输不太适宜采用公路运输。，能耗高。公路运输属于能耗高的一种运输方式。根据相关研究资料，公路运输能耗分别是铁路运输能耗的 10.6～15.1 倍，沿海运输能耗的 11.2～15.9 倍，内河运输能耗的 13.5～19.1 倍，管道运输能耗的 4.8～6.9 倍，但比航空运输能耗低，只有航空运输能耗的 6.0%～8.7%。

环境污染严重。据美国环境保护机构对各种运输方式造成污染的研究分析，公路上的汽车运输对大气污染的贡献最大，由汽车造成的污染，有机化合物污染占 81%，氮氧化物污染占 83%，一氧化碳污染占 94%。

鉴于公路运输的以上特点，公路运输比较适合于内陆地区中短距离的货物运输，以及与铁路、水路进行联运，为铁路、港口集疏运物资。另外，公路运输还可以在农村以及农村与城市之间进行货物的运输，可以在远离铁路的区域从事干线运输。随着高速公路网的修建，公路运输将逐渐形成短、中、长途运输并举的局面。

3. 水路运输的特点

水路运输是在可通航的水域（包括内河和海洋）、利用船舶（或者其他浮运工具）进行的交通生产活动，使旅客和货物发生空间的位置移动。水路运输按其航行的区域可以分为内河运输与海洋运输，海洋运输又可分为沿海运输与远洋运输。水路运输是最经济的运输方式，在我国综合运输网络中占有重要地位。水路运输具有以下特点：

运载能力大，成本低，非常适合于大宗货物的运输。用于海洋运输的大型轮船可以运载万吨以上的货物，最大的油轮可以装运 50 万吨。水道的通过能力相对较高，一般一条水道的年货运量远远超过一条铁路。由于运输能力大，能源消耗低，其运输成本较其他各种运输方式低，水路运输成本是铁路运输的 30% 左右，是公路运输的 7% 左右。

投资少，建设与维修费用较低。水运主要利用江、河、湖泊和海洋的"天然航道"来进行，运输方便，投资少，只要建立一些停泊码头和装卸设备即可通航。

航道上净空限制小，船舶可以装载运输体积巨大的货物，特别是大宗散货、石油和危险物资等。

运行持续性强，远洋运输是进行远距离国际贸易的主要运输方式，我国90%以上的进出口物资是靠远洋运输完成的。

水路运输也存在缺点，如速度较低、受气候影响大，另外受航道限制，灵活性较差，需要其他运输方式集散或接运客货。

4. 航空运输的特点

航空运输是利用空中航线和航空器（飞机）进行的交通生产活动，使旅客和货物发生位移。航空运输适合中长距离的旅客运输和时间价值高的小宗货物运输，国际的旅客运输主要由航空运输完成。航空运输具有以下特点。

速度快。"快"是航空运输的最大特点和优势，现代喷气式客机，巡航速度为800～900 km/h，比汽车、火车快5～10倍，比轮船快20～30倍。距离越长，航空运输所能节约的时间越多，快速的特点也越显著。

机动性大。飞机在空中飞行，受航线条件限制的程度比汽车、火车、轮船小得多。它可以将地面上任何距离的两个地方连接起来，可以定期或不定期飞行。尤其对灾区的救援、供应、边远地区的急救等紧急任务，航空运输已成为必不可少的手段。

舒适、安全。喷气式客机的巡航高度一般在10000m左右，飞行不受低气流的影响，平稳舒适。现代民航客机的客舱宽敞，噪声小，机内有供膳、视听等设施，旅客乘坐的舒适程度较高。由于科学技术的进步和对民航客机适航性严格的要求，航空运输的安全性比以往已大大提高。

基本建设周期短、投资小。要发展航空运输，从设备条件上讲，只需添置飞机和修建机场，这与修建铁路和公路相比，一般来说建设周期短、占地少、投资省、收效快。据计算，在相距1000km的两个城市间建立交通线，若载客能力相同，修筑铁路的投资是开辟航线的1.6倍，开辟航线只需2年。

航空运输的载运量小，受气候影响较大。航空运输的主要缺点是飞机机舱容积和载重量都比较小，运载成本和运价比地面运输高。另外飞机受气候影响较大，恶劣天气会影响飞机的正常飞行和准点性。此外，航空运输速度快的优点在短途运输中难以充分发挥。因此，航空运输比较适宜于500km以上的长途客运，以及时间性强的鲜活易腐和附加值高的货物的中长途运输。

二、公路系统规划

公路是城市道路的延续，是布置在城市郊区、联系其他城市和市域内乡镇的道路。根据公路的性质和作用以及在国家公路网中的位置，可将其分为国道、省道和县道三级。按照公路的适用任务、功能和适应的交通量，可分为高速公路和一级、二级、三级、四级公路。城市是公路网的节点，合理布置城市范围内的公路和设施，是提高公路运输效益和行车环境的关键。合理组织城市的过境公路，消除与减少公路与城市交通的冲突，选择适合的客货运站点，是城市公路网布局的重要任务。

对外公路系统规划是城市对外交通系统规划的主要内容，规划内容包括市域公路网规划、节点城市道路布设及枢纽规划等。

（一）市域公路网规划

1. 规划的范围和原则

市域范围内的公路包含高速公路、国省干线、集散层面的县乡公路。进行市域行政区范围内的公路网规划，其目标是增强城市与区域间的交通联系，提高城市与周边城镇的统筹发展。如果区域骨架层的高速公路网格局已经基本确定，则市域公路网规划中的主要工作是逐步加密干线、支线公路。在规划范围和总体要求上，市域公路网规划较一般的公路网规划具有一定的特殊性，其规划是在城市总体规划和上位公路网规划发生较大调整后进行的。规划范围主要是中心城市、县城、重点城镇节点间的等级公路。

进行市域公路网规划时，要遵循以下原则：以城市规划为依据，与城市总体规划及其上位规划相协调，与市域城镇体系相匹配，符合区域城镇体系及社会经济发展战略；推动综合运输体系协调发展。在进行市域公路网规划时，要统筹考虑各种运输方式的现状和发展趋势，注重公路交通系统与其他交通运输系统的协调，要与其他交通方式的线网、场站等专项规划相结合；服从国家和省级高速公路、干线公路网规划，遵循国省道、干线等上位规划的要求，充分发挥公路运输机动灵活的优势，形成中心城市向区域辐射的多层次公路网络体系；切合实际，近远期结合，满足并适度超前交通需求。

由于不同城市和地区的社会经济和自然条件一般存在很大差异，因此，公路网规划一方面要从宏观上进行总体把握，另一方面要结合规划区域的具体情况和要求，从实际出发，因地制宜，做到"近期有计划，远期有设想"，使之在经济上可能，技术上可行，以确保规划公路网达到最佳综合效益。

2. 规划的主要内容

市域公路网由区域性通道、干线、集散连通的道路组成，规划往往包含两个层面：一是近期的改善规划；二是中长期的总体规划。近期方面主要针对现有存在的突出问题进行诊断，提出改善对策和措施，并给出近期建设重点项目。中长期总体规划方面，主要应研究未来公路网的总体规模和布局形态，预测远景道路交通量，提出路网规划远期发展目标，匡算路网总体规模。远景交通量预测主要包含市域内交通量产生、分布和分配模型的建立，是市域公路网规划的一项主要内容，也是路网设计与优化的直接依据。路网总体规模匡算是在需求预测的基础上，结合社会经济发展等方面的要求，测算目标年规划区内的路网规模。布局规划阶段分别从线路和节点两个角度考虑线路的布局方案，针对不同节点的功能、线路布局的影响因素分析，选取合适的布局方法和理论规划整个路网。规划中还应包括路网布局效果的优化和评价内容。

3. 社会经济及交通需求预测

（1）社会经济发展预测

公路是促进区域社会经济发展的重要基础设施，公路的建设应与区域社会经济发展相适应。在进行区域公路网规划时，应首先进行区域社会经济发展预测。

社会经济发展预测是指在国家与地方政府制定的宏观和微观经济政策的指导下，以区域历年的社会经济发展资料为依据，以定性分析判断和定量计算为手段，对区域社会经济的未来发展趋势做出的预测。与公路网规划相关的主要社会经济指标包括：人口、土地面积、社会总产值、工农业总产值、国民收入、国内生产总值、人均国民收入、人均国内生产总值、财政收入与支出、产业结构等；

经济发展预测中需要重点考虑的因素主要有：产业结构、居民消费结构、城市空间结构调整对经济发展的影响等；在预测前需要分析规划区域经济发展的主要特点及存在的主要问题，并分析未来经济发展趋势。经济发展预测可以分为定性预测和定量预测两种方法，为了提高预测质量，通常是将两种预测方法相结合。

（2）公路交通需求预测

①综合交通运输需求总量预测

综合交通运输需求总量预测一般是根据综合运输系统的特点，综合考虑运输系统内部与外部间的相互关系及政策因素的影响，运用定性与定量相结合的方法进行预测。影响综合交通运输量的因素很多，包括规划区域的城镇空间布局结构、人口分布情况、国民经济发展状况、产业结构调整、居民收入和消费状况、物流行业的发展状况等。在进行综合交通运输量预测前，需要对规划区域内的综合运输发展现状进行分析，包括运输量、线路、枢纽场站等。在此基础上，运用回归分析法、时间序列法、弹性系数法等预测方法对综合运输需求进行预测，并进一步确定公路运输总量。

②公路交通量与预测

预测规划年公路交通量，是市域公路网规划的基础，也是路网设计与优化的直接依据。目前常用的是四阶段法，包含市域内交通量产生、交通分布、交通方式划分和交通流分配。

三、铁路系统规划

铁路是城市主要的对外交通设施。铁路运输具有较高的速度、较大的运量、较高的安全性，成为中长距离的主要交通运输方式。

城市范围内的铁路设施分为两类：一类是直接与城市生产和生活有密切关系的客货运设施，如客货运站及货场等，这些设施应尽可能靠近中心城区或工业、仓储等功能区布置；另一类是与城市生活没有直接关系的设施，如编组站、客车整备场、迂回线等，应尽可能地在远离中心区的城市外围布置。铁路客运站是对外交通与市内的交通重要衔接点，铁路客运站往往也是聚集城市各种服务功能，如商业零售、餐饮、旅馆的地区，为了提高铁路运输的效能，必须注重道路、公交线路等市内交通设施的配套衔接。

铁路是城市对外交通的主要交通方式，城市的大宗物资运输、人们长距离的出行、城市的工业生产、人们生活都需要铁路运输，铁路运输已经成为城市不可分割的重要组成部门。城市对外铁路系统规划主要内容包括铁路线路规划、铁路线路在城市中的合理布设和铁路车站及枢纽在城市中的合理布设。

（一）铁路运输网络规划

1.规划原则及基本要求

铁路网是指在一定空间范围内（全国、地区或国家间），为满足一定历史条件下客货运输需求而建设的相互连接的铁路干线、支线、联络线以及车站和枢纽所构成的网状结构的铁路系统。

城市对外铁路网规划应遵循以下原则：

第一，贯彻区域总体发展战略，统筹考虑经济布局、人口和资源分布、国土开发、对外开放、国防建设、经济安全和社会稳定的要求，并体现规划明确的促进区域协调均衡发展的方向。

第二，根据城市对外综合交通发展总体要求，铁路线网布局、枢纽建设应与其他交通运输方式优化衔接和协调发展，提高组合效率和整体优势。

第三，增加路网密度，扩大路网覆盖面，繁忙干线实现客货分线，经济发达的人口稠密地区发展城际快速客运系统；加强各大经济区之间的连接、协调点线能力，使客货流主要通道畅通无阻。

第四，节约和集约利用土地，充分利用既有资源，保护生态环境。

对于铁路运输网络规划的若干要求可以归纳为足够的长度、合理的布局、机动的通路、强大的主干、适当的储备、适宜的标准、充分的依据，以满足社会经济发展、运输需求及国防安全等各方面的要求。

2.铁路运输需求预测

（1）预测内容

一般来说，铁路运输需求预测包括社会经济发展预测、交通需求发展预测及铁路建设资金预测三大部分，其中，交通需求发展预测又分为综合交通运输发展预测、铁路交通发生预测、铁路交通分布预测、铁路交通量分配预测以及铁路行车组织分析5个部分。铁路网交通需求预测包括客运交通预测和货运交通预测两大部分。

（2）铁路运输需求预测方法

社会经济发展预测，可以采用增长率法和弹性系数法等；铁路建设资金预测则需要综合考虑社会经济发展及国家各项政策来确定，下面主要介绍交通需求发展预测。

①交通需求发展预测方法

交通需求发展预测的步骤是：先对客、货交通生成、运输分布、列车方式进行预测，然后将客、货运列车方式预测的结果汇总，从而进行铁路运输分配预测。交通生成、运输分布、列车方式划分、运输分配四步骤的交通预测程序，即交通预测中普遍采用的四阶段模式。

在铁路网规划过程中．铁路网交通流分配和道路交通流分配方法虽然都遵照系统最优的原则，但是两者之间由于运输组织规律的不一致，配流的约束条件具有本质的差别。

一般情况下，在铁路网上当线路 OD 量大小不同时，铁路组织列车的形式会因路网技术站（特别是编组站）的不同布局而千差万别。例如，当两股具有不同发站但到站相同的车流在某个站会合后，就认为是一支车流。因此，对铁路网交通分配预测后要进行铁路行车组织的分析。

②交通需求发展预测步骤

确定主要研究原则；采用多种数理方法和产销平衡法，对研究区域客货运量进行预测；划分 OD 小区；分配 OD 区域客货运量（如 Frator 法）；区段客货运量；判断网络规划质量。

③铁路行车组织及分析

铁路行车组织设计及分析就是要对铁路网分配的交通量从运营角度提出有益的规划方案和扩能措施，并提出完成铁路网分配预测交通量的路网线路等级、正线数目、机车类型、机车交路、技术站分布原则、车流组织原则、路网上编组站布局及分工、车站到发线有效长度、闭塞类型等，用以优化铁路网及技术站布局。铁路行车组织及分析包括：车流组织、车站布局、行车组织、路网及车站作业设计、区间行车指挥、车站作业组织等分析。

（二）铁路线路在城市中的布设

从运输特性上看，铁路是一种集约式的运输方式，其规模效益十分突出。但是由于铁路运输技术的复杂性及设施设备的专业性。铁路运输网布设的灵活性欠佳，铁路线路对城市空间具有一定的分隔效应，给铁路沿线两侧的交通带来不便，给城市生活和发展带来了很大影响。如果规划不当，不但会造成铁路在市区穿越或绕行的问题，也会形成铁路远离城市布置，使铁路与城市联系不便，增加了市内交通运输里程，造成长期性的浪费。因而如何使铁路在城市中的布设既能给城市生产与生活带来方便，又能在充分发挥其运输效能的基础上减少对城市的干扰，是城市铁路系统规划中的重要内容。

1. 铁路线路在城市中布设

由于铁路系统的设施、设备固有的特性，无论把铁路布置在城市边缘，还是布置在市中心或接近市中心，对城市都不可避免地产生一定的干扰，如噪声、空气污染和阻隔城市交通等。因此，为了减少铁路带来的负面影响，在城市中布设铁路线路时，一般应该遵循以下原则：应与城市土地利用规划相协调，尽量不对城市内部空间造成影响；铁路的噪声、振动、空气污染严重，应尽量避开对城市人口居住区、文教区、商业区等人口密集地区；客运站、货运站、编组站、工业站、维修站等宜设置在城市外围；线路选线应充分考虑城市地质、水文和地质等因素，尽量避开工程建设条件较差的地区，协调与城市道路、交通和环境的关系，充分利用现有设备，节约投资和用地；综合考虑城市未来的空间发展方向，铁路线路不应成为未来城市空间发展的制约。

为了合理布置铁路线路，减少线路对城市的干扰，一般有以下几方面的措施。

第一，铁路线路在城市中的布置，应配合城市规划的功能分区，把铁路线路布置在各分区的边缘，使之不妨碍各区内部的活动。当铁路在市区穿越时，可在铁路两侧地区内各配置独立完善的生活福利和文化设施，以尽量减少跨越铁路的频繁交通。

第二，通过城市的铁路线两侧应植树绿化。这样既可减少铁路对城市的噪声干扰、废气污染及保证行车的安全，还可以改善城市小气候与城市面貌。铁路两旁的树不宜植成密林，不宜太近路轨，距离最好在10m以上，以保证司机和旅客能有开阔的视线。有的城市利用自然地形（如山坡、水面等）做屏障，对减少铁路干扰也能起到良好的作用。

第三，妥善处理铁路线路与城市道路的矛盾。尽量减少铁路线路与城市道路的交叉，在进行城市规划和铁路选线时，综合考虑铁路与城市路网的关系，使它们密切配合。

第四，减少过境列车车流对城市的干扰，主要是对货物运输量的分流。一般采取保留原有的铁路正线，而在穿越市区正线的外围（一般在市区边缘或远离市区）修建迂回线、联络线的办法，以便使与城市无关的直通货流经城市外侧通过。

2. 铁路线路和城市道路系统的配合

①铁路与城市道路的平行

铁路线路与城市道路系统的关系总体要求是尽可能减少铁路线路与城市道路的交叉点，尽量使铁路线不与城市主要干道相交，道路要在铁路占地最窄的部分穿过。为了满足上述要求，在方格网式道路系统的城市中，铁路在市区内应尽量与城市主干路平行，仅与次要道路相交。环形放射式道路系统的城市中，铁路线应与干道平行地引入市区。这样既可布置尽端式车站，也可布置通过式车站，切忌道路与车站相交。

②铁路与城市道路的交叉

铁路与城市道路的交叉有平面交叉和立体交叉两种方式。从便利交通与保证安全的角度看，以立体交叉为好，但建造费用较高。因此，当铁路与城市道路的交叉不可避免时，应合理地选择交叉方式。

平面交叉。在交通不繁忙和车辆行驶速度不高的城市道路和铁路交叉处，可采用平面交叉，在设计平交道口时应保证二者都有良好的视距条件，线路中心线的交角应尽可能采用直角，在任何情况下不得小于45°。道路的平、纵断面设计均应符合工程技术标准的规定，道口应装设自动道口栏杆和音响闪光信号等安全防护设备。

立体交叉。立体交叉的设置条件是：一级公路及其他具有重要意义或交通繁忙的公路与铁路交叉；各级公路或道路与有大量调车作业的铁路交叉；公路或城市干道与双线铁路正线或行驶高速列车的铁路交叉；各级公路与较深路堑的铁路交叉等。

四、港口系统规划

(一) 港口布局规划

港口是水上运输的枢纽和港口城市的门户，是所在城市的一个重要组成部门，也是对外交通的重要通道。港口是展示城市风貌的窗口区域，在扩大对外开放、促进对外贸易、发展国民经济、改善人民生活中起着至关重要的作用。港口按地理位置可以分为海港和内河港，按使用性质可分为综合性商港、专业性商港、专用渔港、工业港和军港等。港口的活动由船舶航行、货物装卸、场库存储及后方集疏运4个环节共同完成。

1. 港口与岸线规划

岸线是重要的自然资源，也是港口城市的重要物质基础。在港口规划中，必须根据港口的布局合理分配岸线。第一，根据城市功能要求，选择自然条件最适宜的岸线段，符合城市总体布局，以获得最佳的经济与社会效益；第二，注意岸线各区段之间的功能关系和城市卫生，有污染、易燃易爆工厂、仓库、码头的布置，必须与航道、城市水源、游览区、海滨浴场等保持一定的安全距离；第三，节约使用岸线，远近期规划相结合，为城市和港口的进一步发展留有余地；第四，岸线分配还要对防汛、航运、水利、水产、泥沙运动、河海动力平衡、生态平衡等问题进行综合考虑。

2. 港口与城市用地关系

在港口城市规划中，要合理处理港口布置和城市布局之间的关系。

港址必须符合城市总体规划的利益，如不影响城市的交通、尽量留出岸线以供城市居民需要的海（河）滨公园、海（河）滨浴场之用等，做到充分发挥港口对外交通的作用，尽量减少港口对城市生活的干扰。

港口建设应与区域交通综合考虑。港口规模的大小与其服务用地范围关系密切。区域交通的发展可有效带动区域经济的发展，从而提供充足的货源。货运港的疏港公路应尽可能连接干线公路，并与城市交通干道相连。客运港要与城市客运交通干道衔接，并与铁路车站、汽车客运站联系方便，利于水陆联运。

港口建设与工业布置紧密配合。由于深水港的建造推动了港口工业的发展，推动深水港的建设是当前港口建设发展的趋势。此外，内河不仅能为工业提供最大价廉的运输能力，并且为工业和居民提供水源，因此城市工业布局应充分利用这些有利条件，把那些货运量大而污染易于治理的大厂，尽可能地沿通航河道布置。例如，世界上大多数重要工业基地都建设在港口及其附近，主要是因为港口能够通过水运为工业生产提供大量廉价的运输能力。

加强水陆联运的组织。港口是水陆联运的枢纽，是城市对外交通连接市内交通的重要环节。在规划中需要妥善安排水陆联运和水水联运，提高港口的疏运能力。在建设新港或改造老港时，要考虑与公路、铁路、管道的密切配合，特别重视对运量大、成本低的内河运输的利用。

(二)港口集疏运系统规划

1. 港口集疏运系统规划的概念及流程

港口集疏运系统是与港口相互衔接、主要为集中与疏散港口吞吐客、货物服务的交通运系统。由铁路、公路、城市道路及相应的交接站场组成，是港口与广大腹地相互联系的通道，是港口赖以存在与发展的主要外部条件。

港口集疏运体系通常具有以下基本功能：为港口集结、疏散被运送的货物或旅客；是保持港口畅通、提高港口综合通过能力的必要手段；有机衔接水上运输和陆上运输，是水运系统在陆上的延续和扩展；是水运系统综合能力得以充分发挥的基本保证。任何现代化港口都必须具有完善与畅通的集疏运系统，才能成为综合交通运输网中重要的水陆交通枢纽。港口集疏运系统的具体特征，如集疏运线路数量、运输方式构成和地理分布等，主要取决于港口与腹地运输联系的规模、方向、运距及货种结构。一般与腹地运输联系规模大、方向多、运距长或较长，以及货物种类比较复杂的港口，其集疏运系统的线路往往较多，运输方式结构与分布格局也较复杂；反之亦然。从发展趋势看，一般大型或较大型港口的集疏运系统，均应因地制宜地向多通路、多方向与多种运输方式方向发展。

由于港口集疏运系统属于交通运输系统的一种，港口集疏运系统规划属于交通规划的范畴，所以港口集疏运系统规划应该符合交通规划内涵和基本特征，这里将结合交通规划的概念对港口集疏运系统规划的定义和流程进行描述。

交通规划就是对未来交通需求进行预测，然后根据预测结果，提出适合未来发展需要的交通政策及交通系统建设方案。港口集疏运系统规划即对未来港口集疏运需求进行预测，然后根据预测结果，提出适合未来发展需要的集疏运政策及集疏运系统建设方案。根据交通趋划四阶段法，交通规划的流程包括交通发生、交通分布、交通方式划分和交通分配4个步骤。根据交通规划四阶段法，港口集疏运系统规划也包括交通发生、交通分布、交通方式划分和交通分配4个步骤：交通发生即吞吐量预测和集疏运量的确定；交通分布即集疏运量在港口和货源地（货运目的地）间的分布情况；交通方式划分主要指分布运量在公路、铁路或其他交通运输方式之间的分担；交通流分配即在港口集疏运系统的各公路和铁路上对集面运量进行分配。

2. 港口铁路

我国幅员辽阔，海港集中在东部地区，腹地纵深大，铁路是我国港口货物集疏运的主要方式。在港口规划设计中，合理配置港口铁路，对扩大港口的通过能力是十分重要的。港口铁路由港外线和港内线组成。港外线包括专用线和港口车站，港内线包括分区车场、联络线、装卸线等。

（1）港口车站

港口车站承担列车到发、编解、选分车组和向分区车场或装卸线取送车辆等作业。港口车站距码头、库场作业区不宜太远，以便于取进车作业。港口车站的规模应根据运量和作业要求确定，一般应具有下列线路：接发接轨站列车的到发线，通常是小运转列车，即非正线整列到达；按港口各分区车场进行车辆选编的编组线；机车走行线、牵出线、连接线及机务整备线等。由于运量、货种、接轨站与港区位置和管理方式等因素，港口铁路亦可以不设港口车站，其功能由接轨站承担。对货种单一、运量稳定、开行单元列车的专业化港列车不在港内进行解编作业，港口铁路只设空、重车场和装卸线。

（2）分区车场

分区车场主要承担码头装卸线列车的到发、编组和取送作业。根据车流的性质，有条件的亦可编组直达列车。分区车场宜布置在临近泊位或库场装卸线，以便及时供应码头线及仓库线所需的车辆，从而缩短运距，加速车辆周转。划分分区车场时，应使备分区车场的作业量均衡，一般情况宜按一台机车调车作业能力来考虑，同时尽量与港口作业区划分一致。分区车场内线路数量设置应包括：到达线，接纳来自港口车站的车组；编组线，供分编去往各装卸线的车辆用；集回线，停放各装卸线集回的车辆，以便送往港口车站；机车走行线，机车在车场内的通行线。分区车场线路不必像港口车站那样，各股道功能要很明确，可灵活调度使用。

（3）装卸线

即布置在码头、库场区供停车进行装卸作业的线路，是港口铁路最基本的设备。码头装卸线的布置可采用平行进线、垂直进线或斜交进线的形式，一般码头前沿铁路装卸线最多不超过两条，此外还有一条走行线，以备取送调车之用。一般码头前沿不设供车船直取的码头装卸线，仅在重件码头等有特殊要求时才布置码头前沿装卸线。

3. 港口道路

港口道路包括港外道路及港内道路两部分。前者为库场内的运输道路和连接各作业区及港区主要出入口的道路；而后者则为港区连接公路和城市道路的对外道路。港外道路按港口公路货运量大小分为两类。

Ⅰ类：公路年货运量（双向）等于或大于 20 万吨的道路。

Ⅱ类：公路年货运量（双向）在 20 万吨以下的道路。

港内道路按重要性分为以下 3 种：主干路、次干路和辅助道路。主干路是全港（或港区）的主要道路，一般为连接港区主要出入口的道路；次干路指港内码头、库场、生产辅助设施之间交通运输较繁忙的道路；辅助道路是库场引道、消防道路以及车辆和行人均较少的道路。港内道路系统尚应包括停车场、汽车装卸台位等设施。

五、航空系统规划

航空运输是城市对外交通的重要交通输运方式，相对于其他运输方式，航空业的发展给人们的交通出行带来了极大的便利，缩短了时空距离，扩大了交往空间。科学合理地进行航空系统规划，对完善城市综合交通系统，充分发挥航空运输在城市对外交通中的作用，促进城市的发展具有重要的意义。航空系统规划的内容主要包括机场规划、航线规划和机场集疏运系统规划。

(一)机场规划

机场规划的主要内容包括机场需求预测及分析、机场规模及等级的确定、机场选址布局及设施布局，其中机场的选址布局规划是最重要的一环，下面就各部分内容分别加以介绍。

1.机场规划的任务及流程

机场规划是规划人员对某个机场为适应未来航空运输需求而做的发展设想，可以是新建机场，也可以是对现有机场某些设施的扩建或改建。机场规划主要确定机场的位置、机场设施的发展规模、总体配置及修建顺序等。

机场规划首先要收集规划用的基础信息，包括现有机场的规模和使用情况、空域结构和导航设施、机场周围的环境、已有的机场的地面交通系统、城市发展规则、区域经济规划等。其次，进行机场需求预测，包括预测年旅客运量、飞机运行次数、年货运量、机队组成、出入机场交通量等指标。再次，根据机场需求，确定机场规模和等级。然后，进行机场的选址布局研究。最后，机场设施配置的研究，包括进一步确定飞机场的跑道数、跑道长度、停机坪面积、航站楼面积等。

2.机场需求预测

进行机场规划建设前，首先要对机场未来的客运量、货邮运量等航空业务量做出预测，然后根据预测结果确定机场所需各项设施、规模和等级、合理的建设分期。需求预测是机场规划的基础，预测方法主要有类比法、计量经济法和市场分析法等。

类比法：找出与预测机场周围环境和运输条件相似，而且有较长历史资料的机场作为类比模型，与预测机场进行全面和深入的比较，然后得出预测结论。新建机场的航空业务量可采用类比法进行预测。

计量经济法：在分析航空业务量与影响因素之间相互关系的基础上，推测未来的航空业务量，比较常会用的方法如回归预测方法。

市场分析法：把机场影响范围内的人口按工作、服务、收入、学历、年龄等分成不同的类别，并统计出各类人员的数量和乘飞机情况，然后根据各类人员数量的变化趋势及乘飞机情况预测未来的机场客运量。通过调查和预测，可以准确掌握哪类人员乘飞机旅行，哪些人不乘飞机旅行及其原因。这些对航空公司制定航线、航班、票价等经营策略及宣传方针很重要，是一种适合航空公司经营工作的预测方法。

3. 机场规模与等级

（1）机场规模确定的影响因素

机场所需的发展规模取决于以下几个因素：

第一，预期使用该机场的飞机性能特性和大小。飞机的性能特性对跑道长度有直接的影响，因此通常需要获取各种类型运输机性能的资料，可以从航空公司的机务工程部门和飞机制造厂商处获得。

第二，机场交通量。交通量及其性质对所需要跑道条数、滑行道的构形和停机坪的大小具有影响。

第三，气象条件。气象条件主要包括风向和温度，风向和大小影响跑道条数及构形。温度影响跑道长度，温度越高，所需跑道长度越长。

第四，机场场址的标高。机场标高越高，跑道长度越长。

（2）机场等级划分

机场的定位可以按照机场服务的飞行区、在区域交通运输体系中的地位和作用，以及乘机目的等分类方法进行明确，具体如表3-3所示。

表3-3 机场类别划分

飞行区域	乘机目的	地位与作用
国际机场	始发机场	枢纽机场
国内机场	终点机场	干线机场
	停经机场	干线机场
	中转机场	—

4. 机场选址

机场位置选择包括两层含义：一是从城市布局出发，使机场方便地服务于城市，同时又要使机场对城市的干扰降到最低程度；二是从机场本身技术要求出发，使机场能为飞机安全起降和机场运营管理提供最安全、经济、方便的服务。因而机场位置的选择必须考虑到地形、地貌、工程地质和水文地质、气象条件、噪声干扰、净空限制及城市布局等各方面因素的影响，以使机场的位置有较长远的适应性，最大限度地发挥机场的效益。

（1）城市布局方面

从城市布局方面考虑，机场位置选择应考虑以下因素：

①机场与城市的距离

从机场为城市服务，更好地发挥航空运输的高速优越性来说，要求机场接近城市；但从机场本身的使用和建设，以及对城市的干扰、安全、净空等方面考虑，机场远离城市较好，因而要妥善处理好这一矛盾。选择机场位置时，应努力争取在满足合理选址的各项条件下，尽量靠近城市。根据国内外机场与城市距离的实例，以及它们之间的运营情况分析，建议机场与城市边缘的距离在 10 ～ 30km 为宜。

②尽量减少机场对城市的噪声干扰

飞机起降的噪声对机场周围会产生很大影响，为避免机场飞机起降越过市区上空时产生干扰，机场的位置应设在城市沿主导风向的两侧为宜，即机场跑道轴线方向与城市市区平行且跑道中心线与城市边缘距离在 5km 以上。如果受自然条件影响，无法满足上述要求，也要争取将机场设于离城市较远的郊区，应使机场端净空距离城市市区 10km 以上，保证其端净空面不要在城市市区范围内。

（2）机场自身技术要求

从机场自身技术要求考虑，机场位置选择应考虑以下因素：

①机场用地方面

机场用地应尽量平坦，且易于排水；要有良好的工程地质和水文地质条件；机场必须要考虑到将来的发展，既给本身的发展留有余地，又不致成为城市建设发展的障碍。

②机场净空限制方面

机场位置选择一方面要有足够的用地面积，同时应保证在净空区内没有障碍物。机场的净空障碍物限制范围尺寸要求可查询民航规范。

③气象条件方面

影响机场位置选择的气象条件除了风向、风速、气温、气压等因素外，还有烟、气、雾、阴霾、雷雨等。烟、气、雾等主要是降低飞行的能见度，雷雨则能影响飞行安全。因而雾、层云、暴雨、暴风、雷电等恶劣气象经常出现的地方不宜选作机场。

④机场与地区位置关系方面

当一个城市周围设置几座机场时，邻近的机场之间应保持一定的距离，以避免相互干扰。在城市分布较密集的地区，有些机场的设置是多城公用，在这种情况下，应将机场布置在各城使用均方便的位置。

⑤通信导航方面

为避免机场周围环境对机场的干扰，满足机场通信导航方面的要求，机场位置应与广播电台、高压线、电厂、电气化铁路等干扰源保持一定距离。

⑥生态方面

机场选址应避开大量鸟类群生栖息的生态环境，有大量容易吸引鸟类的植被、食物或掩蔽物的地区不宜选作机场。

5. 机场设施配置

民航运输机场主要由飞行区、旅客航站区、货运区、机务维修设施、供油设施、空中交通管制设施、安全保卫设施、救援和消防设施、行政办公区、地面交通设施及机场空域等组成。机场规划中的机场设施的配置（机场布局）主要包括机场跑道的数目、方向和布置，航站区同跑道的相对位置，滑行道的安排，各种机坪的位置等。

（二）航线布局规划

1. 影响因素

航线规划受到国家发展航空运输的总体规划的制约，它必须服务于国家与地区的政治、经济和军事发展战略。

航线规划还受到航空企业自身的市场发展战略的驱动，服务于企业的经济利益，包括对市场需求预测、运营分析和航空公司收益等企业的生产状况的分析。

航线布局的自然基础。新航线的开辟必须考虑到航线的地理条件和气象条件，有利于飞行安全。

对象城市或地区的经济水平。对象城市地区经济的繁荣程度，决定客货运量和航空运输市场的发展规模。

运输能力协调。新航线的建设，必须充分考虑到与其他航线的衔接，与地面交通的综合运输能力的协调，确保能及时、方便地集散旅客和货物。

2. 布局方法

要进行需求分析。对客货运输的市场需求进行调查，掌握交通需求在空间上的发生量和吸引量，通过社会调查（SP调查）分析，预测航空运输方式分担客货运量的比例。根据航空运输方式分担运量的大小，研究航线对象城市机场的规模、跑道等级、通信导航能力、机队运输能力及地面交通能力等因素。

航线设计既要满足社会发展需要，又要充分考虑它的经济效益。对新航线的设计通常采用以下方法：

第一，线性规划法。线性规划法是基于运输要求来进行运输方式和航线布局的定量分析和布局优化方法。

第二，技术经济分析法。技术经济分析法是把多种初始布局方案可能产生的经济效益进行比较，分析航线布局的经济性。

3. 航线的选择

航班的航线飞行主要有直达航线、间接对飞航线和环形航线。直达航线是指在始发机场和终点机场之间往返直飞，无经停点，用于运输量较大的城市之间，旅途时间短，成本低，受市场欢迎。间接对飞航线在始发机场和终点机场之间有经停点，回程按原路飞行，用于直飞没有足够的客货运量，通过提供中途机场的停靠，补充载运业务，以降低飞行成本。环形航线通常不按原路返回，其主要原因是由于单向运量不足。

（三）机场集疏运交通网络规划

机场集疏运系统是保证旅客安全、方便、快速集散的重要条件，也是机场正常运行的重要保证。机场集疏运网络主要包括公共交通集疏运网络和道路集疏运网络。

1. 公共交通集疏运网络规划

机场公共交通集疏运网络主要包括城市轨道交通、区域轨道交通、机场巴士线路等几类方式。根据机场的客流规模、交通区位及服务腹地的差异，公共交通网络的体系构成也有所不同，主要有以下 3 种模式。

（1）机场巴士线路的模式

通常机场与所在城市的机场巴士线路较多，并且与城市主要交通枢纽相衔接。机场巴士线路会沿城市主要入口集中区布设，起始点覆盖铁路客运站、公路客运站及城市公交枢纽。

一般城市中，机场巴士是机场的主要公共交通集疏运方式。至于机场与周边城市而言，机场巴士线路往往与该城市的城市候机楼相衔接。在缺乏轨道交通与机场衔接的情况下，机场巴士和城市候机楼是大部分机场的公共交通集疏运采用的模式，如南京禄口机场和成都双流机场等。

（2）城市轨道交通 + 机场巴士线路的模式

在这种模式下，城市轨道交通为机场在城市的主要集疏运方式，机场巴士作为重要补充。就轨道交通衔接城市状况而言，主要有两类情况：其一，通过城市轨道交通串联各城市对外交通枢纽与空港；其二，通过机场轨道快线连接机场与某一对外交通枢纽（常常是铁路客运站），而其他对外交通枢纽、城市其他地区均通过该铁路客运枢纽与机场连接。这种模式下区域航空客流与城市通勤客流相互影响，增加乘客到达机场的时间并造成换乘不便。如北京首都国际机场，主要依靠机场快轨在东直门交通枢纽与市区的轨道交通系统和公交系统联系。

（3）区域轨道交通 + 城市轨道交通 + 机场巴士线路的模式

这种模式的大型机场往往处于一条或几条区域交通走廊的交汇处，如区域轨道交通网络经过机场并设站，区域航空客流不需经过城市内部中转即可实现空铁联运，使空港真正成为区域性的交通枢纽。这种模式是当前大型机场的发展趋势，形成条件是机场所处的位置需要具有区域轨道交通线路（包括高速铁路或者城际轨道等），如上海虹桥机场、巴黎戴高乐机场、德国法兰克福机场等。

2. 道路集疏运网络规划

机场道路集疏运网络主要由高速公路、城市快速道路等组成。从通道数量和规模角度来看，由于机场所在城市往往是机场客流的主要来源，客流量较大且需要具有较好的可靠性。

机场与所在城市的快速联系通道一般有 2 条以上，而周边城市往往也有 1 ~ 2 条快速道路连接至机场。根据机场距离服务城市的空间距离及客运联系强度情况，机场集疏运道路网络的布局模式主要有以下两种模式：

建设专用的机场高速公路模式。一般是指从城市主要对外出入口道路或者主要对外交通枢纽处（如铁路客运站）开始建设到机场的专用高速公路。这种模式适用于城市与机场间的交通量较大，采用专路专用，能确保往返机场与城市的交通流不受影响，如成都双流机场、首都国际机场等。

通过机场快速联络线接入区域高速公路的模式。一般是指机场至城市的高速公路除了服务机场的集疏运交通外，还承担了其他区域交通的功能。这种模式能更加充分地发挥高速公路的复合型通道的功能，但是如果交通量过大，则会造成区域交通与机场的集疏运交通相互影响，特别是可能降低机场集疏运交通的服务水平。

第四章　城市道路规划

城市是工业生产、商业、科技、教育、文化等人口集中的地区，城市居民为了从事正常的生产、服务、生活活动，就产生了大量的、经常性的各种出行：如居民上下班、生活物资购买以及教育、文化需要的经常性出行往返等；此外，为了适应工业生产和城市生活物资供应的需要，在城市内外与各区之间就必然产生大量复杂的货物流动。各种出行及货物运输往来是通过选择相应经济合理的交通方式，采用不同的运输工具来进行的。各类车辆（包括步行）在城市道路系统上行驶往来，以完成各种性质的客、货运输任务，称为城市交通。它包括动态交通（车辆、行人流动）与静态交通（车辆、行人停驻）。

城市道路系统的定义是指城市范围内由不同功能、等级、区位的道路，以及不同形式的交叉口和停车场设施，以一定方式组成的有机整体。

城市道路系统中的道路一般包括主干道（指全市性的干道）、次干道（指地区性或分区干道）和支路（指居住区道路和连通路），它们共同构成了城市道路网。城市道路网特别是干道网的规划是否合理，不仅直接影响城市对外、对内的交通运输、生产和人们生活的正常进行，而且也影响所有城市地上、地下管道和道路两侧建筑的兴建。城市干道走向一旦确定，道路网一经形成就很难改变，因此城市道路规划可以说是城市建设的百年大计。

第一节　城市道路规划的要求

城市道路规划必须结合城市性质与规模、用地功能分区布置、交通运输要求、自然地形、工程地质水文条件、城市环境保护和建筑布局等要求进行综合分析，反复比较来确定。这样才能建成一个系统完整、功能分明、线形平顺、交通便捷通畅、布局经济合理的城市道路网。其具体要求是：

一、道路建设、运输要经济

道路建设、运输要经济，包括道路建设时工程投资费用要经济和道路运行时维护费用要经济；同时还包括运行时交通运输成本费用和时间要节省等几个方面。道路规划设计的总目标就是以最少的建设投资和正常的维护费用，获得最大的服务效果与交通运输成本的节省。规划时要注意把道路、居住区建筑和公用设施有机结合起来考虑；要根据交通性质、流向、流量的特点，结合地形和城市现状，合理布置线路及其断面大小；对交通量大、车速高的干道路线要平顺布置，次要干道可着重地形、现状，不一定强求线形平顺，以达到节省投资的目的。

二、区分不同功能道路性质，分流交通

尽量考虑区分不同功能道路性质进行分流，是使交通流畅、安全与迅速的有效措施。随着城市工农业生产和各项事业的兴旺发达，城市客、货运交通量和汽车、自行车的迅速增长，很多城市的交通拥挤状况日趋严重。在市场经济中，流通是第一位的。从人流来看，人的流通不仅是上下班的范畴，已扩大到社会交往、信息交流。从物流来看，对交通需求量的增长更为突出。从 1990 年开始，城市道路担负的货运量即为全国公路、铁路、水运、民航和管道 5 种运输方式货运量的 5.9 倍，城市客运周转量为全国客运周转量的 1/3。因此，在城市干道和交叉口就经常发生拥挤和堵塞，引起交通事故。解决的办法除积极新建和扩建道路外，按客、货流不同特性，交通工具不同性能和交通速度的差异进行分流，即将道路区分不同功能，妥善组织平交道口交通，布置必要的立体交叉、人流与车流分隔，是有效的措施。做到车辆、行人"各从其类，各行其道"，从而保证交通流畅与安全。

三、道路网规划应注意城市环境的保护

城市主要道路走向一般应平行于夏季主导风向，这样有利于城市通风。北方城市冬季严寒且多风沙，道路宜布置与主导风向成直角或一定角度，可以减少大风直接侵袭城市。为减少机动车行驶排出的废气和噪声的污染，布置干道时应注意采用交通分隔带，加强绿化，道路两侧建筑宜后退红线，特别要注意保持居住区与交通干道之间有足够的消声距离。

四、城市道路规划应注意道路与建筑整体造型的协调

城市道路不仅是城市的交通地带，通过路线的柔顺、曲折、起伏，两旁建筑的进退、高低错落和绿化配置，以及沿街公用设施、照明安排等有机协调配合，将对城市面貌起到重要的作用，可以给城市居民和外地旅客以整洁、舒适、美观和富有朝气的感受。

第二节 城市道路的分类及布局

一、城市道路分类

(一) 城市道路的基本属性和称谓

道路从产生起就是和城乡用地结构相匹配的，也担负着不同的功能。

中国古代结合"井田制"将全国的道路（包括城镇间的公路）分为路、道、涂、畛、径五个等级。现代社会道路有了更为细致的分工，主要分为公路和城市道路两大类。

1. 公路

位于城市外围的城镇间道路一般都称为公路。公路是联系城市与城市、城市与乡镇的道路，从性质、技术标准和管理方面具有独立性，不能与城市道路相混合。

公路按照其在公路网中的地位分为干线公路和支线公路，干线公路包括国家级干线公路（国道）和省级干线公路（省道），支线公路包括县公路（县道）和乡公路（乡道）。

公路按照交通量及使用任务、性质又可分为：

①汽车专用公路，是主要联系城市与城市的快速交通通道，包括高速公路和汽车专用的一级公路和二级公路。

②一般公路，除了作为城市与城市间的常速通道外，又作为中心城与郊区城镇、农村集镇的联系通道，兼作高速公路间的联系通道，包括一般的二级公路、三级公路和四级公路。

2. 城市道路

城市道路是指城市城区内的道路。

城市道路的第一属性是组织城市的骨架，城市道路的第二属性是城市交通的重要通道。作为城市交通的主要设施、通道，既要起到组织城市和城市用地的作用，又要满足不同性质交通流的功能要求。

1995年发布的《城市道路交通规划设计规范》（GB 50220-1995）（以下简称《规范》）是在现代机动交通迅速发展的背景下修订的。《规范》在城市道路分类中列入了"快速路"，体现了"快速交通"与"常速交通"的分流和"快速道路"与"常速道路"的分离；《规范》科学地将四级城市道路统称为"路"，城市道路内的组成部分称为"道"；《规范》要求在四级道路的基础上还应考虑"交通性"与"生活性"的功能分工。

按照专业的称谓，城市道路统称为"路"。有的城市将交通性和展现城市风貌的景观性主要城市道路成为"大道""大路""大街"，都归于"路"的称谓。

城市中还有一些商业性的道路，按照传统的称谓，应称之为"街"。

北方城市中的"胡同"是与居住区密切结合的道路，主要的"胡同"属于支路等级，次要的"胡同"属于小街巷，可以不纳入城市道路的等级。

有的城市习惯上将某个方向的道路统称为"路"，另一方向的道路统称为"街"，并不能替代对于道路的专业称谓。

3. 城市道路的分类要求

城市道路系统规划要求按道路在城市总体布局中的骨架作用和交通地位对道路进行分类，还要按照道路的交通功能进行分析，同时满足"骨架"和"交通功能"的要求。因此，按照城市骨架的要求和按照交通功能的要求进行分类并不是矛盾的，两种分类都是必需的，而且应该相辅相成、相互协调。两种分类的协调统一是衡量一个城市交通与道路系统规划是否合理的重要标志。同时，我们还可以把上述两种分类的思路结合起来，提出第三种分类，即按道路对交通的服务目的进行分类，这种分类将有助于加深对道路系统的认识，有助于组织好城市道路上的交通。

(二)国标(作为城市骨架)的分类

《城市道路交通规划设计规范》（GB 50220-1995）对城市道路的分类是按照城市骨架作用的分类，主要依据城市道路在城市总体布局中的位置和作用将城市道路分为四类：

1. 快速路

快速路是城市中为联系城市各组团的中、长距离快速机动车交通服务的机动车专用道路，属全市性的交通主要干线道路。快速路一般布置有双向四条（多为六条）以上的行车道，全部采用立体交叉（或布置出入匝道）控制车辆出入；一般应将快速路布置在城市组团之间的绿化分隔带中，可以成为划分城市组团的分界，快速路与城市组团的关系可比作藤与瓜的关系。所以，快速路一般围合一个城市组团。快速路的间距也应该依组团的大小而定。

快速路是大城市交通运输的主要动脉，同时也是城市与高速公路的联系通道。在快速路两侧不宜设置吸引大量人流的公共建筑物的进出口，对两侧一般建筑物的进出口也应加以控制。快速路在城市中的布置不一定要采用高架的形式，但在必须通过繁华市区时，可能采用路堑或高架的形式通过，以与其他常速城市道路实现立体分离（组合），可以更好地协调用地与交通的关系。

2. 主干路

主干路是城市中主要的常速交通道路，主要为相邻组团之间和与市中心区的中距离交通服务，是联系城市各组团及与城市对外交通枢纽联系的主要通道。主干路在城市道路网中起骨架作用，它与城市组团的关系可比作串糖葫芦的关系。

大城市的主干路多以交通功能为主，除可分为以货运或客运为主的交通性主干路和综合性的主干路外，也有一些主干路可以成为城市主要的生活性景观大道。

3.次干路

次干路是城市各组团内的干线道路。次干路联系主干路，并与主干路组成城市干路网，在交通上主要起集散交通的作用。同时，由于次干路常沿路布置公共建筑和住宅，又兼具生活性服务功能。

次干路中有少量的交通性次干路，通常为混合性交通通道和客运交通次要通道；大量的是生活性次干路，包括商业服务性街道等。

4.支路（又称城市一般道路或地方性道路）

是城市一般街坊道路，在交通上起汇集性作用，是直接为用地服务和以生活性服务功能为主的道路（包括商业区步行街等）。

城市中还有一类"小街巷"的道路，在小城镇可以作为一类城镇道路，在大、中城市一般在功能上不参加城市道路系统的交通分配，在城市骨架上也不起重要作用，相当于居住区的邻近住宅路，其用地计入居住用地。

国家标准《镇规划标准》（GB 50188-2007）规定镇区道路分为主干路、次干路、支路和巷路四级，根据镇的规模和发展需求选用不同的道路系统组成。

国家行业标准《城市道路设计规范》（CJJ 37-1990）从道路设计的要求，将城市道路中的三类常速道路又按城市规模、设计交通量和地形等分为Ⅰ、Ⅱ、Ⅲ三个等级，分别规定道路设计的相关技术指标，这种分类方法不适用于城市规划工作。

（三）按道路功能的分类

城市道路按功能的分类是依据道路与城市用地的关系，按道路两旁用地所产生的交通流的性质来确定道路的功能，可以将城市道路分为两大类。

1.交通性道路

交通性道路是以满足交通运输为主要功能的道路，承担城市主要的交通流量及与对外交通的联系。其特点为车速快，车辆多，车行道宽，道路线型要符合快速行驶的要求，道路两旁要求避免布置吸引大量人流的公共建筑。根据车流量和车流的性质又可以分为交通性主干路和交通性次干路。

（1）交通性主干路

交通性主干路是城市中主要的常速交通性干路，是城市快速路和其他常速路间的连接纽带。又可以分为：货运为主的交通性主干路，主要分布在城市外围和工业区，对外货运交通枢纽附件；客运为主的交通性主干路，主要布置在城市客流主要流向上，可能将城市组团进一步划分为具有一定功能特点的"分组团（片区）"，必要时设置公共汽车专用道。

（2）交通性次干路

交通性次干路主要分布在工业、仓储、物流区，是交通性主干路之间的集散性或联络性的道路或位于用地性质混杂地段的次干路，也包括全市性自行车专用路，其交通性并不十分强。

2. 生活性道路

生活性道路是以满足城市生活性交通要求为主要功能的道路，主要为城市居民购物、社交、游憩等活动服务的，以步行、自行车交通和公共交通为主、货运机动交通较少，道路两旁多布置为生活服务的、人流较多的公共建筑及居住建筑，要求有较好的停车服务条件。

又可以分为：生活性主干路，体现城市性质、城市特色的全市性景观大道和布置城市主要公共性、生活性设施的主要干路；生活性次干路，如商业大街、居住区级道路；生活性支路，如城市支路和居住区内小区级以下道路等。

城市道路的功能分工还包括机场高速（快速）路、风景区道路（包括旅游大道、滨海大道）、自行车专用路、步行专用路等。

机场高速（快速）路是为出入机场机动交通服务的专用道路，不应受其他与机场无关的交通的干扰和冲击。因此，可以考虑出城的方向实行"只进不出"直达机场的交通组织；进城的方向实行"只出不进"衔接城市主干路的交通组织。

公路的功能分类还包括货运高速路、客运高速路、货运专用路（如疏港公路、运煤专用路）等。

（四）新形势下按交通目的分类的思考

在城市现代化发展和城市交通机动化的新形势下，城市交通又可以分为以疏通交通为目的的交通（疏通性交通）和为城市用地服务为目的的交通（服务性交通）两类。两类交通对道路的布置、断面、线型的要求和与道路两旁的用地的关系是不同的。因此我们又可以把城市道路从系统上分为疏通性道路和服务性道路两大类，为了充分发挥两类道路的功能作用，在城市中必须形成疏通性路网和服务性路网两大路网。

1. 疏通性道路

疏通性道路以疏通交通为目的，以通行通过性交通为主，要求交通畅通、快捷。疏通性道路应该与对外交通系统（公路和对外交通设施）有好的衔接关系。疏通性道路要保证交通的畅通和快捷，就必须避免和尽可能减少沿道路用地产生和吸引的交通的冲击和干扰。

"疏通性道路网"由城市快速路和交通性主干路构成，组成为城市的主要交通道路骨架，满足快速、畅通的交通需求。疏通性道路网也是城市布局结构的基本骨架。

疏通性道路的最高等级是城市快速路，其两侧应该设置绿化保护，避免沿路建设的习惯做法。城市快速路采用立体交叉或组合匝道的方式连接下一级疏通性道路或城市主干路，通过下一级道路实现与服务性道路的联系，实现为用地服务。

疏通性道路的第二等级是城市交通性主干路，在可能的条件下应该尽可能减少沿路生活性设施的建设。交通性主干路与快速路的区别是要在保证畅通、快捷的基本要求下，有限地实现为两侧用地服务。因此，交通性主干路的横断面组合是一种快、慢的组合，而不是习惯上的机、非组合。即通过快速车道（通行快速机动车）的布置，保证快速畅通性；

通过两侧慢速车道（通行常速机动车和非机动车）的布置，实现与两侧用地的联系，为两侧用地服务。交通性主干路的交叉口之间一般不实现慢车道与快车道的联系与转换，分隔带通常布置，而在交叉口置直通式立交。

2. 服务性道路

服务性道路以为城市用地服务为目的的，要求能方便地直接服务于道路两侧的城市用地，通常包括有城市生活性主干路、次干路、支路等。服务性道路对车速的要求不高，要求有好的公共交通服务和较多的供车辆停放的车位服务。当道路两侧为生活性居住、商业等用地时，要有较好的步行环境和方便的停车条件；当两侧为工业、仓储等用地时，也应该对车速加以限制。

"服务性道路网"由城市中的生活性为主的主干路、次干路和支路构成，组成为城市的基础道路网，以满足城市交通对用地的直接服务性要求。服务性道路网也是城市用地布局结构的基本骨架。

二、城市道路的布局形式

路网是点、线和面的集合。点是交叉口；线是快速路、主干路、次干路和支路；面是与点、线相关的路网系统。点、线和面的均衡配置，才能形成路网的最佳效应。道路设计不仅侧重于点、线设计，还应将点、线放到路网系统中去构思。

从国内外城市形成与发展的实践中，可以把常用的干道网平面几何图形归纳为 5 种形式：放射环式、方格式、自由式、混合式、组团式。前 3 种为基本类型。混合式是由 2 种或 3 种基本图式综合而成的系统；组团式是由多中心的路网系统组合而成，每个中心的路网图式可以是前 4 种中的某一种。

(一) 放射环式

放射环式路网图式由放射干道和环形干道组成，通常均由旧城中心区逐渐向外发展，向四周引出放射道，而内环干道则沿着拆除的城墙要塞旧址形成。随着城市发展的进程逐渐形成中环、外环干道等组成连接中心区、新发展区以及与对外公路相贯通的干道系统。环形干道可以是全环、半环或多边折线形；放射干道可以由内环干道放射，也可以从二环或三环干道放射，大多宜顺应地形和现状发展建设而成。

放射环式便于市中心与外围市区和郊区的直接快速联系，常用于特大城市的快速道路系统。为避免市中心地区交通负荷的过分集中，放射干道不宜均通至内环，以严禁过境交通进入上的辅中心区。如上海浦西、浦东各有中心区，浦西除市中心区外，还有徐家汇和五角场辅中心。

莫斯科为解决好外地及邻近卫星城汇入的多条高等级公路与城市的连接，采用环形放射形式，使莫斯科作为首都同全国各地保持直接方便的联系，而又不让所有高等级公路直接进入市中心，影响市内道路的通畅，并运用多层环形干道，使外地进入的高等级公路，有的终止于四环，有的通到三环，少数可直达二环。各级公路的过境车辆根据其各自要求分别从外环或三环驶出。保证了城市各区之间联系，使乘客方便，这种多层次环形放射式布置方式克服了单纯放射式的缺点，使环向、径向各区间均可就近联系。

莫斯科从市中心辐射出 17 条主干道，由 5 条环城路相贯通。第五环城路就是市界，周长 109km。其中最繁忙的第二环城路车道 6 ~ 8 条。

采用典型环形放射式布局。可将外地及邻近城市主要干道汇集起来，车辆按各自需要分别与城市各环道连接，使各类交通车辆各行其道。

放射环式道路系统，实际由放射式与环层式（又称圈层式）组合而成。单放式又称"星状"，是由城市中心向四周引出放射形道路，通常是城郊道路或对外公路的形式。单纯放射式道路系统，不如放射环式方便。市内道路只呈圈状，则不便于各层之间的联系。大城市的外围地区，以环形辐射为宜。国内外城市建设的经验均证明了这一点。

北京道路系统在原有城区棋盘状道路和郊区放射状道路基础上，在城区布置了 6 条贯穿东西和 3 条贯穿南北的干线，在城区以外布置了 9 条放射形道路和 5 条环路，已构成新的棋盘、环形、放射相结合的道路系统。内环路在商业中心区，二环路在中心区周围，三环路位于规划区中部，四环路则在城市外围联系城外几个工业区。通往外省市并和全国公路网相衔接的国道公路起讫点均位于城市道路的二环和三环之间。既深入市区，又避开了对城市中心的干扰。三环路位于市区和近郊区边缘，是市区各边缘部分和近郊区之间相联系的干道和过境车辆绕行的主要道路。在北京近郊区外围设有公路内环和公路二环，承担与郊区及距城区较近的县镇之间通道的职能。公路三环，则是联系远郊县镇和工业区的干道。北京目前已是 5 条方框形环路和十几条放射路所组成的混合式干道系统。

上海市的三环 9 射框架路网是由延安路（东西）和成都路（南北）两条高架组成十字形框架，贯穿中心区，内环线沿中山路经过两座浦江大桥与浦东相接；中环 70km，外环全长 97km，路幅窄 100m，9 射都为高架桥向外辐射，外环之外为高速公路一环 G1 501 郊环线。

（二）方格式

方格式路网又称棋盘式，是最常见、最实用的道路系统类型，适用于地形平坦的城市。按此图式，在城区相隔一定距离，分别设置同向平行和异向垂直的交通干道，在主干线之间再布置次要干道，从而形成整齐的方格形街坊。这种图式有利于建筑物的布置和识别方向。由于相平行的道路有多条，使交通分散、灵活，当某条道路受阻或翻建施工时，车辆可绕道行驶，路程不会增加过多，交通组织简单，整个系统的通行能力大。

方格式干道系统的缺点是对角线方向交通不便，非直线系数达 1.2 ~ 1.41。在流量大的方向，如增加对角线道路，则可保证重要吸引点之间有便捷的联系，但因此形成三角形街坊和复杂的多路交叉口，这又将不利于交叉口的交通组织。故一般城市中不宜多设对角线道路。方格式道路系统不宜机械划分方格，应结合地形、现状与分区布局进行，如应注意与河流的夹角，不宜建造过多的斜桥；新规划的方格路网与原有路网形成夹角时，应减少或避免形成 K 形交叉口，以利交通。方格式主干道间距宜为 800m。

一些大城市的旧城区历史遗留的路幅狭窄、密度较大的方格网，不能适应现代汽车交通的要求，可以组织单向交通，以提高道路通行能力。如美国纽约中心区单向交通街道占80%。

（三）自由式

由于地形起伏变化较大，道路网结合自然地形呈不规则形状。我国山城重庆、青岛、南平和渡口等城市的干道系统均属于自由式，其道路沿山麓或河岸布置。如青岛市，是依山临海的港口城市，城市布局顺胶州湾沿岸延伸成带状；干道顺地形自由延伸，内部街道呈不规则的方格或三角、五角形。非直线系数较大、街坊不规则是这种图式的缺点。

（四）混合式

混合式是由上述 3 种基本图式组成的道路系统。这种类型大多是受历史原因逐段发展形成的，有的在旧市区方格网式的基础上再分期修建放射干道和环形干道（由折线组成）；也有的是原有中心区呈放射环式，而在新建各区或环内加方格网式道路，如圣彼得堡。我国大中城市，如北京、上海、南京、合肥等均属这种类型。

（五）组团式

河流或其他天然障隔的存在，使城市用地分成几个系统。组团式道路系统为多中心系统，如深圳、厦门等城市。

我国目前约有 667 个城市，城市用地大多为集中式布局，单中心团状占 62%，带状城市占 10%，卫星式城市占 18%，多中心组团式城市占 10%。由于我国人口众多，土地紧张，所以大多数城市的布局形式是单中心。大中城市规划的模式是以市中心、区中心、居住区中心、小区中心的分级结构所组成；对于大城市，宜从单一中心向多中心发展，以适应限制中心区交通的战略，减少不必要的穿越中心的交通量。网络形式基本为方格式，大城市和特大城市可加环形辐射状，以使交通网络体系有利于解决市中心与各周围综合单元及对外交通的便捷联系。

第三节　道路断面的规划

一、纵断面设计

(一) 纵断面概述

路线纵断面是沿着道路中线竖直剖切然后展开得到的断面。反映路线在纵断面上的形状、位置及尺寸等的图形叫作路线纵断面图。把道路的纵断面图与平面图、横断面图结合起来，就能完整地表达出道路的空间位置和立体线形。

纵断面线形设计是根据道路的性质、任务、等级、地形、地质、水文等因素，考虑路基稳定、排水及工程量等要求，对纵坡的大小、长短、前后纵坡情况、竖曲线半径大小及平面线形的组合关系等进行的综合设计，从而设计出纵坡合理、线形平顺网滑的理想线形，以达到行车安全迅速、运输经济合理及乘客感觉舒适的目的。

在道路纵断面图上主要有两条线：一条是地面线，它是路中线各桩点的原地面高程连线，反映了沿着道路中线地面的起伏变化情况；另一条是设计线，它是路中线各桩点设计高程的连线，反映了道路的路线起伏变化情况。

道路纵断面线形由直线和竖曲线组成。其设计内容包括纵坡设计和竖曲线设计两项，通过纵断面设计所完成的纵断面图是道路设计文件重要内容之一。

在进行具体路线纵断面设计时，应先弄清楚以下几个问题：

1. 对路基设计高程的规定

公路纵断面上的设计标高即指路基设计标高（包含路面厚度）。新建公路的路基设计标高：高速公路和一级公路宜采用中央分隔带的外侧边缘标高；二级公路、三级公路、四级公路宜采用路基边缘标高，在设置超高、加宽路段为设超高、加宽前该处边缘标高。改建公路的路基设计标高：宜按照新建公路的规定执行，也可以视具体情况而采用中央分隔带中线或行车道中线处标高。

城市道路的设计高程是指建成后的行车道中线路面高程或中央分隔带中线高程。

2. 纵坡度

纵坡度不同角度表示，而用百分数（%），即每一百米的路线长度其两端高差几米，就是该路段的纵坡度，简称纵坡，上坡为"+"，下坡为"-"。如某段路线长度为 80 m，高差为 2m，则纵坡度为 2.5%。

一般认为道路上 3% 的纵坡对汽车行驶不会造成困难，即上坡时不必换挡，下坡时不必制动。对于小于 3% 的纵坡，可以不作特殊考虑，只是为了排水的需要（公路边沟的沟底纵坡与路线纵坡一般是相同的），一般要有一个不小于最小纵坡的坡度。如果排水上无困难，可以用平坡。但是采用大于 5% 的纵坡时，必须慎重考虑，因为纵坡太大，上坡时汽车的燃料消耗过大，而下坡时又必须采用制动，重车或有拖挂车的车辆都易出事故。

3. 注重路线平面和纵断面设计的配合

为设计方便，路线平面设计和纵断面设计一般是分开进行的，但必须注意平面设计和纵断面设计要互相配合，设计中要发挥设计人员对平、纵组合的空间想象力，否则，不可避免地会在技术上、经济上和美学上产生缺陷。

（二）纵断面设计

1. 纵坡设计

纵断面线性主要由纵坡线和竖曲线组成。纵坡的大小与坡段的长度反映了道路的起伏程度，直接影响道路服务水平、行车质量和运营成本，也关系到工程是否经济、适用，因此设计中必须对纵坡、坡长及其相互组合进行合理安排。

为使纵坡设计在技术上满足要求且在经济上合理，纵坡设计一般应满足以下要求：第一，纵坡设计必须满足《规范》《标准》和《设计规范》的各项规定。

第二，纵坡应具有一定的平顺性，起伏不宜过大和过于频繁，以保证车辆能以一定速度安全顺适地行驶。尽量避免采用《规范》中的极限纵坡值，尽量留有一定的余地，合理安排坡度组合情况，不宜连续采用极限长度的陡坡加最短长度的缓坡，避免在连续上坡或下坡路段设置反坡段。

第三，设计应综合考虑沿线地质、地形、水文、气候和排水、地下管线等，并根据实际需要采取合理的技术方法，以保证道路通畅与路基的稳定性。

第四，一般情况下，纵坡设计应通过考虑路基工程的填挖平衡，尽量减少土石方数量和其他工程的数量，以降低造价和节约用地。

第五，高速公路、一级公路的纵坡设计，应考虑农田水利、通道等方面的要求；低等级公路纵坡设计，应注意考虑民间运输、农业机械等方面的要求；城市道路的纵坡设计还应充分考虑管线的要求。

第六，大中桥引道及隧道两端连接线等连接段的纵坡应缓和，避免突变的产生；考虑到安全、竖向设计的要求，交叉口附近的纵坡也应相对平缓。

第七，对地下水位较高的平原微丘区或地表水相对较丰富的地段，纵坡设计除满足排水要求外，为保证路基的稳定，还需要满足最小填土高度的要求。

（1）最大纵坡

最大纵坡是指设计纵坡时各级公路允许采用的最大纵坡值。它是道路纵断面设计的一项重要控制指标，直接影响着公路路线长短、使用质量的好坏、行车安全以及运输成本和工程的经济性。纵坡越大，道路里程越短，工程数量也越少，但由于汽车的动力性能有限，纵坡又不能过大，因此必须对纵坡的大小加以限制。最大纵坡主要是依据汽车的动力特性、道路等级、自然条件、车辆安全行驶及工程、运营经济等因素进行确定。

汽车沿陡坡行驶时，因升坡阻力增加而需要增大牵引力，从而降低车速，若长时间爬陡坡，不但会引起汽车水箱沸腾、气阻，使行驶无力以至发动机熄火，驾驶条件恶化，而且在爬陡坡时汽车的机件磨损也将增大。因此，应从汽车爬坡能力考虑对最大纵坡加以限制。与上坡相比，汽车下坡时的安全性更为重要。汽车下坡时，制动次数增加，制动器易因发热而失效，驾驶员心理紧张，也容易发生车祸。根据行车事故调查分析可以知道，坡度大于 8%、坡长为 360 m 或坡长很短但坡度很大（11% ~ 12%）的路段下坡的终点是发生交通事故的主要地点。同时，调查资料表明，当纵坡大于 8.5% 时，制动次数急增，所以，最大纵坡的制定从下坡安全来考虑，其最大值应控制在 8% 为宜。另外，还要考虑拖挂车的要求。调查资料表明，拖挂车爬 8% 的纵坡需要使用一挡；爬 7% ~ 8% 的纵坡需要使用二挡或一挡，从不致使拖挂车行驶困难来看，最大纵坡也应控制在 8% 为宜。

（2）城市道路最大纵坡

城市道路最大纵坡见表 4-1。但是对新建道路应采用小于或等于城市道路最大纵坡的一般值，改建道路、受地形条件或其他特殊情况限制时，可以采用最大纵坡极限值；除快速路外的其他等级道路，受地形条件或其他特殊情况限制时，经技术经济论证后，最大纵坡值可增加 1%；积雪或冰冻地区的快速路最大纵坡不应大于 3.5%，其他等级道路最大纵坡不应大于 6%；海拔 3000 m 以上的高原城市道路的最大纵坡坡度一般值按照表 4-1 所列数值减少 1%。

表 4-1 城市道路机动车最大纵坡

设计速度 (km·h^{-1})		100	80	60	50	40	30	20
最大纵坡	一般值 /%	3	4	5	5.5	6	7	8
	限制值 /%	4	5	6	6	7	8	8

一般设计工作中，不应轻易取用最大纵坡及纵坡长度限制值，只有当考虑地形情况，争取高度、短缩里程或避让不利工程地质条件时方可采用。

（3）最小纵坡

最小纵坡是指为保证道路的排水要求和陆基的稳定性所规定的纵坡最小值。从道路的运营、安全等角度出发，希望道路纵坡设计得较小为好。但是在挖方路段、设置边沟的低填方路段及其他横向排水不良的路段，为了满足道路的排水要求，防止水渗入路基而影响路基的稳定性，各级公路的最小纵坡均应不小于 0.3%（一般情况下以不小于 0.5% 为宜）。当纵坡设计成平坡或小于 0.3% 时，边沟应作纵向排水设计。干旱地区及横向排水良好、不产生路面积水的路段，可以不受此限制。

在城市道路中特殊困难处，当纵坡小于 0.3 时，应设置锯齿形边沟或采取其他排水措施。

2. 坡长设计

坡长是指纵断面上相邻两变坡点之间的水平长度。坡长限制主要是指对一般纵坡的最小长度和陡坡的最大长度的限制，即最小坡长和最大坡长。

（1）最小坡长

最小坡长是指相邻两个变坡点之间的最小水平长度。若其长度过短，就会使变坡点个数增加，行车时颠簸频繁，当坡度差较大时，还容易造成视觉的中断，视距不良，从而影响行车的平顺性和安全性。另外，从线形的几何构成来看，纵断面是出一系列的直坡段和竖凹线所构成，若坡长过短，则不能满足设置最短竖曲线这一几何条件的要求。为使纵断面线形不致因起伏频繁而呈锯齿形，并便于平面线形的合理布设，应对纵坡的最小长度做出制。最小坡长通常以设计车速行驶 9 ~ 15s 的行程作为规定值。一般在设计车速大于或等于 60 km/h 时取9s，设计车速为 40 km/h 时取11s，设计午速为 20 km/h 时取15s。

《设计规范》规定，公路的最小坡长通常以设计速度行驶 9 ~ 15s 的行程为宜，各级公路的最小坡长见表4-2。在平面交叉口、立体交叉的匝道反过水路面地段，可不受此限。

表 4-2 公路最小坡长

设计速度（km·h^{-1}）	120	100	80	60	40	30	20
最小坡长 /m	300	250	200	150	120	100	60

《规范》规定，机动车道纵坡的最小坡长应符合表 4-3 的规定；路线尽端道路起讫点一端可以不受最小坡长限制；当主干路与支路相交时，支路纵断面在相交范围内可以视为分段处理，不受最小坡长限制；对沉降量较大的家铺罩面道路，可以按照降低一级的设计速度控制最小坡长，且应满足相邻纵坡坡差小于或等于 5% 的要求。

表 4-3 城市道路机动车道最小坡长

设计速度（km · h^{-1}）	100	80	60	50	40	30	20
最小坡长 /m	250	200	150	130	120	100	60

2. 最大坡长

道路纵坡的大小及其坡长对汽车正常行驶影响很大。越陡、越长的纵坡，对行车影响将越大。最大坡长限制是根据汽车动力性能来决定的，是指控制汽车公坡道上行驶，当车速降低到最低容许速度时所行驶的距离。长距离的陡坡对行车的影响主要表现为以下几方面：连续上坡时，易使水箱沸腾，发动机温度过高，机械效率降低，导致汽车爬坡无力，甚至熄火；行车速度会从显著下降，甚至需要换较低排挡来克服坡度阻力；下坡行驶时，因频繁制动，易使制功能发热而失效，甚至造成车祸，危及行车安全；高速公路以及快慢车混合行驶的公路，会影响行车速度和通行能力。

因此，为避免发生以上的行车条件恶化等情况，需要限制道路纵坡的最大坡长。

二、横断面设计

(一) 横断面设计概述

道路横断面是指沿道路前进方向的中线各里程桩号垂直的法向切面图，是由横断面设计线和地面线构成的。横断面设计线包括行车道、路肩、分隔带、边沟、边坡、截水沟、护坡道、取土坑、弃土堆及环境保护等设施。地面线是反映横断面方向地面起伏变化的线形，横断面线形设计中所讨论的设计内容主要和汽车几何尺寸及行驶特性相关，即各部分宽度、高度和坡度等问题。

道路用地是指为修建、养护道路及其沿线设施而按照国家规定所征用的土地。道路用地的征用，必须严格遵守国家有关的土地法规，依据道路横断面设计的要求，在保证其修建、养护所必须用地的前提下，尽量节省每一寸土地。

1. 公路用地范围

填方地段为公路路堤两侧排水沟外边缘（无排水沟时为路堤或护坡道坡脚）以外，挖方地段为路堑坡顶截水沟外边缘（无截水沟为坡顶）以外，不小于1m的土地范围。在有条件的地段，高速公路、一级公路不小于3m，二级公路不小于2m的土地范围。

桥梁、隧道、互通式立体交叉、分离式立体交叉、平面交叉、交通安全设施、服务设施、管理设施、绿化以及料场、苗圃等应根据实际需要确定用地范围。在风沙、雪害等特殊地质地带，设置防护设施（防护林、种植固沙植物、防沙、防雪栅栏）及反压护道设施等时，应根据实际需要确定用地范围。

对于改建公路，在原有的基础上，可以参考以上有关规定执行。

2. 城市道路用地范围

城市道路用地范围为城市道路红线宽度。城市道路红线是指划分城市道路用地和城市建筑用地、生产用地及其他备用地的分界控制线。红线宽度为包括车行道、人行道、绿化带等在内的规划道路的总宽度。因此也称为规划路幅。城市道路的红线规划考虑道路的功能与性质、横断面形式和其各组成部门的合理宽度以及今后发展的需要，其由城市规划部门确定。

(二) 道路横断面组成

道路是具有一定宽度的带状构筑物。在垂直道路中心线的方向上所做的竖向剖面称为道路横断面。道路横断面组成和各部分的尺寸要根据道路功能、等级、交通量、服务水平、设计速度、地形条件等因素确定。在保证必要的通行能力和交通安全与畅通的前提下，尽量做到节省用地、减少投资，使道路发挥其最佳的经济效益和社会效益。

1. 公路的横断面组成与类型

（1）高速公路和一级公路

高速公路和一级公路的整体式路基横断面包括行车道、中间带、路肩及紧急停车带、爬地车道、避险车道等组成部分，而分离式不包括中间带。

高速公路、一级公路的多车道公路，中间一般都设有分隔带或做成分离式路基而构成"双幅路"。有时公路为了利用地形或处于风景区等需要与自然条件相适应，设计成两条独立的单向行车道路，上下行车道不在同一平面。根据路基标准横断面可分为整体式横断面和分离式横断面。这种类型的公路设计车速高、通行能力大、每条车道单幅交通量比一条双车道公路还多，而且，行车顺适、事故率低，但是占地较多、造价较高。

（2）二、三、四级公路

不设置中间带公路的路基横断面包括行车道、路肩、错车道及避险车道等组成部分。城郊混合交通量大，实行快慢车道分开的路段，其横断面组成还有人行道、自行车道等，根据实际情况选用。

单幅双车道公路是整体式路基形式供双向行车的双车道公路。这类公路在我国公路总里程中占的比重最大，二、三级和部分四级公路采用此形式的横断面。这类公路适应的交通量范围大，折合成小客车的年平均日最高交通量达 15000 辆。行车速度允许范围为 20 ~ 80km/h。

在这种公路上行驶，只要各行其道，视距良好，车速一般都不会受到影响。当二级公路做"集散'，公路或不可避免街道化时，应考虑交通量大、非机动车混入率高、视距条件又差时，其车速和通行能力大大降低。因此，对混合行驶相互干扰较大的此类路段，可以采取设置慢车道和人行道，将汽车和其他车辆分开。

对交通量小、地形复杂、工程艰巨的山区公路或地方性道路，可以采用单车道，其适用于地形困难的四级公路，《规范》中规定的四级公路路基宽度为 4.50m，路面宽度为 3.50m。此类公路虽然交通量很小，但仍然会出现错车和超车。为此，应在不大于 300 m 的距离内选择有利地点设置错车道、使驾驶人员能够看到相邻两错车道之间的车辆。

公路路基横断面宽度为行车道和路肩宽度之和。当设置中间带、加减速车道、爬坡车道、紧急停车带、避险车道和错车道时，还应计入该部分宽度。在半径小于或等于 250 m 的平曲线上，会进行路基加宽。该曲线段的路基宽度包括路基加宽的宽度。

（3）城市道路横断面组成与布置形式

城市道路在行车道断面上，供汽车、无轨电车、摩托车等机动车行驶的部分称为机动车道；供自行车、三轮车、板车等非机动车行驶的部分称为非机动车道。另外，还有供行人步行使用的人行道和分隔各种车道（或人行道）的分隔带及绿化带。城市道路的横断面包括车行道（机动车道、非机动车道）、分隔带、路侧带（人行道、绿化带、设施带）等。

①单幅路

单幅路又称为一块板，不需设置分隔带，人非共板形式出现在单幅路上，非机动车与行人混行，以画线分隔，设计宽度一般在 3 ～ 4m；机非混行车道形式也出现在单幅路上，以画线分隔机动车道和非机动车道，宽度一般设计为 3 ～ 4m；单幅路非机动车车道宽度一般设置为 2.5m 左右，经常机械的采用划分隔线的形式区分机动车道和非机动车道，断面上机动车与非机动车混合行驶。单幅路由于道路宽度较窄，往往在人行道上进行绿化，在单幅路下面可埋设各种管线在单幅路上引起非机动车进入机动车道主要有公交站点的设置和路边停车两个重要因素。我国城市道路中单幅路大多设置为沿人行道的非港湾式公交停靠站，然而非机动车同时也在道路断面上行驶，当公交车到站时就会行驶到非机动车道，占用非机动车道的行驶空间，此时行驶的非机动车就会改变行驶速度或者改变行驶方向，偏向于机动车道行驶，就会造成机非混合行驶的干扰，造成交通安全隐患，所以在公共汽车停靠站处，为了减少非机动车对公共车的干扰，应采取相应的管理措施。

②双幅路

双幅路又称为两块板，双幅路中间有中央分隔带，可以布置绿化带对绿化、照明、管线等敷设都比较有利，有利于空气净化，加强了大自然气氛，有效改善城市道路环境，在双幅路机动车车行道下面可以布置排水管线，绿化带下可以布置其他管线。双幅路由于机动车和非机动车混合行驶，导致交通流的特征复杂，经常机械的采用划分隔线的形式区分机动车道和非机动车道，宽度一般设计为 3 ～ 4m。在双幅路形式下引起非机动车进入机动车道的两个重要因素同样也是公交站点的设置形式和路边停车。双幅路的设置主要考虑机动车的通行状况，在城市郊区较多设置，由于郊区多以机动车出行，行人较少，所以行车速度会很高，对于附近有辅路可供非机动车行驶的城市主干路或快速路也可设置。随着出行距离的增大，城市道路网也随着城市的发展逐步建成，城市居民的出行方式更加偏向于机动车，城市干路横断面采用双幅路的形式可以增加城市干路的机动车流量和提高通行能力。

③三幅路

三幅路形式是构成城市道路网的主要结构，为城市的交通运输起到决定性的作用。许多发达国家的城市道路横断面往往设置为三幅路断面，三幅路形式可以解决城市非机动车数量增多带来的机非干扰问题。大量非机动车和行人在三幅路横断面上时，不仅增多了机动车与非机动车的相互影响机会，机动车与自行车交通流混行，使得机非行驶相互干扰，在道路交叉口尤为严重，其路段通行能力下降 25%~35% 左右，还对行人的安全造成威胁，严重影响了道路的通行能力。非机动车道可以在三幅路断面上单独设置，宽度一般设计为 4m 以上。城市道路中往往在三幅路加上中央护栏，可以防止行人横穿马路，保障机动车行驶安全畅通，这样三幅路实际上就变成了四幅路的交通形式。

三幅路大多设置为沿机非分隔带的非港湾式公交停靠站，其缺点是公交车一直占用机动车道，就会对尾随公交车行驶的机动车辆产生影响，造成其他机动车辆在公交车进出站时，及时改变行车速度或行车方向，还有可能造成被迫停车，降低道路通行能力。

道路横断面采用三幅路的形式，不利于行人横穿道路，行人穿越道路需要较长的时间，尤其对那些行动不便的人影响更大，故当道路两边存在大量吸引人流的地区时不宜采用三幅路横断面的形式。但随着城市化的迅猛发展，非机动车道上非机动车逐渐减少，可以适当缩窄宽度增加机动车道数，但是机动车道与非机动车道存在分隔带，以至于不能合理的改建，造成道路资源的严重浪费。三幅路的绿化形式经常采用三板四带式，其绿化布置为行道树和两侧分车绿带，绿化效果相对较好。

④四幅路

用三条分车带使机动车对向分流、机非分隔的道路称为四幅路。四幅路的路段交通流呈连续流状态，根据道路功能采用不同的方式进行交叉口的衔接。主干路是实行交叉口渠化，快速路则是根据相交道路等级作立体衔接，为了保障了交通流的连续性，避免对向机动车和非机动车之间的干扰，还应设置了分车带和中央分隔带，分别保证了机动车和非机动车的运行效率与交通安全。四幅路一般采用港湾式公交停靠站，且停靠站长度应至少大于一辆公交车的长度。还应设置中央安全岛，或者人行天桥和地下通道来保障行人的通行安全。四幅路的绿化布置空间相对宽裕，其绿化效果相对其他道路要好，较好的美化城市容貌，给驾驶员和行人带来良好的舒适感和清新感。

(三)不同性质道路对横断面布置的影响

1.交通性道路

交通性道路的主要功能就是满足城市居民的交通需求，交通性道路等级在城市主干路以上，机动车车道宽度较大，且机动车流量较高，非机动车流量较小，人行道建设标准也较低，明显反映出交通干道的特性，经常建设成为城市道路网的主要架构。目前我国交通性道路横断面经常采用四幅路和三幅路形式，构成城市道路网的主要结构，为城市的交通运输起到决定性的作用，还十分重视环境绿化，创建城市景观带。

交通性道路中的一些主干道路并没有实现其所承担的交通运输功能，而是过分的承担了次干路和支路应承担通达功能，通行的基本功能受到严重影响。交通性道路横断面设计时应考虑机动车、非机动车与行人常常涌入所带来的安全性。交通性道路应合理布置道路绿化，其绿化形式一般采用二板三带、三板四带和四板五带，这种机非分隔形式既可以减少交通隐患，又可以给行人出行提供舒适便捷性。

2.生活性道路

生活性道路以服务居民出行为主，道路上非机动车辆和行人占据大多数，应当考虑行人的需求，公交优先，有条件的应规划公交专用道。在生活性道路上行人和机动车是平等的，其路权分配是相同的，生活性道路较宽的人行道可以给予行人相对较好的步行环境。考虑交通安全主干路可机非分离。支路可以考虑机非混行，但可以路边停车，行人则采取人行横道穿过马路。在旧城改造中，对于非机动车较多的生活性道路，可以考虑机非混行；在新建道路时，对于非机动车较少的生活性道路，可考虑机非分离，人非共板的设计。生活性道路红线一般较窄，多采用单幅路或者双幅路的布置形式

3. 商业性道路

商业性道路两侧商业发达，以城市的商业街和步行街为主。商业性道路提供充分的步行时间给行人；考虑居民的购物安全环境和交通目的，机动车道不会设置太多，一般为双向四车道，还需设置公交及港湾式车站，结合车站设置过街横道，同时行人与机动车之间应有较宽距离，行人与非机动车也应有一定的距离，减少干扰。可采用单幅路或者双幅路的布置形式。

4. 景观性道路

道路是一种载体，连接着不同地点的人和物，不管是步行，非机动车还是机动车，道路归根结底还是为行人服务的。城市各道路应该为行人提供各种休闲场地，形成以人为本的主题街景。景观性道路既是交通主干道，同时又要创造为景观街道，道路红线宽度比其他道路较宽，一般情况下绿化率高于40%，景观性道路的中央分隔带和两侧带较宽，为城市居民提供良好的休闲环境，可以开阔机动车驾驶人的视野。

5. 公共交通专用道路

城市居民的出行方式主要依靠公共交通。随着城市规模的日渐扩大，居民出行距离慢慢地超出了非机动交通的范围，公共交通成为大多数居民主要的交通方式。在这种情况下，公交优先政策在我国有着非常迫切的要求，公交优先措施之一为道路使用的公交优先：优先通行，改善通行时间及可靠性；道路同向车道中设公共汽车专用道；在单向道路系统中，设置逆行的公共汽车专用道；在道路宽度受限制的中心区设置公共汽车专用道路；交叉口信号控制设公共汽车专用相位；交通控制系统在交通信号协调时优先照顾重要的公共汽车专用道。

建设公共交通专用道，给予公共交通更大的便捷，可以有效地限制机动车使用率和提高公交车服务水平的稳定性。划分专用车道是从总体上减少交通参与者的总量和缩短交通参与者的出行时间。由于给了公交车辆完全独立的行驶空间，减少了干扰，提高了行车速度，也就提高了公交车服务水平的稳定性；对个人来讲，大大节约了出行时间，而且出行费用远低于私人车辆，这样公交车辆相对于私人车辆的优势，必然抑制私人车辆的增长，从而达到了有效地限制机动车增长率和使用率。专用车道对优先发展公共客运交通有着极其重要的意义。

按公交专用车道在道路上的位置，有两种设置方法：在道路两侧和在道路中间。在欧洲，逆行或者设立在道路中央的公交专用车道的长度大多数不超过1km，有一半的城市将公交专用车道设立在道路中央或逆行，而大多数情况下是用在铰接式有轨电车与公交车联运的路段上，法国设在道路中央或者逆行的公共交通专用线的数量最多。为实现公交线路

高效便捷的换乘，公交站台需尽量靠近交叉口设置；对于小汽车交通地位较重要的其他道路，公交站台可适当远离交叉口。内侧车道为公交专用车道，站台宜靠近交叉口；外侧车道为公交专用车道，站台可适当远离交叉口。公交专用道在道路上的位置一般可以分三种：公交专用道沿路最外侧机动车道设置、公交专用道设置在道路中间、机动车道均为公交车道。根据道路横断面的不同，这三种专用道的布设又各不相同。

6. 高架道路

城市高架道路是为解决现代飞速发展的交通与城市平面通行能力过小之间的矛盾而产生的。高架道路是不得已而为之的道路，在无其他方法可行的情况下，才进行建设高架道路。但从城市的整个路网系统的角度出发，并不是每一条车满为患的道路都适合建设高架铁路，建造高架的道路应满足的条件为：道路需要具有完整的交通性；为城市的快速路或者交通主干道；较宽的路幅，一般大于 50m；两侧的用地开发以公共活动、办公活动和工业为主，环境容忍程度比较宽容，不会对居民的休息和生活带来较大的影响。高架道路工程实例：高架道路的新建红线控制为 100m，改建红线控制为 70m，横断面布置为高架快速路横断面。

（1）高架道路

高架桥梁结构有整体式和分体式两种构成形式，路缘带宽度取 0.5m，单向 4 车道的路面宽度为 14.5m，则整体式双向 8 车道的标准桥宽 30.5m，分体式单向 4 车道的标准桥宽 15.5m，分体式单向 5 车道的标准桥宽 19.0m；地面道路路缘带取 0.5m。

0.5m（防撞墙）+0.5（路缘带）+3.5m×2（外侧车道）+3.25m×2（内侧车道）+0.5（路缘带）+0.5（防撞墙）=15.5。八车道的桥梁结构可以有整体式单幅桥和分体式双幅桥两种不同的道路横断面形式。

（2）匝道

为满足交通管理要求，高架匝道按双车道宽度设计，根据流量大小上匝道按车道入口画线，下匝道按双车道画线。匝道总宽度 8.0m，断面组成如下：0.5m（防撞墙）+0.25（路缘带）+3.25m×2（车道）+0.25（路缘带）+0.5m（防撞墙）=8.0 曲线匝道宽度应根据城市道路设计规范，采用相应的加宽值和超高。

（3）地面道路

地面道路根据桥梁结构布置，采用三幅路断面形式，标准高架路断横断面布置如下：6.25m（人行道）+8m（外侧机动车道）+3.0m（桥梁设墩分隔带）+15.5m（中间机动车道）+3.0m（桥梁设墩分隔带）+8m（外侧机动车道）+6.25m（人行道）=50.0m 地面车道根据交通功能要求分类设置，中间车道为 50km/h 的主干路，用双黄线划分，分隔带少开口子，保证较快车速行驶；外侧单向各 2 车道，1 条车道作为正常行车道，另 1 条车道考虑公交路线、沿线单位进出车道、社会车辆临时停泊使用。有匝道路段横断面应根据交通和用地条件，设置地面专用右转车道，避免地面车辆与高架匝道上下车辆交织。

7. 轨道交通类道路

城市轨道交通规划规定在城市道路规划设计中有轨道交通的，其城市道路横断面形式要预留轨道交通建设空间。

8. 工业区道路

工业是现代化城市发展的重要因素之一，工业产品的进出口运输，对城市的交通流量和流向有着决定作用，其中以工业为主体的区域内的道路称为工业区道路。工业区道路一般在城市郊区，非机动车辆和步行流量较少，主要以工业产品的运输和工人的通勤为主，时间性较为明确，一般设置为三幅路与四幅路，区域内景观绿化可以美化街景。

9. 特殊性质道路

（1）保护树木类道路

在城市道路设计或改建过程中，针对一些有价值的古树或者具有良好绿化效果的树木应采取保护措施，保护生态环境，使城市可持续性发展，保护这些古树和有价值的行道树，渐渐的得到城建部门的关注。城市道路横断面设计时既要保护树木不受损害，又要满足交通功能这个基本要素。以济宁古槐路为例，是一条南北大街，位于路的南段，生长着一棵古老的大槐树，古槐周围以铁栏围护，属一级古树，被定为省级重点保护文物。

美国马里兰州威斯敏斯特东大街改建工程，可称为保护树木的典范。马里兰州威斯敏斯特东大街自从1863年以来几乎没有什么变化，路面到处都是尘土，路边的人行道都是使用的木板路，公用事业管理线通过路边的树木相连。到1990年，威斯敏斯特的人口数量已经增加到了13582，为最初时的两倍，如今道路两边的商铺林立。自从商业街区被列入国家历史文化保护区那刻起，威斯敏斯特就慢慢地失去了她的吸引力，因为没有设置排水道，路面的坑洞里时常积满雨水。同时由于进行路面维修，路面上有着无数凸起上网补丁，导致停车区的地面倾斜度很大，停车时车门都抵到了路边的路缘石上。沿街建筑物的门廊、立柱等让路边车道越来越窄，并且裂缝和坑洞满布。空旷区域和公用空间的面积也在不断缩小。

经过一年多的规划和设计，马里兰州公路管理局的咨询顾问们在1990年10月完成了对东大街改造设计的工程图纸。1991年5月，有三个新增的市政委员会成员，还有公路管理局和公众都对该方案有些犹豫，原规划设计的拟改造后公路宽12.2m，包括两条各3.6m宽的车行道及两条2.4米宽的车行道，计划将移走42棵树，其中一些树经过29检测年龄发现是20个世纪栽种的，老路宽度为10.4～11.9m，新的人行道平均宽度为1.5m，与老路一样狭窄拥挤。

1991年3月，马里兰州运输厅任命了一个由10位成员组成的委员会商量解决问题方案，州政府也委派了一些设计人员以帮助如何制定实现这些方案的措施，经过多次的会议和听证，到1992年12月，新的规划方案产生了，由州政府另外支付了总额为199523美元的设计费用，改造工程于1994年4月开始，到1994年12月，全长1.5km的道路改造完毕并开始投入使用。

为了避免移走 42 棵树，因此把原路面的总宽度由 12.2m 减少到了 11.0 ~ 11.6m，此外，为了树木吸收养分的空间，路边部分往停车道上拓展了 1.8m。这样，42 棵树中有 34 棵树被保留了下来，另外还新种了 104 棵树，给人感觉街道两旁树木葱葱。树木的树根部都设置了金属隔栅，以保证雨水能通过金属隔栅进入泥土，有利于树木的生长，另外还能行走，无形中又增加了人行道的宽度。外观似砖石的混凝土块、带有纹理构造的人行横道、低矮的植物提供了一个公园般的环境。对于以上所叙述的新树木种植和道路景观的改造，市政府总计投入了许多资金。

作为威斯敏斯特的重要历史遗迹，一些有纪念意义的街道附属设施诸如马的废护腿刮泥板、拴马桩及闸口等均予以保留，在施工过程中还进行了地下考古挖掘，发掘了界限标地窖、运煤溜槽及水井等能够保留的项目。

（2）保护电力设施类道路

随着城市化的不断发展，城市规模逐年向外围扩展，原有的一些电力设施也逐步地进入了城市内部，在新建城区道路时，更改这些电力设备位置会造成不少的损失，所以往往采取间接化隔离的方式保护这些电力设施。

（四）城市道路横断面影响因素研究

城市道路可以比喻成城市整体的血管，快速路和主干路是大动脉，次干路和支路是连接动脉的毛细血管，城市道路不仅可以引导城市土地开发，利于城市防灾减灾，还对城市景观美化做出贡献，是城市交通的重要组成。城市道路横断面组成元素有很多，如机动车道、人行道、非机动车道、分隔带、绿化带、排水设施以及管线埋设，各要素的合理组合直接关系到城市道路横断面功能是否合理展现，主要体现在：考虑城市交通方式、交通流运行特征、交通安全等方面影响，城市道路为各种交通提供出行空间，更需完善城市交通网络结构；城市道路用地十分紧缺，道路设计可以指引城市用地的规划，满足城市居民出入的需求；城市道路应与城市景观环境、城市绿化相协调，同时应满足城市的整体美化效果；道路交通噪音严重影响道路两侧居民的生活，在道路设计时应尽量减少这种干扰；城市道路应注重路面排水、地下埋设管线布置。所以针对城市交通方式、交通流运行特征、城市土地利用、交通安全、城市景观环境、城市道路绿化、道路交通噪音、路面排水、道路地下埋设管线等影响因素进行梳理，明确道路横断面形式选择的目的和方法，研究城市道路横断面各种影响因素。

1. 城市交通方式对城市道路横断面的影响城市

道路为居民出行提供了多种多样的交通出行方式，例如私家车、公交车、出租车、地铁、电动车、自行车、步行等，可以根据出行距离的远近而选择不同的交通出行方式。道路横断面形式随着城市主要交通方式的发展也随即改变，以我国 20 世纪为例，70 年代，城市发展缓慢，小汽车保有量较低，自行车占据了道路的大幅断面，所以经常采用单幅路或者三幅路；到了 80 年代，道路上非机动车流与机动车流混行现象大量出现，影响道路通行效率，增大了交通安全隐患，开始设置机非分隔行驶；90 年代至今，汽车保有量逐年大幅增加，居民出行可供选择的方式也多种多样，非机动车逐渐减少，许多城市道路改用双幅路或者四幅路。

城市交通方式对城市道路横断面设置产生的影响，必须保证公交优先的原则，适度的控制机动车发展，适当转移自行车发展及要求。具体分析如下：明确公共交通优先政策。优先发展公共交通可以有效节约土地资源，成为像我们这样一个土地资源稀缺国家大城市交通模式的必然选择，其目标就是建成以轨道交通为骨干，常规交通为辅助的城市公共交通体系。适度的控制机动车发展。面对机动化对城市道路的影响，应建立一体化城市综合交通体系，明确公交优先原则，建立以人为本的发展政策，控制小汽车发展。

我国城市化的不断发展，居民出行需求也发生很大变化，变化主要表现在以下方面：出行次数明显增多、出行质量提高、出行方式多样化及安全意识提高。城市道路横断面设计应根据居民出行方式的变化趋势做出相应的改变，考虑从以下几个方面进行研究：一是城市道路规划设计应体现以人为本的原则，增强道路横断面规划的人性意识，增强行人的安全感、舒适度及便捷性。合理设置中央分隔带、侧分带，满足行人、自行车推行过街的需求，提高道路安全性，体现道路为广大居民服务的最基本功能。二是设置公交专用道可以加快运转效率，提高公交服务水平；设置港湾式公交停靠站可以大大减少等车时对机动车或者非机动车辆行驶的干扰，保障了等车市民的安全，同时提高了道路的通行能力；修建人行通道和过街天桥是有效地解决交叉口人车混行、服务水平低下的根本办法。

2. 交通流运行特征对城市横断面形式的影响

城市道路作为城市交通流运行的载体，为各种交通工具提供主要的运行空间，道路横断面形式又是城市道路的重要组成部分，与城市交通功能的发挥密切相关。因此，交通流运行特征对道路横断面形式的影响，必须作为城市道路横断面的设计考虑因素。

机动车行驶、非机动车行驶和步行组成了整个城市的道路交通流。如果机动车、非机动车和行人共同行驶在一个断面上时，机动车驾驶员往往希望是快速行驶，当有足够的行驶空间时，驾驶员就会尽量减少机动车运行时间，加速行驶。相对于非机动车和行人，机动车拥有较高的车速，需要占有更多的道路空间；非机动车运行方便灵活，自主性强，非机动车运行速度较低，其行驶占用道路空间不需要过多；人行道上的行人在步行时，机动性和随意性较大，并且步行速度较低，对道路空间的需求最小。

由于机动车交通流、非机动车交通流、行人交通流运行特征不同，三种交通流产生的交通流量大小和各自的运行方向都不相同，相互运行之间产生的干扰也有差异，所以需要合理设计城市道路横断面形式，来保证交通流安全运行。

3. 交通安全对城市道路横断面形式的影响

道路交通安全始终是一个热门的话题，在城市道路设计和建设中占主导地位，所以为了保障城市居民的生命安全，尽可能地降低安全隐患，道路横断面设计时应考虑的因素很多，比如行人和非机动车安全过街，机动车与非机动车混合行驶等问题。

行人和非机动车安全过街是道路交通的重要组成部分，行人相对车辆是弱势群体，由于缺乏必要的保护装置，发生交通事故时受到的伤害更严重。我们可以通过选择合理的横断面形式，比如双幅路、三幅路与四幅路，还可以采用特殊措施，比如设置分隔带及设置安全等待区，提高步速较慢人群的安全性。

机动车与非机动车混合行驶会造成路权分配不均，机动车与非机动车相互争抢道路行驶，导致一种交通混乱运行的局面，增大安全隐患，比如单幅路、双幅路。而三幅路、四幅路有效解决了混行问题，更能保障居民的出行安全。

道路照明为夜间的车辆驾驶人员及行人创造良好的视看环境，保障夜间交通安全，交通运输效率也会提高，美化城市环境并且可以有效地防止犯罪活动。目前许多城市道路照明存在普遍的问题，例如，道路照明缺乏全局考虑，没有形成鲜明和具有主题的城市道路照明格局；照明不针对道路功能，导致照明设施单一化，不适应道路使用者需求；路面过亮导致视觉效果差，造成能源浪费和光污染；道路照明与绿化没有统一考虑和协调规划，互相产生冲突，导致景观照明与功能照明混淆。道路照明设施是以道路横断面为载体，所以良好的道路照明是机动车安全行驶的必要条件。

4. 城市土地利用对城市道路横断面的影响

城市道路作为城市用地的重要组成部分，同时作为城市活动的技术支撑空间，有效地服务周边城市用地，需协调好与公共设施用地、工业生产用地、居住用地、仓储用地等城市活动基本空间的关系。

公共设施用地：公共设施出入口的控制要求比较高，尽量不要设置在城市主干路上；如确需设置在主干路上时，必须对其进行交通影响分析，保证城市道路交通的畅通、安全。对于此类用地应该配建相当的停车泊位数量，严禁在路边随意停泊车。

工业用地：工业用地对出入控制要求较低，其出入口尽量不要设置在城市主干路上，以减少对城市道路通行能力的影响，保证城市道路的安全畅通。

居住用地：城市道路上的出入口与城市居民日常出行的便利程度密切相关，可在出入口处合理设置中央分隔带、侧分带及公交港湾停靠站。

5. 城市景观设计对城市道路横断面的影响

城市道路是城市居民公共活动的空间，居民可以在道路中休憩或者散步，实现以人为本的原则。因此，道路景观元素多种多样，城市道路设计的范畴也逐渐扩大，在城市道路两侧路边种植植物来美化环境，设计城市广场和步行空间供居民娱乐。

街道建筑艺术的视觉效果与道路的交通性质、交通组织和交通管理有密切关系，实际上是路与建筑及其他元素组成的景观，要使建筑与道路整体协调一致。一条道路的景观的好坏，建筑是否与道路协调是最主要的因素，而建筑与道路宽度的协调则是关键。照明是城市道路中必不可少的设施，它对保证夜间通行条件和行人安全起着重要作用。道路景观的亮化主要指道路两侧建筑立面的橱窗、霓虹灯以及绿化的地灯等道路夜景相关组成部分的统一设计，烘托建筑轮廓线，亮化道路的夜景观。

6. 城市道路绿化对城市道路横断面的影响城市

道路绿化直接影响着城市功能与城市综合平衡的实现，其功能有：可作为横断面的分隔带；诱导交通视线；道路景观设计的重要组成；改善地温减弱路面老化，延长公路使用寿命；净化空气，绿色植物能大量吸收 SO_2，CO，CO_2 等，还可吸滞烟尘粉尘；有效较低交通噪音。城市绿地系统中的重要组成就是城市道路绿化，不仅可以美化道路景观，还可以保护环境。绿化主要包括行道树绿带、分车绿带和路侧绿带，城市道路绿化形式也主要取决于道路横断面形式。单幅路由于道路宽度较窄，往往在人行道上进行绿化；双幅路、三幅路或四幅路的道路宽度较宽，则可布置多条绿化带，有利于空气净化，加强了大自然气氛，有效改善城市道路环境。道路横断面形式针对不同的道路功能，道路绿化形式也不同。

7. 道路交通噪音对城市道路横断面的影响

道路噪音由移动的汽车发出，形成随机性的滚动噪音，影响面广而危害性大，尤其是高架道路上的车流。道路交通噪音的最大影响范围为道路两侧 50 米范围内，所以防止交通噪音可以在中央分隔带和两侧带种植植物，道路两侧的建筑物可以控制在 50 米范围以外。

8. 路面排水对道路横断面形式的影响

车辆行驶在表面有水的路面上，会存在安全隐患，而且路面会因积水渗透入路基而迅速破坏。城市道路路面排水有单坡排水和双坡排水。当车行道宽度较宽时，经常采用双坡排水方式，在道路两侧每隔一定距离设置雨水口的方式收集路面水。设置坡度朝向车行道的人行道横坡可以排除人行道路面水，排入到车行道边的雨水口内。绿化带排水措施有两种：分隔带为硬铺装和分隔带为绿化带。渗入到绿化带中的水一部分沿道路纵坡向下排走，另一部分向路面结构侧面和绿化带底渗入。所以，在既定的道路宽度下，良好的道路横断面形式不仅能够保证路面迅速排水，同时还能使城市道路经久耐用，保证交通安全。

在年降雨量较小的中小城市中，为了收集和利用路面雨水，同时减轻道路和城市的雨水排放量，次干路或支路的横断面宜采用单幅路凹形断面的形式，如果在道路两侧种植草地，可以把人行道横坡坡向林草地设计，使雨水流入草地，减少机动车道的雨水量，把绿化带设计为可以存积水的下凹式断面，使雨水通过绿化带过滤后以溢流的方式进入雨水利用系统。

9. 道路地下管线对道路横断面形式的影响

《CJJ37-2012 城市道路工程设计规范》规定地下管线可布置在路侧带下面。但是如果要把所有的管线布置在路侧带下面是几乎不可能的，因为考虑到管线之间的水平间距，人行道宽度至少需要 15 ~ 20m，然而要想达到这么的路侧带也是很难的。一般规定，在单幅路下面可埋设各种管线；在双幅路或三幅路机动车车行道下面可以布置排水管线，可以有效地缓解路侧带及非机动车车行道管线布置的拥挤现象；四幅路机动车车行道下面不宜布置任何管线。

（五）横断面各组成部门几何设计

1. 行车道

行车道是指专为纵向排列、以安全顺适地通行车辆为目的而设置的公路带状部分。其横断面组成包括快车道和慢车道。在城市道路上，还有非机动车道。车道宽度是为了交通上的安全和行车上的顺适，根据汽车大小、车速快慢而确定的各种车辆以不同速度行驶时所需的宽度。行车道的宽度要根据车辆最大宽度，加上错车、超车所必需的余宽来确定。

（1）一般双车道公路车道宽度的确定

双车道公路有两条车道，车道宽度包括汽车宽度和应满足错车、超车行驶所必需的余宽。汽车宽度取载重汽车车厢的总宽度，为 2.5m。余宽是指对向行驶时两车主箱之间的安全间隙、汽车轮胎至路面边缘的安全距离。

行车道的余宽不仅与车速有关，还与路侧的环境、司机心理、车辆状况等有关。当设计速度为 80 km/h 时，一条车道宽度为 3.75m 是合适的；对车速较低、交通量不大的公路可以取较小的宽度。

二、三级公路应是双车道。二级公路混合交通量大，非汽车交通对汽车运行影响较大时，可以画线分快慢车道（慢车道即利用硬路肩及加固土路肩的宽度），这种公路仍属于双车道范畴。四级公路宜采用双车道，交通量小且工程艰巨的路段可以采用单车道，但车道宽度应采用 3.5m。

（2）城市道路的车道宽度

在城市道路上供各种车辆行驶的路面部分统称为行车道。其中，供汽车、无轨电车、摩托车等机动车行驶的部分称为机动车道；供自行车、三轮车、板车等非机动车行驶的部分称为非机动车道。

①机动车道

机动车道按车在行车方向上的不向位置，可以分为内侧车道、中间车道和外侧车道。按照车道的不同性质，可以分为变速车道、超车车道、爬坡车道、停车道、错车道、会车道、专用车到等。机动车道的宽度应计入分车带及两侧路缘带的宽度，路缘带宽度一般为 0.5m。

根据我国城市道路的实际经验，机动车道的宽度一般是：双车道为 7.5 ~ 8.0m，三车道为 10.0 ~ 11.0m，四车道为 13.0 ~ 15.0m，六车道为 19.0 ~ 22.0m。

②非机动车道

非机动车的单一车道宽度是根据车半身宽度和车身两侧所需的横向安全距离而确定的。与机动车道合并设置的非机动车道，车道数单向不应小于 2 条，宽度不应小于 2.5m；

非机动车专用道路面宽度应包括车道宽度及两侧路缘带宽度，单向不宜小于 2.5m，双向不宜小于 4.5m。

2. 路肩

（1）路肩的作用

路肩是位于行车道外缘至路基边缘之间，具有一定宽度的带状结构部分。路肩通常包括路缘带（高速公路和一级公路才设置）、硬路肩、土路肩三部分路肩的作用如下：为发生机械故障或紧急情况的车辆提供在车道外的停车空间；由于路肩紧靠在路面的两侧设置，保护行车道等主要结构的水、温度稳定性；提供侧向余宽，能够增强驾驶的安全性和舒适感；作为道路养护操作的工作场地；改善挖方路段视距，提高交通安全性；在满足公路建筑限界的前提下，为设置标志和护栏提供横向净距。

路肩按其功能和所用材料的不同，可以分为硬路肩和土路肩。硬路肩是指进行了铺装的路肩，它可以承受汽车荷载的作用力，在混合交通的公路上便于非机动车、行人通行。在填方路段，为使路肩能够汇集路面积水，在路肩边缘应设置路缘石。土路肩是指不加铺石的土质路肩，它起到保护路面和路基的作用，并提供侧向余宽。

（2）路肩的宽度

①右侧路肩宽度

高等级公路应在右侧硬路肩宽度内设右侧路缘带，其宽度一般为 0.50m。二级公路在村镇附近及混合交通量大的路段，可以采用全铺式，以供非机动交通充分利用。计算行车速度为 120km/h 的四车道高速公路，宜采用 3.50m 宽的硬路肩；六车道、八车道高速公路可以采用 3.00 m 的硬路肩。二、三、四级公路在路肩上设置的标志、防护设施等不得侵入公路建筑限界，否则应加宽路肩。

②左侧路肩宽度

高速公路、一级公路采用分离式路基横断面时，行车道左侧应设置路肩。左侧硬路肩宽度内含左侧路缘带宽度，其宽度一般为 0.50m。

③紧急停车带

高速公路、一级公路，有条件时宜采用大于 2.50m 的有侧硬路肩，使发生故障的车辆因避让其他车辆能够尽快离开车道。当右侧硬路肩的宽度小于 2.50m 时，应设紧急停车带。紧急停车带的设置间距不宜大于 2000m，包括右侧硬路肩在内的宽度为 0.5m，有效长度一般大于 50m。从干线进入和驶出紧急停车带应设缓和过渡段，一般为 100m 和 150m 长。高速公路、一级公路的特长桥梁、隧道，根据需要设置紧急停车带，其间接不宜大于 750m。二级公路根据需要可设置紧急停车带，其间距视实际情况而定。

考虑我国土地的利用情况和路肩的功能，在满足路肩功能最低需要的条件下，原则上尽量采用较窄的路肩。

（3）路肩横坡

①硬路肩

硬路肩一般应设置向外倾斜的横坡，其坡度值可以与车道横坡度相向；路线纵坡平缓，且设置拦水带时，其坡度值宜采用 3% ~ 4%。曲线路段内外侧硬路肩植坡的横坡值及其方向：当曲线超高小于或等于 5% 时，其横坡值和方向应与相邻车道相同；当曲线超高大于 5% 时，其横坡值则不大于 5%，且方向相同。对于大中桥梁、隧道区段硬路肩的横坡度值，应与行车道相同。

②土路肩

直线或位于曲线较低一侧的土路肩横坡度，当行车道或硬路肩横坡度大于或等于 3% 时，应与行车道或硬路肩横坡度相同，否则应比行车道或硬路肩横坡度大 1% 或 2%。曲线或过渡段位于较高一侧的土路肩横坡度，应采用 3% 或 4% 的反向横坡度。

（4）城市道路路肩

城市道路一般设置地下管渠和集水并排水，两侧设置人行道。采用边沟排水的道路应在路面外侧设置保护性路肩，中间设置排水沟的道路应设置左侧保护性路肩。保护性路肩宽度自路缘带外侧算起，快速路不应小于 0.75 m；其他道路不应小于 0.5m；当有少量行人时，不应小于 1.50m。当需要设置护栏、杆柱、交通标志时，应满足其设置要求。

3. 中间带

（1）中间带作用

中间带是指沿道路纵向路中线设置分隔上下行车道行驶的带状设施。《标准》规定，高速公路和一级公路整体式断面必须设置中间带。中间带由两条左侧路缘带和中央分隔带组成。其作用如下：

第一，分隔不同方向交通流，防止无序的交叉运行和随意转弯运行，减少因车辆高速行驶进入对向行车道造成迎面碰撞的严重交通车故。

第二，可以作为预埋公路标志牌从其他交通管理设施的构件场地。

第三，设置一定宽度的中间带并种植花草灌木或设置防眩网，可防止对向车辆灯光造成眩光的现象，还可以起到美化路容和环境的作用。

第四，设置于中央分隔带两侧的路缘带，由于具有一定宽度且颜色醒目，既引导驾驶员视线又增加了行车所必需的侧向余宽，从而提高了行车的安全性和舒适性。

第五，为越高路段设置路面排水设施提供场所，并为养护人员提供避车带、安全岛。

（2）中间带宽度

中间带的宽度应根据行车安全、道路用地和经济条件等综合确定，《标准》规定的中间带宽度随公路等级、地形条件坐化为 2.00 ~ 4.50m。宽中间带的作用明显，但投资和占地多，不宜采用。我国原则上均采用窄的中间带，以节约用地。

《标准》规定，高速公路、一级公路整体式断面必须设置中间带。中间带出中央分隔带和两条左侧路缘带组成，中央分隔带的两侧设置左侧路缘带。中央分隔带由防护设施和两侧对应的余宽组成。不再指定中央分隔带宽度推荐值，中央分隔带宽度应从对向隔离、安全防护的主要功能出发，综合各虑中央分隔带护栏的防护形式和防护功能确定。

（3）中间带的设计

中间带的设计是指中央分隔带的表面形式，有凹形和凸形两种，前者用于宽度大于4.5m的中间带；后者用于宽度小于4.5m的中间带。宽度大于4.5m的，一般植草皮、栽灌木；宽度不大4.5m的可铺面封闭。

4. 路侧带

路侧带由人行道、绿化带、公共设施带等组成，路侧带的宽度根据道路类别、功能、人流密度、绿化、沿街建筑性质及布设地下管线等要求来综合确定。

①人行道

人行道是指在城市道路上用路缘石或护栏及其他类似设施加以分隔的专门供人行走的部分，人行道宽度不仅取决于道路功能、沿街建筑物性质、人流密度，还应满足在人行道下埋设地下管线等的要求。

②绿化带

道路路侧一般种有树木或设置绿化带，为保证植物的正常生长，需要保证其合理的宽度。当种植单排行道树时，株距一般为 4 ~ 6m，植树带最小宽度为 1.5m，也有种植草皮与花丛的。绿化带度应符合现行标准《城市道路绿化规划与设计规范》（CJJ75-1997）的相关要求。车行道两侧的绿化应满足侧向净宽度的要求，并不得侵入道路建筑限界和影响视距。

③设施带

设施带宽度包括设置行人护栏、照明灯柱、标志牌、信号灯等的宽度。设施带内各种设施布局应综合考虑，可与绿化带结合设置，但应避免相互之间的干扰。当红线宽度较窄或条件困难时，设施带与绿化带可以合并。经调查，我国各城市设置杆柱的设施带宽度多数为 1.0m。有些城市为 0.5 ~ 1.5m。考虑有些杆线需要制作基座，则宽度应更大一些，最小宽度不小于 1.0m，最大不超过 1.5m，设计时可根据实际情况远用。地下管线比尽可能布置在路侧带下面，并要布置得紧凑和经济。当管线埋设在路侧带下面时，如管线种类较多，且管线间还应有安全距离，则路侧带的宽度需要较宽。

现有城市道路中，人行道的宽度按规划设计为 3.0 ~ 3.5m，设施和绿化所占用的宽度不计入在内，设计时，要明确人行道、绿化带、设施带各自合适的宽度。

5. 分车带

分车带按照其在横断面中的不同位置及功能，可分为中间分车带（简称中间带）及两侧分车带（简称两侧带）。分车带的作用与公路中间带相同，分隔主路上对向车辆。两侧带可以分隔快车道与慢车道、机动车道与非机动车道、车行道与人行道等。

第四节　城市道路交叉设计

一、道路交叉

道路交叉是指不同方向的两条或多条路线（包括道路、铁路、机耕道等各种交通线路）相交或相连的地点，有的路线要通过或跨越交叉，从而形成相交点；而有的路线到达交叉就终止，从而形成相连点。道路交叉可分为平面交叉和立体交叉两类。道路与道路（或铁路）在同一平面上相交成为平面交叉，称为交叉口。利用跨线构造物使道路与道路（铁路）在不同高程平面上相交称为立体交叉，简称立交。

交叉是道路的一个重要组成部分，它严重地影响到道路的使用效率、交通安全、行车车速、运营费用和通行能力。每条道路的各个方向的交通车辆到达交叉后有的要直行，而有的则要改变行车方向（左转或右转），车辆之间相互干扰很大。因此，如何减少交叉行车的相互干扰，保证车辆快速、顺畅、安全地通过是道路交叉设计的根本任务。

（一）道路交叉发展历史

交叉是随着交通产生而出现的。在道路发展早期，由于交通量和车速不大，道路相互采用简单的平面交叉就能满足交通的需求。在第一次世界大战后，随着汽车工业的迅猛发展，交通量不断增长，人们对最早的平面交叉进行了改进，如加宽交叉口车行道、保证交叉口行车视距、加大交叉口转弯半径以及设置各种专用的交通标志。这些措施对改善交叉口的交通条件有一定的作用，在一定时期内，也缓解了交叉口的交通矛盾。但是，随着交通量和行车速度的不断提高，上述改良措施又变得不能满足行车的快速、安全、畅通的要求。此时，人们在交叉处通过设置环岛和方向岛来渠化组织交通，使平面交叉的功能进一步得到完善，环形平面交叉在英国、美国、加拿大、瑞士和其他国家都得到了广泛的应用。即使在今天，它也是一种常见的交叉形式。

平面交叉交通流线的交叉点，给交通带来很大的危险性。根据有关资料统计，交叉口上发生的车祸大约占道路上发生车祸的 40%。随后，在城市中，由于步行、自行车交通及汽车交通的增长，使平面交叉的交叉点变得更加复杂起来。为解决这一问题，在英国出现了人与自行车从道路下面地道通过的环形交叉、这种用地下通道使人、自行车与汽车在空间上分离的形式，是道路立体交叉的雏形。随着高速公路的出现及干线公路的发展，提高道路交叉口的通行能力和确保行车安全就具有特别重要的意义。要保证车辆大量、快速、安全地通过交叉口，根本的途径是运用一种交通流线在空间上实际分离的新的交叉形式——立体交叉。

二、平面交叉口设计

(一)平面交叉口设计的基本要求和主要内容

1. 基本要求

交叉口设计的基本要求：在确保行人和车辆安全的前提下，使车流和人行交通受到最小的阻碍，即保证车辆和行人在交叉口能以最少的时间顺利通过，并使交叉口的通行能力能适应各条道路的行车要求；正确设计交叉口立面，保证转弯车辆的行车稳定，同时符合排水要求，使交叉口经常能保持干燥状态，这不但有利于行车，同时也能使道路结构获得较长的公共作年限。

2. 主要内容

交叉口设计的主要内容包括以下几方面：正确选择交叉口的形式，确定各组成部分的几何尺寸；进行交通组织，合理布置各种交通设施；验算交叉口行车视距，保证安全通视条件；交叉口立面设计，布置雨水口和排水管道。

(二)平面交叉口设计的基本原则

交叉口的行车安全和通行能力在很大程度上取决于交叉口的形式和交通组织方式，因此，在进行交叉口设计时，必须首先考虑交叉口的形式和交通组织问题。为此，在进行设计时应遵循以下原则：

第一，道路与道路交叉分为平面交叉和立体交叉两种，应根据技术、经济及环境效益的分析来进行确定哪种交叉形式。路平面交叉位置的选择应综合考虑公路网现状和规划、地形、地物和地质条件、经济与环境因素等。平面交叉形式应根据相接公路的功能、等级、交通量、计算行车速度、交通管理方式、用地条件和工程造价等因素来确定。

第二，平面交叉选型应选用主要公路或主要交通流畅通、冲突点少、冲突区小且分散的形式。平面交叉口的规划设计、工程设计、管理控制设计是互为关联的三个设计阶段，应统筹安排，互为关照，做到规划、设计及管理控制三结合。

第三，城市道路平面交叉口在充分满足其交通功能要求的同时，要为城市各类市政管线的铺设创造有利条件，要为保护环境和创造街道景观服务，也要注意节省建设、维护和管理费用，坚持社会效益、环境效益和经济效益三结合原则。

第四，平面交叉范围内相交道路线形的技术标准应能满足视距的要求。交叉口设计的计算行车速度是交叉口几何尺寸设计的依据。相交公路在平面交叉范围内的路段宜采用直线并尽量正交。当采用曲线时，其半径不大于不设超高的圆曲线半径。

第五，公路平面交叉一般应设在水平地段。一、二级公路的平面交叉，应根据具体情况设置转弯车道、变速车道、交通岛和加铺平缓的转角。平面交叉口间距应满足交织长度、视距、转弯车道长度等的最小距离，并不小于150m。

第六，平面交叉处行人穿越交叉路口的设施应根据行人流动、公路等级和交通管理方式等设置人行横道、人行天桥或人行通道。远期拟建成立体交叉的平面交叉口，近期设计应将平面交叉和立体交叉做出总体设计，以便将来改建。

（三）平面交叉口的分类

平面交叉口的形式设计是否合理，直接影响到投资和使用价值，所以应切合实际地考虑远期的需要和近期的可能两方面因素，选择合理的方案。平面交叉口的形式取决于道路网的规划和周围建筑的情况，以及交通量、交通性质和交通组织等。

1. 平面交叉口的形状

根据交叉口的形状，常见的平面交叉口有十字形、环形、T 形及演变而来的 X 形、Y 形以及错位交叉等。

十字形：是常见的交叉口形式，两条道路以 90° 正交，使用最广泛。具有形式简单、交通组织方便，外形整洁、行车视线好等特点。

T 字形：主要道路与次要道路的交叉，或一条尽头式的路与另一条路的搭接。

X 形：两条道路以非 90° 斜交，交叉角应大于 45°，一方面交叉口太小，导致行车视距不良，对交通安全和交通组织不利；另一方面，交叉口太小，增加交叉面积，从而会增加通行时而降低通行能力。

Y 形：通常用于道路的合流及分流处。

错位：相邻两个 T 形或 Y 形相隔很近，形成错位。

环形：是用中心岛组织车辆按逆时针方向绕中心岛单向行驶的一种交叉形式。

2. 平面交叉口的布置类型

①加铺转角式

交叉口用适当半径的圆曲线平顺连接相交道路的路基和路面。其特点是交叉口形式简单，占地少，造价低，设计方便，但行车速度低，通行能力小。主要适用于交通量小，车速低，转弯车辆少的三、四级公路或地方道路，也可用于转弯交通量较小的主要道路与次要道路交叉。在进行设计时主要解决合适的转角曲线半径和足够视距问题。如十字形、T 形、X 形及 Y 形交叉口。

②分道转弯式

通过设置导流岛、划分车道等措施，使单向右转或双向左、右转车流以较大半径分道行驶的平面交叉。其特点是交叉口转弯车辆，尤其是右转弯车辆行驶速度和通行能力都较高。主要适用于车速较高，转弯车辆较多的一般道路。设计时主要解决分道转弯半径、保证足够的视距和满足导流岛端部半径的要求。

③扩宽路口式

为使转弯车辆不影响其他车辆的正常行驶，在交叉口连接部增设变速车道和转弯车道的平面交叉。其特点是可减少转弯交通对直行交通的干扰，车速较高，事故率低，通行能力大，但占地多，投资较大，主要适用于交通量较大、转弯车辆较多的二级公路和城市主干路。在设计时主要解决扩宽的车道数和位置，同时也要满足视距和转角曲线半径的要求。

④环形交叉

在交叉口中央设置中心岛，用环道组织渠化交通，使进入环道的所有车辆一律按逆时针方向绕岛单向行驶，直至所要去的路口离岛驶出的平面交叉，俗称转盘。其特点是使驶入交叉口的各种车辆可连续不断地单向运行，环道上行车只有分流与合流，消灭了冲突点，交通组织简便，不需信号管制。但缺点是占地面积大，城区改建困难，增加了车辆绕行距离，特别是左转弯车辆，一般造价高于其他平面交叉。其主要适用于多条道路相交，或转弯交通量较大，且地形平坦的交叉口。

（四）面交叉口的交通分析

1. 平面交叉口的交通特点

当车辆驶入交叉口后，以直行、右转弯或左转弯的方式汇入欲行驶方向的车流后再驶离交叉口。由于行驶方向的不同，车辆间的交错就有所不同。同一行驶方向的车辆向不同方向分离行驶的地点称为分流点。当行车方向互相交叉时，两车可能发生碰撞，这些地点称为冲突点；当来向不同而汇驶同一方向时，两车可能发生挤撞，这些地点称为合流点。显然，交叉口的冲突点和合流点是危及行车安全和发生交通事故的地点，统称为危险点，其中，冲突点的影响和危害程度比合流点大得多。因此，在设计交叉口时，应尽量消除或减少冲突点，或采用渠化交通等方法，把冲突点限制在较小的范围内。

在无交通信号控制的情况下，三路、四路和五路交叉口（均为双车道）相交时的交错点，其中"○"为冲突点，"口"为合流点。冲突点、合流点和分流点随着相交条数的增加而显著增加，其中增加最快的景冲突点。

减少或消灭冲突点的方法：第一，实行交通管制。在交叉口设置交通信号灯或由交通警指挥，使发生冲突的车流从通行时间上错开。第二，采用渠化交通。在交叉口内合理布置交通岛、交通标志和标线，或增设车道等，引导各方向车流沿一定路径行驶，减少车辆之间的相互干扰，如环形平面交叉可消灭冲突点。第三，修建立体交叉。将相互冲突的车流从通行空间上分开，使其互不干扰。这是解决交叉口交通问题最彻底的办法。

2. 平面交叉口的交通组织

交叉口的行车安全和通行能力，在很大程度上取决于交叉口的交通组织。因此，设计交叉口时，首先要考虑交叉口的交通组织。平面交叉口有以下几种交通组织形式。

（1）车辆交通组织形式

①实施信号灯管制

在交叉口设置信号灯，左转弯车辆在交叉口停车线后等候开放通行色灯时，才能通过交叉口。为保证车辆能迅速通过交叉口，在交叉口停车线后设左转、直行、右转的专用车道。若原有车道宽度不够，由于左转弯的停候影响直行和右转弯车辆通行时，可以在靠近交叉口的一定距离范围内扩宽车行道，以便让进入交叉口的车辆分道停候和行驶。

②设置专用车道

组织不同行驶方向的车辆在各自的车道上分道行驶，互不干扰，根据行车道宽度和左、直、右行车辆的交通量大小可做出多种组合的车道划分。

③变左转为右转

环形交通：在交叉口中央设置交通岛，使进入交叉口的车辆不受信号灯控制一律绕岛作逆时针单向行驶。

街坊绕行：使左转车绕邻近交叉口的街坊道路右转行驶。

④组织渠化交通

在车道上画线，或用绿带和交通岛来分隔车流，使各种不同类型和不同速度的车辆能像渠道内的水流那样，沿规定的方向互不干扰地行驶的交通组织。

（2）行人及非机动车交通组织

①行人交通组织

行人交通组织的主要任务是组织行人在人行道上行走，在人行横道线内安全过街，使人、车分离，干扰最小。

②非机动车交通组织

在交叉路口，非机动车道通常布置在机动车道和人行道之间；在交叉口内，一般车流量下非动车随机动年按交通规则在右侧行驶，不设分离设施；车流量较大时，可采用分隔带（或墩）将机动车与非机动车分离行驶，减少相互干扰；当车流量很大，机、非之间干扰严重时，可考虑采用立体非机动车交通组织，并与人行天桥或地道一起考虑。

（五）平面交叉口的视距与识别距离

1.视距三角形

为保证交叉口处的行车安全，司机在离交叉口前的一段距离处，就应看清相交道路驶来的车辆，以便及时停车，避免两车交会时碰撞。这段必要的距离，应不小于车辆行驶时的停车视距。

由两相交道路的停车视距在交叉口所组成的三角形，称为视距三角形。在视距三角形范围内，不能有阻碍视线的树木、建筑物以及其他设施（包括交通管理设施），否则就应将其拆除，或后退，或切除外角。如布置绿化时，应限制植物的高度，一般应小于 0.7m。

绘制视距三角形时，应从最不利的情况考虑：在路口设分向行驶车道线时，以最靠右的第一行车道与相交道路最靠中线的一条车道所构成的三角形最不利；在划分机动车、非机动车道的干线上，应为最靠近非机动车道线的第一条车道与相交道路最靠中线的一条车道所构成的三角形；在区间路或一般支路上，可取道路中线所构成的三角形。

在新建或改建交叉路口时，尤其在扩建街道时，要注意用视距三角形检验在交叉口处所有相交道路的视距，保证交叉口的行车安全。视距三角形是设计道路交叉口的必要条件。即使是在有信号灯管理的交叉路口上，也应保证符合视距三角形的条件。

2. 识别距离

驾驶员在交叉口之前的一定距离就应能识别交叉口的存住及交通信号和交通标志，方能安全顺利通过交叉口，这一距离称为识别距离。识别距离与交通管制条件有关。

(六) 平面交叉口的设计车速与设计车辆

1. 设计车速

《城市道路设计规范》规定，交叉口范围内计算行车速度按各级道路计算行车速度的0.5 ~ 0.7倍计算，直行车取最大值，转弯车取最小值。公路平面交叉范围内的计算行车速度，原则上与该公路的计算行车速度一致。两相交公路等级相同且交通量相近时，平面交叉范围内直行车交通的计算行车速度可降低，但与路段计算行车速度之差不应大于 20 km/h。

2. 设计车辆

平面交叉也采用小汽车、载重汽车和鞍式列车（或铰接车）三种车辆作为设计依据。各级公路的平面交叉应以 16m 总长的鞍式列车，5 ~ 15km/h 转弯速度的行驶轨迹作为控制设计。条件受限时，可采用 12m 总长的载重汽车较低速度的行驶轨迹进行控制设计。城市道路的平面交叉应根据道路与交通的性质、交通组成等情况，选择合适设计车辆的转弯行迹作为设计控制。

三、立体交叉设计

立体交叉是利用跨线构造物使道路与道路、道路与铁路在不同高程相互交叉的连接方式。立体交叉可使各方向车流在不同高程的平面上行驶，消除或减少冲突点；车流可以连续运行，提高道路的通行能力；控制相交道路车辆的出入，减少对高等级道路的干扰。

(一) 立体交叉的组成

立体交叉主要由八部分组成。

跨线构造物：它是立交实现车流空间分离的主体构造物. 包括设于地面以上的跨线桥（上跨式）以及设于地面以下的地道（下穿式）。

正线：它是组成立交的主体，指相交道路的直行车行道，主要包括连接跨线构造物两端到地坪标高的引道和交叉范围内引道以外的直行路段。

匝道：它是立交的重要组成部分，是指供上、下相交道路转弯车辆行驶的连接道，有时包括匝道与正线以及匝道与匝道之间的跨线桥（或地道）。

出口与入口：由正线驶出进入匝道的道口为出口，由匝道驶入正线的道口为入口。

变速车道：为适应车辆变速行驶的需要，而在正线右侧的出入口附近设置的附加车道称为变速车道。出口端为减速车道，入口端为加速车道。

　　辅助车道：在正线的分、合流点附近，为维持正线的车道数平衡和保持正线的基本车道数而在正线外侧增加的附加车道。

　　集散车道：为了减少车流进出高等级道路的交织和出入口数量在立体交叉范围内正线的一侧或两侧设置的与其平行且分离的专用道路。

　　绿化地带：立体交叉范围内，由匝道与正线或匝道与匝道之间所围成的封闭区域，一般采用绿化栽植，也可布设排水管渠、照明管柱等设施。

　　立体交叉的范围：一般是指各相交道路出入口变速车道渐变段顶点以内包含的正线和匝道的全部区域。

（二）立体交叉的适用条件

　　当相交道路具有下列条件时，可以考虑采用立体交叉：当交叉口交通量很大，平面交叉已不能解决交通问题时；高速干道（行车速度达 80 ~ 120km/h）与其他道路相交时；有特殊要求的交叉口（如战备或迎宾需要等）；地形适于修建立体交叉时，如滨河路与桥头较高的引道交叉处；干道与行车密度大的铁路相交。

（三）立体交叉的基本特征

　　立体交叉是高速公路和城市快速路的重要组成部分，与道路工程的其他构造物相比，它具有一系列特征：位置重要、功能明确；规模庞大、造价昂贵；形式多样、工程复杂；区域制约、设计灵活。

（四）公路立交与城市立交的区别

　　公路立交和城市立交的作用、主要组成部分和设计部分以及设计方法基本相同，但由于受到地形、地物、用地及收费制等条件的影响，两者有以下几方面的区别：公路立交多为收费立交，可选择形式少；城市立交一般不收费，可选择形式较多；公路立交一般不考虑行人和非机动车交通，形式简单，跨线构造物单一；城市立交受行人和非机动车的影响，形式复杂，跨线构造物较多；城市立交受地上、地下各种建筑物和管线的影响较大；公路立交所受影响较小；城市立交的排水系统比公路立交复杂，城市立交多为地下管渠排水，并与排水系统连接；而公路立交多为地上明沟排水，与天然沟渠连接。

（五）立体交叉的类型与适用条件

　　按相交道路结构物形式可将立体交叉分为上跨式立交和下穿式两类；按交通功能分类则有分离式和互通式立交两类。

1. 上跨式立交

　　用跨线桥从相交道路上方跨过的交叉方式，多用于乡村、市郊或附近有高大建筑物处。其施工方便，造价低，排水容易处理。其缺点是占地大，纵坡大，引道长，高架桥影响视线和市容。

2. 下穿式立交

用地道从相交道路下方穿过的交叉方式，多用于用地紧张的市区。该类立交正线低于地表，占地较小，构造物对视线和周围景观影响较小，其缺点是排水困难，施工难度大，养护费用高。

3. 分离式立交

仅设一座跨线构造物，使相交道路空间分离，上、下道路无匝道连接的交叉方式。其结构简单，占地少，造价低，但相交道路的车辆不能转弯行驶。一般适用于主要道路与铁路或次要道路之间的交叉。

4. 互通式立交

设跨越线构造物使相交道路空间分离，上、下道路有匝道连接，转弯车辆上下相交的交叉方式。相交道路的车辆能转弯行驶，全部或部分消除了冲突点，行车干扰小，但结构复杂，占地较多，造价高。适用于主要道路与主要道路或次要道路之间的交叉。

公路互通式立交有 T 形、Y 形、十字形三种几何形式；城市道路互通式立交，则按交通流线的交叉情况和道路互通的完善程度分为完全互通式、不完全互通式和环形三种形式。

①T 形交叉

T 形交叉即三路交叉，其代表形式为喇叭形。车辆沿环形匝道驶入正线为 A 式，沿环形匝道驶出正线为 B 式。环形匝道因车辆迂回而多行驶了一些路程，转向交通量小的匝道宜采用环形匝道。

喇叭形的优点是其他匝道都能为转弯车辆提供较高速度的半定向运行；只需一座构造物，投资省；无冲突点相交织，通行能力大，行车安全；造型美观，行车方向容易辨别。其缺点是环圈式匝道适应车速较低。在布设时应将环圈式匝道设在交通量小的方向，主线交通量大时应采用 A 式。次线上跨对转弯交通视野有利，下穿时宜斜交或弯穿。

喇叭形交叉属于完全互通式立交，一般适用于高等级公路与一般公路之间的交叉，或高等级公路与高等级公路之间的交叉。因其只设一处跨线构造物和便于集中收费管理的优点而在公路设计中被广泛采用。

②Y 形交叉

Y 形交叉也是一种二三路交叉，如定向和半定向 Y 形是其代表，其由直接匝道连接构成，正线往返车道分隔较远。优点是能为转弯车辆提供高速的定向或半定向运行；无交织，无冲突点，行车安全；方向明确，路径短促，通行能力大，正线外侧与占地宽度较小，而缺点是需要构造物多，造价较高。一般适用于高等级公路与高等级公路之间的交叉，尤其是高速公路与高速公路之间的交叉。

③十字形

十字形又称为 X 形交叉，为四路交叉，包括菱形、半苜蓿形、苜蓿叶形、定向形，四路交叉的环形也属于十字形交叉。其中菱形和半苜蓿形立交的匝道与被交道路存在平面交叉，属不完全互通式立交。

菱形立交是只设右转和左转公用匝道使主要道路与次要道路相连，次要道路有平交。它的优点是能保证主线直行车辆快速通畅；转弯车辆绕行距离较短；主线上具有高标准的单一进出口，交通标志简单；主线下穿时匝道坡度便于驶出车辆减速和驶入车辆加速；形式简单，仅需一座桥；用地和工程费用小。其缺点是次线与匝道连接处为平面交叉，影响了通行能力和行车安全。在布设时应将平面交叉设在次线上，主线上跨或下穿视地形和排水条件而定，一般以下穿为宜。次线上可通过渠化或设置交通信号等措施组织交通。

部分苜蓿叶形立交是指部分左转方向环圈式匝道，而在次要道路以平交方式实现左转（相对主线而言）。它的优点是主线直行车快速通畅，单一驶出方式简化了主线上的标志；仅需一座桥，用地和工程费用较小；远期可扩建为全苜蓿叶形立交。其缺点是次线上存在平面交叉，有停车等待和错路远行可能。在布设时应使转弯车辆的出入尽量少妨碍主线的交通，最好使每一转弯运行均为右转弯出入，不得已时应优先考虑右转出口。平面交叉口应布置在次线上。

高等级公路与高等级公路之间的相交常采用苜蓿叶形。苜蓿叶形的优点是立交平面形似苜蓿叶，交通运行连续而自然，无冲突点，可分期修建，仅需一座构造物。其缺点是占地面积大，左转绕行距离较长。环圈式匝道适应车速较低，且桥上、下存在交织；在布设时，为消除主线上的交织、避免双重出口、使标志简化以及提高立交的通行能力和行车安全，可加设集散车道。

定向形立交特别适用于郊外高速公路与高速公路之间的交叉。它的优点是各方向运行都有专用匝道，自由流畅，转向明确；无冲突点，无交织，通行能力大；适应车速高。其缺点是占地面积大，层多桥长，造价高，在城区很难实现。

④环形交叉

一般适用于高等级公路与一般公路之间相交，城市道路采用较多。主要形式有三路、四路及多路交叉。它的优点是能保证主线直通，交通组织方便，无冲突点，占地较少。其缺点是次要道路的通行能力受到环道交织能力的限制，车速受到中心岛直径的影响，构造物较多左转车辆绕行距离长。在布设时，应让主线直通，中心岛可采用圆形、椭圆形或其他形状。当采用环形立交时，必须根据相交道路的性质进行比较研究，分析环道的最大通行能力和所采用的中心岛尺寸是否满足远期交通量和车速的要求。

(六) 立体交叉设计的原则

立体交叉设计时除应遵循道路设计的一般原则外，考虑到立交工程是一项综合性质的，涉及道路路线、桥梁、路基、路面以及各种交通设施的复杂工程，还应遵循以下原则。

1. 功能性原则

立体交叉是道路上车辆交通转换的重要设施，立交设计首先应满足其交通功能的要求：确保行车安全，减少交通事故；车辆行驶快速，顺畅，路线短捷，使交叉口延误的时间尽可能短；行车路线明确；主次分明，以确保主线交通为原则；通行能力大，能满足远景设计年限要求。

2. 经济性原则

在保证交通功能、满足行车安全的前提下，立交工程要尽可能节省造价，达到经济节约的要求。根据经济性原则，要求立交设计满足：投资少，工程费用省；少拆迁，少占地；运营费用以及车辆的油耗、轮耗及车损最小；养护及运营管理费用最省；立交施工技术要求与现代施工水平相适应。

3. 适应性原则

由于立交具有很强的区域性，立交设计要与立交所在地的区域条件相适应，主要有：立交方案及布设应因地制宜，灵活设计，与立交的环境条件、自然条件以及礼会、经济条件相适应；立交与其所在路网中的地位和作用相适应. 发挥其在路网中的功能；立交与其周围的土地利用与开发以及经济发展相适应；立交规划与区域规划和区域交通规划相适应。

4. 艺术性原则

建成后的立交是构成该地区的人工环境之一。因此，要求其满足以下几点：立交的造型和结构，要注意其自身建筑艺术的完美性，及独特的艺术风格；要与区域建筑和自然景物相协调，注意与外界融合的自然美；立交的建设不能对区域的自然景观产生削弱和破坏作用。

（七）立体交叉的布置规划与形式选择

1. 立交位置的确定

确定立交位置应以现有道路网络或已批准的规划为依据。选择在地势平坦开阔、地质良好、拆迁较少以及相交道路均具有较高的平、纵线形指标处。通常情况下，应综合考虑交通、社会、自然等条件，按下列标准选定立交的位置。

相交道路的性质：如高速道路及其他道路相交时，一级公路与交通繁忙的一般公路相交时，均应设置互通式立交。

相交道路的任务：高速道路与通往大城市、重要政治、经济中心、重要港口、机场、车站和旅游胜地的道路相交时应设置互通式立交。

相交道路的交通量：公路上未作具体规定，城市道路规定进入交叉口的交通量达 4000 ~ 6000 辆/11（小汽车），相交道路为四车道以上凡对平面交叉采取措施和调整交通组织均难以奏效时可采用立交。

地形条件：当交叉所在地的地形条件适宜修建立交时可采用，如高填方路段与其他道路交叉处、较高的桥头引道与滨河路交叉等。

经济条件：修建立交的年平均投资费用应小于平面交叉的年经济损失总额，否则是不合理的。

2. 立交形式的选择

确定修建立交体交叉后，应根据道路、交通条件，结合自然、环境条件综合考虑立交形式，并遵循以下基本原则：

第一，立交形式主要取决于相交道路的性质、任务和远景交通量。相交道路等级高时应采用完全互通式立交；交通量大、计算行车速度高的行车方向要求线形标准高、路线短捷、纵坡平缓；车辆组成复杂时，要考虑个别交通的需要。城市道路若要使机动车、非机动车交通量都很大时，可采用三层或四层式立交。

第二，与所在的自然条件和环境条件相适应，充分考虑区域规划、地形地质条件、可能提供的用地范围、文物古迹保护区、周围建筑物及设施分布现状等。

第三，既考虑近期交通要求，减少投资费用，又考虑远期交通发展需要改建提高的可能。

第四，从实际出发，有利施工、养护和排水，尽量采刚新技术、新工艺、新结构，以提高质量、缩短工期和降低成本。

第五，立交的形式和总体布置应全面安排，分清主次考虑平面线形指标和竖向高程的要求铁路与道路相交时，以铁路上跨为宜；高等级公路与其他道路相交时，高等级公路不变或少变，其他道路抬高或降低；城市立交则以非机动车道不变或少变为原则；根据转弯交通大小确定连接线的象限及其具体位置。

第五节 城市交通管理

一、城市交通及其影响因素

(一) 交通和城市交通

交通（Traff I c）是指人和物，以某种确定的目标，在一定的设施条件下，采用一定的方式，通过一定的空间进行流动，包括航空、水运、铁路和道路上的交通。城市交通是指城区范围内的交通，是城市各种用地之间人和物的流动。城市交通是一个独具特色、由多种类型交通组合而成的交通系统。这些流动都是以一定的城市用地为出发点，以一定的城市用地为终点，经过一定的城市用地而进行的。

城市交通系统是城市社会经济系统的一个子系统。现代城市交通系统已经发育为一种立体化、综合化的系统。城市交通系统主要由三部分构成：

第一，城市交通基础设施系统，包括城市道路、桥梁、轨道系统等。

第二，城市客货运输系统，包括公共汽车、电车、出租汽车、地铁、轻轨、轮渡等公共客运系统，人力三轮车、自行车、摩托车、私人汽车等个体客运系统，以及城市内部的货物运输系统。

第三，城市交通控制系统，包括交通标志、信号系统，交通信息采集、传输、控制等交通管制系统。

城市中各种相对独立而又相互配合、互为补充的交通类型构成了城市综合交通。从形式上看，城市综合交通可分为地上交通、地下交通、路面交通、轨道交通、水上交通等；从地域关系上看，城市综合交通可分为城市对外交通和城市交通两大部分。

(二)城市交通的影响因素

城市交通是一个复杂的系统，是城市社会经济和物质结构的基本组成部分，它把分散在城市各处的城市生产、生活活动连接起来，在组织生产、安排生活、提高城市客货流的有效运转及促进城市经济发展方面起着十分重要的作用。影响城市交通的因素主要有以下几个方面：

1. 城市规模

城市规模决定了交通需求总量，当需求超过供给时，就会产生交通拥堵。纵观城市发展历史，中小城市交通不拥挤，交通拥堵不畅者多为大城市。

2. 城市形态

城市形态影响着路网结构与交通方式。城市形态是指城市的空间结构，如中心组团、分散组团、条形、串形等城市形态。大城市不宜采用中心组团形态，宜采用分散组团形式；且各组团要有明确的定位，要有相当的规模，要有充足的就业岗位。

3. 土地利用

在城市的发展中，土地的使用性质、土地开发强度决定了出行生成与出行吸引，决定了交通需求空间分布特征，决定了路网布局与交通系统的发展方向。

4. 人口密度

城市人口总量决定城市规模，决定交通总需求。城市各个组团、各个分区的人口应与其用地规模相匹配。中国在快速城镇化进程中，城市的人口密度必须保持在每平方千米1万人左右。应考虑到，随着经济的发展、人民生活水平的提高，居民平均出行次数将增加。同时，流动人口的交通需求很大，应充分考虑这一问题。

(三)城市交通的一般问题

城市交通的发展往往很难赶上城市扩张带来的对交通发展的实际需求，最终导致城市交通问题不可避免地产生。城市交通的一般问题主要表现在以下三个方面：

1. 车与路的紧张关系

一些世界性的大城市如北京、上海、首尔、东京等的中心区域，在上下班高峰时间大部分路口都处于饱和或超饱和状态。交通拥堵给城市带来了巨大的经济损失。在交通拥堵的压力下，城市拼命扩张版图，进一步恶化了土地的供求关系。

2. 人与车的紧张关系

交通工具不足、运输能力不够导致了乘车难的问题。出租车和私人轿车的增加，对缓解市民乘车难的问题没有太大的意义。因为这些小型车辆整体承载容量有限，反倒占用了过多的道路空间，远没有公交车承载容量那么大。

3. 交通环境污染

交通工具的迅速增加也加剧了城市的环境污染。城市交通带来的环境污染主要体现在大气污染和噪声污染两个方面。机动车已成为一氧化碳、二氧化硫、氮氧化合物、碳氢化合物等污染物的主要排放源。能否有效控制交通工具这个污染源，成为能否有效控制整个城市环境污染的关键环节。

二、城市通行方式和评价标准

(一)六种通行方式

1. 步行

步行是人类最古老的行进方式。古代人步行的能力是非常强的，加上人类有漫长的迁徙历史，以致到今天步行成了生理上的一种必需。如果完全取消这种生存方式，和祖先的断裂太大，正常的身体机能可能也会受到影响。因此，步行应当成为现代城市倡导的交通方式之一，可以集锻炼与出行于一体，提高市民身体素质，节约资源能源。

2. 自行车

中国是世界第一大自行车王国。目前，自行车仍然是我国城市交通中最为普遍的一种工具。在世界范围内，自行车运动有回潮的趋势。一些发达国家的城市采取这种交通方式，往往并不是经济制约的结果，而是一种对于生活方式的反省，认为自行车是一种绿色、健康、节能、环保的时尚运动。

3. 公共汽车

"公交优先"是欧美发达国家普遍奉行的城市交通原则。多年的探索和实践已经证明，优先发展城市公共交通是符合我国实际的城市发展和交通发展的正确战略思想。不仅是城市发展过程中解决城市拥堵最有效、最经济、最根本的途径之一，同时又是我国在发展过程中的客观要求。

4. 出租车

在多年的发展之后，出租车行业的发展已经日趋成熟，但由于现有体制机制的不完善，出租车行业的竞争日趋激烈，造成很大的资源浪费。因此，应逐步放松出租车的政府规制，提高出租车的市场化运营程度，形成行业规范。

5. 地铁和轻轨

世界上很多大城市的市内交通都倚重于地铁。地铁往往承担了城市交通 50% 以上的运载额。近十年来，我国城市轨道公交系统的发展也十分迅猛。目前我国已有包括北京、上海、深圳、武汉等在内的十余个城市的轨道交通项目投入到了实际运营中。

6. 私人轿车

汽车工业的发展使私人轿车得以普及，尽管城市公交系统的技术条件和技术手段更为先进和丰富，但私人轿车已经在城市交通系统中取得了前所未有的重要地位。城市私人轿车的普及虽然极大地便利了市民生活，但也带来了诸多的城市问题，需要在发展中不断予以解决。

（二）七项评价标准

评价交通方式利弊可以用以下七项标准。

1. 舒适

舒适因人而异，在一定意义上，几种交通方式在舒适程度上互有短长，但往往都依赖一定的条件。比如，在短程出行且空气质量又较好的情况下，往往骑自行车会比较舒适。公共汽车要是不拥挤且有座位，也是比较舒适的。轿车的舒适程度比较高，但碰到堵车，碰到太多红绿灯，也会增加司机的劳动并且败坏心情。

2. 耗时

耗时的问题可以从三个层面来比较。第一个层面是技术所能提供的时速。从物理性能上看，轿车、出租车和火车最快，其次是公共汽车，再次是自行车，最慢是步行。第二个层面是现实中的实际时速。如果碰到堵车，轿车的时速就未必比自行车快了。第三个层面是有效时间的耗费，这和现实当中选择哪一种交通方式有很大的关系。比如，坐公共汽车或地铁，能够利用时间看书看报，但自己开车就必须专注于开车，这样消耗的有效时间可能就超过了公交。

3. 费用和物质上的可持续性

公交公司如果失去政府补贴，则基本上长期处于亏损状态。提升票价虽然是一个扭亏的办法，但是票价过高，也容易使人们无法承受。地铁的难处在于它的初始投资太大。但地铁可以节省很多土地资源，可以把有限的土地资源用于其他项目的开发，这对于城市的经济发展是很有好处的。另外，当私人轿车成为一个城市主导交通工具的时候，所需要的停车场等土地资源也是最多的，总和成本也是最高的。

4. 对居住、择业、择校的影响

如果出行半径更大一些，选择余地就会大些。如果出行半径较小，就要考虑就近择业、择校或居住。这主要是基于工作和生活的便利程度做出的选择。

5. 参加非职业性活动的便利

比如，在购物、娱乐、访友等方面的便利程度如何。

6. 安全问题

相比较而言，汽车是最不安全的手段。每年死于轿车轮下的人数量非常庞大。

7. 对环境的影响

比如污染问题、噪音问题、对公共空间的侵犯问题。在这个指标上私人轿车和其他交通工具呈现出比较大的反差和对比，其他交通方式的污染和噪音通常不大，轿车对环境的污染却很大。而且，轿车对公共空间的侵犯比较严重。

三、城市交通管理的必要性

解决城市交通问题的根本途径：一是要合理安排与调整城市用地布局（功能分区），逐步形成合理的路网结构，处理好城市交通与对外交通枢纽点的衔接；二是采取合理的城市交通政策，提高城市交通管理水平。也就是说，在一定的路网结构下，城市交通管理在解决城市交通问题中扮演着重要角色。

在城市的发展中，城市交通管理在促进与改善居住、娱乐与工作，生产者和消费者之间重要联系方面起着关键性作用。如果没有城市交通管理，城市交通基础设施在城市生产、流通、消费过程中所承担的联结纽带功能就无法有效地发挥。城市交通管理包括制定交通运输政策和交通规划，制定交通管理规划、投资，资金筹措，制定规章和设立机构等。城市交通管理内容可以分为交通系统管理和交通需求管理两个方面。城市交通管理应考虑到社会的各种因素，尽可能采取合理的管理策略和措施。

综合而言，城市交通管理具有以下作用：

(一)城市交通管理制约城市建设的规模和发展速度

城市建设和发展的规模越大，所需要的资源和能量也就越大，城市的实际交通能力直接制约着城市发展的潜力和后劲。一些原先并不属于区域经济发展中心的城镇，如石家庄、郑州、柳州等，由于战略交通基础设施的布局和建设，迅速成长为区域经济发展的新的增长极，极大地推动了城市建设和发展。

(二)城市交通管理维系城市物质生产的顺利进行

物质生产是城市最基本的经济活动，虽然随着经济社会的不断发展，城市的经济结构不断发生变化，第三产业逐渐取代第一、二产业成为重要的价值生产部门，但这并不妨碍城市交通的重要作用，城市生产所需的各种原材料、机械设备、能源及劳动力，都需要通过良好的城市交通系统来供应和保障。

(三)城市交通管理保障市民生活的正常运转

城市居民的各种出行需求，都必须依托于良好的城市交通管理系统。在现代社会，人们对于秩序的要求越来越高，缺乏良好的交通管理，快速、安全、高效、舒适的城市交通就无法保障，市民生活的质量和水准就会下降，那么城市应有的作用也就难以发挥，最终还是会制约城市的发展。

(四)城市交通管理带动周边地区经济和社会发展

城市周边经济的发展基本上是以城市为中心的同心圆，而城市交通的顺畅性和可达性直接决定了城市的辐射力和吸引力。现代城市的发展，大多是以汲取周边地区的资源来实现相互发展的，而扩大城市的发展规模，提高城市的资源和产业集聚能力，关键在于城市交通，尤其是高速通道的建设。

四、城市交通管理的基本原则

城市交通管理应遵循以下基本原则：

(一)交通分离原则

不同的交通工具有不同的运行速度、不同的配套设施，有必要在一定程度上进行分离。实行交通分离通常采取画线分离、设置隔离墩、修建立体交叉和专用道路以及采取交通信号控制等措施，在空间和时间上分离道路上的交通。

交通分离可以分为三种方式：一是混合交通。这是较低级的分离方式。机动车、自行车、行人等同在一个车道内通行，一般机动车在中间，非机动车在右边，行人靠左边；二是并列交通。各种交通形态占有同一通行带的特定部分，根据置右原则，中间走机动车，两边走自行车，两侧走行人；三是分离交通。这是交通分离的最高形式。不同的交通工具有不同的运行车道，一般由机动车专用道、自行车专用道和行人专用道组成，每条专用道不互通，交叉时采取立体结构形式。另一种形式是实行车辆分离，将不同的车种、不同方向和不同车速的车辆进行分离。

(二)交通流量均分原则

不同时间和空间内的交通流量是不同的，如果不对交通流量的分布进行调节，就会形成流量在某个区域内或某个时间段的过分集中，超出道路的负荷能力，造成交通拥挤。交通流量均分可以分为两种方式：一是时间性交通流量均分。城市交通最为拥挤的时间大多为上下班时间，因此，可以对上下班时间进行调整，采取灵活的时间规定；二是空间性交通流量均分。空间性交通流量的分布状况好坏，取决于城市道路的规划建设是否合理，以及均分流量的管理措施是否得当。

交通连续原则指的是在交通过程中，时间、空间、运行管理上和交通参与者本身精神的连续。交通连续措施包括：交通工具的连续、交通组织的连续、交通设施的连续等，这些措施都是为了保障交通运行的连续性。只有这样，才能使运输工具和交通参与者占用道路的面积和时间减少，加快交通流量。

（四）交通总量削减原则

交通总量是制定交通政策的主要依据，指的是所有交通参与者与其旅行时间（或旅行距离）乘积的总和。交通总量包括机动车交通量、非机动车交通量以及行人交通量等。使交通总量达到最小的办法是，尽量减少交通参与者的数量或将交通参与者的旅行时间缩短，当然，最好是两者同时减少。

（五）优先权原则

广义上的优先权是指对有利于城市交通状况好转的交通方式在政策上优先扶持，在规划建设上优先考虑，在对道路交通资源的使用上优先。狭义上的优先权仅指对有利于城市交通状况好转的交通方式在对道路交通资源的使用上优先。

五、城市交通系统管理

交通系统管理（Traffic System Management）是对交通流的管理，是指交通管理部门通过对交通流的管制及合理引导，使交通流在道路网络上重新分布，均匀交通负荷，提高道路网络系统的运输效率，从技术上缓解交通压力，它是一种技术性管理。主要包括以下内容：

（一）节点交通管理（Traffic Node Management）

交通节点往往是城市交通的瓶颈。节点交通管理策略就是以交通节点（交叉口）为管理范围，采取一系列的管理规则及硬件设施控制，优化利用交通节点的时空资源，提高交通节点的通过能力。常用的节点管理方式有：一是进口拓宽，增加交叉口进口车道数，提高交叉口在单位时间内的通行能力；二是进口渠化，根据交通量及转向流量大小设置不同转向的专用进口车道，优化利用交叉口空间及通行时间；三是信号配时优化，根据交叉口交通量、转向流量大小优化信号灯配时，使有限的绿灯时间内放行尽可能多的车辆；四是在交通量较大的交叉口，实行定时段（高峰小时）或全天禁止左转（全交叉口或部分进口），以提高交叉口通行能力。

（二）干线交通管理（Traffic Main Stems Management）

制约城市交通能力的另一因素是城市的交通主要干道。干线交通管理是以某条或若干条交通干线为交通管理范围，采取一系列管理措施，优化利用交通干线的时空资源，提高交通干线的运行效率。干线交通管理不同于节点交通管理，它以干线交通运输效率最大为目标。干线交通管理应以道路网络布局为基础，根据道路功能确定具体的交通管理方式。

常用的干线交通管理方式有规划交通拥挤线路单行线、公共交通专用线、货车禁行线、自行车禁行线（或专用线）、"绿波"交通线、特殊运输线路等。

（三）区域交通管理（Traffic Districts Management）

区域交通管理是城市交通系统管理的最高形式，它以全区域所有车辆的运输效率最大（总延误最小、停车次数最少、总体出行时间最短等）为管理目标。区域交通管理是一种现代化的交通管理模式，是现代城市交通系统管理的发展方向，它需要以城市交通信息系统作为基础，以通信技术、控制技术、计算机技术作为技术支撑。目前，区域交通管理有下列形式：区域信号控制系统，有定时脱机式区域信号控制系统、响应式联机信号控制系统两种控制模式；智能化区域管理系统，它是智能化交通系统的主体，正在研制和试运行的有车辆线路诱导系统和智能化车辆卫星导航系统等。

六、城市交通需求管理

交通需求管理（Traffic Demand Management）是对交通源的管理，是指政府从宏观的角度利用行政手段干预城市交通的发展规划，影响城市交通结构，通过削减不必要的交通需求，减少道路交通流量，从根源上缓解交通紧张的局面，是一种政策性管理。交通需求管理主要是从控制城市交通总需求的角度来进行城市交通的宏观管理。通过制定城市交通准入制度，减少道路交通流、缓解道路交通紧张，制定城市交通长远规划增加城市交通能力，以及利用经济杠杆来调节城市交通需求。主要可以采取以下一些有效措施：

（一）优先发展策略

我国许多大中城市交通问题集中表现在交通紧张、道路利用率不高、污染严重、能源消耗大等几个方面。有关交通规划管理部门应当根据我国的国情，发展一些人均占用道路面积少、人均污染指数小、人均能源消耗低的交通措施。城市公共交通在这些方面具有其他交通方式不可比拟的优势，在发展城市交通时应考虑优先发展城市公共交通。各城市应根据道路网络、环境控制和能源储备等实际情况，制定优先发展的实施措施。

（二）限制发展策略

当道路交通网络总体负荷达到一定水平后，交通拥挤将会加重，因此必须对某些交通工具实施限制或控制发展以防止交通拥挤状况进一步恶化。一般说来，应限制交通运输效率低、污染大、能耗高的交通工具的发展。比如，适当控制小汽车、摩托车和自行车等出行方式的发展速度；结合各城市具体情况对出租车交通实施总量控制。但采用限制发展策略可能会对经济发展产生一定的负面效应，在实施前必须对可能造成的正、负面效益做认真的分析和定量化评价，处理好限制发展与不发展之间的关系。

（三）禁止出行策略

当某些城市的道路网络总体负荷水平接近饱和或局部区域内超饱和时，应在特定的时间段、特定的区域内，对某些车辆实施禁止出行或通行。禁止出行策略一般为临时性的管理策略，由于它有一定的负作用，在实施前必须进行"事前事后"效果的定量化评价。常采用的禁止出行策略有：某些重要通道或区域的车辆单双号通行，在某些时段或区域对某种交通工具实施禁止通行等。

（四）经济杠杆策略

经济杠杆策略是介于管理与禁止出行策略之间的柔性较大的管理策略，它是通过经济杠杆来调整出行分布或减少出行需求量。其基本原则为：对鼓励的交通行为实行低收费，对限制的交通行为实行高收费。常用的措施有：收取市中心高额停车费（减少城市中心区的交通量）；收取某些交通工具的附加费（减少其出行量）；对某些重要通道在过分拥挤时收取拥挤费（调节交通量）。

第五章　城市道路景观设计

第一节　城市道路景观设计的理论研究

道路景观设计涉及多个学科的理论知识，例如生态学、景观设计学、美学等，多学科的综合性决定了其理论的复杂性与变化性。因此其理论与实践方法仍然处于探索和研究的阶段，在对道路进行景观设计时要将这些学科的相关理论作为其理论基础。本章就城市道路景观的相关学科以及三元素理论、生态理论、创新理论和人文理论进行了详细的阐述。

一、城市道路景观设计的相关学科

（一）景观设计学

景观设计学是一门建立在广泛的自然科学和人文艺术科学基础之上的应用学科，核心是协调人与自然的关系。它涉及建筑、规划、风景园林、环境、生态、地理学、林学、农学、生命科学、社会学、和艺术等多种学科，通过对有关土地的自然与文化资源保护及对一切人类户外空间存在的问题，进行科学理性与艺术感性的分析综合，找到规划设计问题的解决方案和解决途径，监理规划设计的实施，并对大地景观进行规划、维护、设计和管理，其目的是通过景观规划、设计、管理，保护和利用自然与人文景观资源，创造优美宜人的户外为主的人类聚集环境。景观设计包括居民区、广场、公园绿地、道路的景观设计，因此道路景观设计是景观设计的一个分支，具有景观设计的特点，满足景观设计的原则等等。

（二）建筑学

建筑学是研究建筑物及其环境的学科，建筑学有着悠久的历史，早在几千年前就有用石头、稻草搭建的建筑物。早期的建筑学的研究对象包括建筑物、室内设计、园林设计、城市规划等。随着建筑事业的发展，园林学与城市规划从中分离出来，又各自形成了独立的学科。在早期，由于城市规模较小，城市建设就是完成一定数量的建筑。工业化以后，人们对城市建设的认识发生了改变，建筑的形式也发生了变化，如出现了法国建筑大师的勒·柯布西埃的"阳光城市"以及由其主持完成的印度城市昌迪加尔等。在对道路进行规划设计时需要考虑到建筑因素，应根据道路两旁的建筑风格来确定道路的断面形式、宽度等。如苏州的古城区建筑仍然延续了古代的建筑风格——青墙绿瓦，干将路横穿苏州古城区，经过的车辆、行人较多，因此干将路选择了四板五带式的断面形式，干将路机动车道之间夹了一条河，这与苏州小桥流水的江南风格相一致，而且车道之间也安置了一些小的假山，这使得本来就以园林而闻名的苏州增色不少。

（三）美学

美学最早是来源于希腊语 aesthesis，由德国哲学家亚历山大·戈特利布·鲍姆加登首次提出，他的《美学（Aesthetica）》一书的出版标志了美学作为一门独立学科的产生。美学的发展经历了德国古典美学、马克思主义美学、西方近现代美学三个重要阶段。

马克思主义美学认为，美是人类社会的特有现象，与动物单纯追求生理快感的活动和感觉有本质区别。宇宙太空之间，在人类社会以前日月星辰、山水花鸟都早已存在，并且按照自身规律发展，但那不过只是一些自在之物，并未与人类发生关系，因为就无所谓美或者不美，美不可能脱离人类社会而存在。美在人类的社会实践中产生，事物的使用价值先于审美价值。良好的道路景观能带给人们美的享受，正如日本著名的建筑学家卢原信义在《街道的美学》中所讲："街道，按意大利人的构思，两旁必须排满建筑形成封闭空间，就像一口牙齿一样由于连续性和韵律性而形成美丽的街道。"

（四）城市规划

城市规划是指研究城市的未来发展、城市的合理布局和管理各项资源、安排城市各项工程建设的综合部署。在中国，城市规划通常包括总体规划和详细规划两个阶段。

景观规划与城市规划是相互独立又相互渗透的学科。两者的根本区别在于设计的内容不同，城市规划既是对城市的空间进行规划，又对城市的经济、文化、基础设施进行综合部署。景观规划设计是对城市的空间进行规划。城市规划的作用是建设和管理城市的依据，是城市合理建设和合理发展的前提和基础。在城市规划中我们能看到景观规划设计，例如对风景区、游览区域的规划设计。在国外，景观设计已经是城市规划的组成部分。

二、道路景观设计的三元素理论

视觉景观形象、环境生态绿化、大众行为心理是构成景观规划设计的三大要素。

（一）三元素的概念及其内涵

视觉景观形象是指从人类的视觉形象的感受要求出发，根据美学规律，利用空间虚实景物，研究如何创造赏心悦目的环境形象。

环境生态绿化是从人类的生理感受要求出发，根据自然界生物学原理，利用阳光、动植物、水体、土壤、气候等自然和人工材料，研究如何创造令人感觉舒适的良好的物理环境。

大众行为心理主要是从人类的心理精神感受需求出发，根据人类在环境中的行为心理乃至精神活动的规律，利用心理、文化的引导，研究如何创造使人赏心悦目、浮想联翩、积极上进的精神环境。

（二）三元素的相互关系

视觉景观形象、环境生态绿化、大众行为心理这三元素对于人们景观环境感受的作用是密不可分、相辅相成的。即首先通过视觉的感受通道，然后借助于物化了的景观环境形态，最终在人们的行为心理上引起反应，这就是我们常说的鸟语花香、触景生情、心旷神怡等一系列感受，这同时也是中国古典园林中的"三境一体"——物境、情境、意境的综合运用。若一处景观要想为人们带来美的享受，必须包含三元素的相互作用、相互转换。因此进行景观规划设计时这上面的三个元素都应考虑到，只是不同景观在这三方面的比重、深度有所差异。

（三）基于三元素的具体设计内容

视觉景观形象的具体规划设计包括对游憩行为、景观项目及设施建设这三者进行空间布局、设施设计、时间分期；环境生态绿化的具体规划设计主要包括对景观环境、景区、景点的自然因素环境与因景观开发建设而引起的影响进行识别、分析、保护的规划设计；大众行为心理是对人们的行为心理以及对景观的要求进行揣摩、分析和预测。

（四）三元素的理论支撑

视觉景观形象的支撑理论是景观美学，环境生态绿化的支撑理论主要是景观生态学，大众行为心理的支撑理论是游憩行为心理学。这其中最主要的基础理论是景观生态学。

（五）基于三元素的道路景观设计

道路的景观规划设计应包含"视觉景观形象""环境生态绿化""大众行为心理"这三个方面，以景观生态学理论为基础，对人们的游憩心理进行揣摩、分析，根据人们的需求创造出令人感觉舒适的、良好的道路景观。

三、城市道路景观设计的生态理论

（一）生态景观设计的概念及其内涵

所谓生态景观设计，就是设计师在进行规划时尽量保持原有的自然景观，把对环境的破坏程度降到最小。这种设计方式的主要思想是减少对资源的掠夺、尊重物种多样性、保护生态环境，将自然与文化相结合。在设计过程中也包括用科学的手段对已经遭到破坏的生态环境进行恢复，创造出既有观赏性又有教育性的生态景观，这样人们在观景的同时也能获得保护环境的启发。

（二）生态景观设计的几个重要概念

1. 斑块－廊道－基质模式

景观是由若干相互作用的生态系统构成的，美国生态学家 R.Forman 和法国生态学家 M.Godron 提出的斑块—廊道—基质模式是构成并用来描述景观空间格局的基本模式。

斑块是在外观或性质上与周围地区有所不同，它是非线性的，并具有一定的内部均质的空间单元和生态系统。包括自然的斑块（例如沼泽）、人工斑块（例如人工林）、有生命的斑块（例如植物群落）、无生命的斑块（例如荒地）。

廊道是指不同于两侧基质的狭长地带，绿色廊道是廊道的一种，主要包括两种形式：一种是干路两旁的道路绿化；一种是林荫休闲道路，主要供运动、散步、骑自行车等休闲游憩之用。

基质是指景观中范围广阔、相对同质且联动性最强的背景地域，一般指旅游地的地理环境及人文社会特征。

斑块—廊道—基质模式对景观结构、功能和动态地描述更加具体，而且该模式有助于设计师考虑景观结构与功能之间的关系，比较它们随时间所起地变化。

2. 异质性

异质性是指在一个景观区域中，景观元素类型、组合及属性在空间或时间上的变异程度。景观异质性包括时间异质性和空间异质性，空间异质性能够反映一定空间层次景观的多样性信息，时间异质性则能够反映不同时间尺度景观空间异质性的差异。正是由于空间异质性和时间异质性的相互作用导致了景观的演化发展和动态平衡，因此景观异质性是景观生态规划的理论基础和核心。

（三）道路生态景观设计的原则

1. 有效利用可再生资源

对道路进行景观设计时不仅要考虑如何有效利用自然的可再生资源，而且要将设计作为完善大自然能量大循环的一个手段，充分体现地域自然生态的特征和运行机制。

2. 因地适宜，尊重地域的地理特征

对道路进行景观设计时应充分利用当地的自然地理特征，设计时尽量避免对地表机理和地形构造造成破坏，尤其是注意保护地域传统中因自然地理环境而形成的特色景观。

3. 尊重自然，保护自然环境

对道路进行景观设计时，应该从生命意义的角度去开拓设计思路，既完善了人的生命又尊重了自然的生命，体现了生命优于物质的主题。通过设计重新认识和保护人类赖以生存的自然环境，构建更好的生态伦理。

四、道路景观设计中的绿道理念

绿道，是一种线型绿色开敞空间，通常沿着河滨、溪谷、山脊、风景道路、铁路、沟渠等自然和人工廊道建设，内设可供游人和骑车者进入的景观线路，连接主要的公路、自然保护区、风景名胜区、历史古迹和城乡居民居住区。查理斯·莱托在其经典著作《美国的绿道》中对绿道所下的定义是：绿道就是沿着诸如河滨、溪谷、山脊线等自然走廊，或是沿着诸如用作游憩活动的废弃铁路线、沟渠、风景道路等人工走廊所建立的线型开敞空间，包括所有可供行人和骑车者进入的自然景观线路和人工景观线路。它是连接公园、自然保护地、名胜区、历史古迹，及其他与高密度聚居区之间进行连接的开敞空间纽带。从地方层次上讲，就是指某些被认为是公园路（parkway）或绿带（greenbelt）的条状或线型的公园。

绿道系统主要由自然因素构成的绿廊系统和为了满足绿道游憩功能所搭配的人工系统两大部分。绿廊系统主要包括地带性植物群落、水体、土壤等一定宽度的绿化缓冲区等。人工系统主要包括各种发展节点（风景名胜区、森林公园、人文景点）、慢行道（自行车道、步行道、无障碍道）、基础设施（出入口、停车场、通讯、照明系统等）、标示系统（标识牌、信息牌、引导牌）、服务系统（露营、租售、救护、保安）。

（一）城市绿道的分类

我国珠三角区域走在城市绿道建设的前列，广州市已建成六条区域主干绿道，珠三角区域绿道根据所处区位和功能的不同分为三类：

1. 生态型区域绿道

生态型区域绿道主要延城镇外围的自然河流、小溪、海岸以及山脊线设立，通过对动物栖息地的保护、创建、连接和管理，来保护珠三角地区的生态环境和保障生物多样性，可供进行自然科考以及野外徒步旅行。

2. 郊野型区域绿道

郊野型区域绿道主要依托城镇建成区周边的开敞绿地、水体、海岸和田野的设立，包括登山道、栈道慢行休闲道的形式，旨在为人们提供亲近大自然、感受大自然的绿色休闲空间，以实现人与自然的和谐相处。

3. 都市型区域绿道

都市型区域绿道主要集中在城镇建成区，依托人文景区、公园广场和城镇道路两侧的绿地设立，为人们慢跑、散步等提供了场所，发挥了贯通珠三角区域绿道网的作用。

（二）城市绿道的功能

城市绿道的功能主要体现在四个方面：生态功能、游憩功能、社会与文化功能、经济功能。

1. 生态功能

绿道的生态功能主要包括：保护生态环境；保护生物栖息地；保护动物迁徙的通道；防洪固土、清洁水源、净化空气等；保护通风廊道，缓解热岛效应。

2. 游憩功能

绿道的游憩功能主要包括：提供人们亲近大自然的空间，提高人们生活质量；提供慢跑、散步、骑车、垂钓、泛舟等户外运动的场地；提供出行的清洁通道。

3. 社会与文化功能

绿道的社会与文化功能主要包括：保护和利用文化遗产、串联城市社区与历史建筑、古村落和文化遗迹的通道、为居民提供交流的空间场所，促进人际交往以及社会和谐。

4. 经济功能

绿道的经济功能主要包括：促进旅游业及相关产业的发展；为周边居民提供多样化的就业机会，促进区域和谐发展；提升周边土地价值。

（三）城市绿道设计遵循的原则

对绿道进行设计时应充分结合现有的地形、植被、水系等自然资源，遵循生态性原则；因地制宜采取有效措施，达到全线的贯通性，为城市居民提供进入郊野的公道，遵循连通性原则；完善绿道区域的应急救济系统、标示系统等与游客人身安全密切相关的设施以保障游客的人身安全，遵循安全性原则；提供与绿道相适应的道路交通体系，结合城市公交设置出入口，方便游客进出区域绿道，遵循便捷性原则；在进行设计时应充分考虑实用性，易于施工建设以及后期的维护管理，并且要根据地方特色因地制宜，遵循实用性原则。

绿道已经成为一种世界性趋势，美国作为最早推出绿道理念的国家，现在已经有各种等级绿道 10 万多公里。美国巧妙运用废弃的铁路、公路，将其改造为"准绿道"，德国、日本、新加坡等国家都建设了绿道为人们提供健身场所、提高人民的生活质量。我国的广东省走在了全国绿道系统建设和发展的前列，现在珠三角绿道网已经建成了六条绿道，这六条绿道形成了贯通珠三角城市和乡村的多层级绿道网络系统。继珠三角绿道网完工后，武汉市也将要启动武汉首条城市绿道——全长 51 公里的东沙绿道建设。城市绿道将在未来成为我国城市绿地系统发展的一种大趋势，在进行开发建设时应该本着"保护第一，开发第二"的原则，不能随意改变所在地的原貌，可以进行适当地生态修复。设计的同时也要满足游人们的游憩需求，这样不仅能够给人们提供一个既自然又舒适的健身场所，又可以改善整个旅游区的品质，提高旅游开发的经济效益。

第二节　城市道路景观的功能分析

城市道路景观既具有保护城市生态环境、美化城市空间景观、展现城市文明的功能，同时又具有道路用地的基本功能：组织道路交通、降低噪声、提供城市避难场所等。这些特殊的功能，随着城市和环保意识的发展越来越得到人们的重视。

一、道路断面形式对城市交通的影响

城市道路断面分为纵断面和横断面。沿着道路中心线的竖向剖面称为纵断面，能够反映道路的竖向线性；垂着道路中心线的剖面为横断面，能够反映路型和宽度特征。道路绿地的断面布置形式取决于道路横断面，道路横断面由机动车道、非机动车道、人行道和分隔带等组成。

（一）一块板的道路横断面

一板二带的道路形式就是指路中央是车行道，在车行道两侧的人行道上种植一行或多行行道树。这样的道路，行人、机动车和非机动车混行，交通比较混杂。同时由于机动车、非机动车相互干扰，导致机动车的行车速度较慢，行人在步行过程中也存在一定的安全隐患。道路两旁种植的乔木种类比较单调，因此该种道路绿地形式常被用于车辆较少的街道或小城市。

（二）两块板的道路横断面

道路中央设置绿地带，道路被分成两块路面，形成了对面相向的车流，其路旁的绿地设计与上述一板二带式相似，因此就形成了二板三带式的道路绿地。该种方式道路解决了相向而行的车辆的相互干扰问题，在一定程度上缓和了机动车行车慢的问题。但是机动车与非机动车仍是在同一车道，依然存在行车混乱的问题，因此机动车的行车速度依然受到影响。该种道路绿地形式适用于机动车较多，而非机动车较少的道路。

（三）三块板的道路横断面

通过两条绿地带将道路分成三块，中间为机动车的行驶道路，两侧为非机动车道路，这种形式的绿地能够解决机动车与非机动车行车杂乱的问题。但是由于相向而行的机动车间没有隔离带，因此相向而行的机动车容易造成干扰，机动车的行车速度受到限制，同时由于夜间行车的灯光过于炫目可能会引发交通事故。该种道路绿地形式适用于非机动车辆较多的道路。

（四）四块板的道路横断面

在三板四带式的道路中加设一条绿地带，将中央的机动车道分成上下行，是二板和三板的综合，因此包含了这两种类型道路的长处，既能够避免相向的车辆所造成的干扰，而且能够保证车辆快速、安全地行驶，也能形成较好的绿化景观。但是这种道路交叉口的通行能力比较低，而且由于该种形式道路占地面积较大，因此可用绿地较为紧张的中小城市不宜采用，一般在机动车和非机动车较多的大城市中比较常见。

（五）不同断面形式的设计原则

道路根据断面可以分成以上几种，在对道路进行设计时应根据城市的规模、道路通过的机动车和非机动车的数量、道路所处的地理位置来合理地确定道路的断面形式，以取得最大的景观效益和经济效益。设计时除了考虑以上因素外，环境因素也是必不可少的。不同的环境对道路绿地设计的要求也不相同，因此要根据当地的地理环境因地制宜。例如南方气候炎热，光照较多，因此在分离带上应种植更多高大的乔木以形成良好的遮阴效果；北方气候较为寒冷，因此分离带可以考虑种植草坪和灌木以带给人们更多的光照。

二、道路绿化景观功能分析

道路绿化具有保护城市生态环境、体现城市文化、美化城市空间景观的功能，同时又具有作为道路用地组成部分的特殊功能，例如组织城市交通、降低交通噪声等。

（一）道路景观的生态功能

1. 调节气温，改善小气候

树木具有遮阴功能，在炎热的夏季，乔木的树冠能够减少太阳直晒，减少热能，同时植物的光合作用、蒸腾作用又能消耗掉一定的热量，可以降低周围空气的温度，使空气凉爽湿润，因此改变了微气候。在严冷的冬季，树冠能够阻挡地面辐射热向高空扩散，将太阳散发在地面的热量保存，具有一定的保温作用。同时冬季的风速较高、冷流较强，在行道树比较密的地方，高大的行道树能够有效地降低风速。同时顺着城市风向的道路绿地能够成为城市绿色的通风走廊，在夏季能为城市创造良好的通风条件，并且能够将城市中产生的大量污染气体吹出城外，具有更新城市大气的作用。

2. 净化空气，吸收有害物质

城市各种工业污染以及汽车尾气排出的二氧化硫、氯、氟化物、氮氧化物等有害气体和物质，对城市的水体、空气和土壤产生大量污染，对人和动植物造成一定的危害。在一定浓度范围内，植物能够吸收上述有害气体。同时植物能够对被重金属污染的土壤起到重金属的转移固定作用，从而达到对土壤的净化作用。水生植物也可以通过吸收重金属、杀死细菌、吸收有毒化合物来净化水体。

3. 滞尘降尘，减弱噪声

城市的大气中除了含有以上有害气体外，还受烟尘、粉尘的污染。悬浮在大气中的粉尘浓度较大时，还能减低太阳照明度和辐射强度，特别是紫外线辐射，对人体、动植物的健康有一定的影响。树木对粉尘有明显的阻挡、过滤和吸收作用，降低了粉尘对大气的污染，因此树木被称为空气的天然过滤器。道路绿地有大量的行道树、花灌木、草皮，能够有效地起到防尘的作用。

现代城市中，由于汽车、船舶、飞机以及工厂的轰鸣使得噪声成为现代城市的一种环境污染，影响了人们的正常生活、休息。因为树木的树冠有不同方向的枝条和分层的叶片，当噪声的声波射到树木上时一部分会被反射，使声音减弱并趋向吸收。而且树叶表面的气孔和绒毛，能把声音吸收掉，因此恰当的树种组成可以降低噪声。

4. 杀菌消毒

城市的污染越来越严重，因此空气中散布着各种细菌、病原菌，而许多植物都能分泌出强大的杀菌素，有杀死细菌、真菌的功能。植物杀菌是植物保护自身的天然免疫性因素之一，而且植物不仅能够杀死空气中的细菌而且还能够消灭土壤里的细菌，部分植物还能够杀死林地污水中的细菌。

（二）道路景观的其他功能

1. 组织道路

交通道路绿化在组织道路交通方面起着引导、防止事故和促进休息等功能。中央分隔带以及路边有规则的道路绿化能够帮助机动车驾驶员弄清道路的线形和地形，起到引导视线的功能。同时中央隔离带的树木可以阻挡对面车辆前灯的光线，防止晃眼，提高了夜间的行车安全。路边的行道树能够阻挡烈日天气的强光，使驾驶员视线更加适应环境的明暗。

2. 展示当地文化，形成独特景观

随着经济的发展，原本体现当地特色的地方建筑几乎全部被钢筋水泥、高楼大厦所代替，城市的绿色空间变得越来越匮乏，展现当地特色的景观元素越来越少。而城市文化的一个重要特征就是地域性，乡土植物恰好能反映出一个地方的地域特征。如果道路旁边种植能够反映城市所在地域自然植被状况的地带性物种，城市很容易形成特有的地域风格。"南棕榈，北白杨"的风格一直延续至今，在广州的街道上棕榈科、芭蕉科植物处处可见，而高大挺拔的白杨树则一直是北方的典型植物。每个城市都会有各自的市花、市树，市花、市树是通过一个城市的居民经过投票选举得出的，不仅深受市民的喜爱，而且也比较适应当地气候条件。因此可以在能够体现城市文化的道路两旁栽种市花市树，这样外来人员通过了解这些植物就能了解一个城市的文化内涵。在城市公园以及其他公共绿地上也可以多种植一些市花市树，这样不仅丰富了城市景观，而且对少年儿童也会起到积极地教育作用，同时也丰富了市民的精神文化生活。

3. 提供避难场所，具有防灾功能

道路具有一定的防灾功能，如果城市发生了地震，人们可以第一时间离开他们的住所跑到宽阔、笔直的大路上进行避难，而不至于因相互拥挤而发生踩踏事件。世界上许多城市建设了一些专门的公园、广场来应对地震，道路两旁的大树能够防止物体掉落而砸到地面上的避难人员。在火灾的避难场所应该种植大量的耐火性树木以防止大火蔓延。现在日本、中国台湾等地区已经建设了许多绿化道路来作为地震、火灾等灾害发生时的紧急避难场所。

4. 对传统文化景观进行保护和创造

每一个城市都有自己的历史，每一处历史景观都有一定的意义。随着时代的发展，我们不可避免的会对原有景观进行更新或改造，这样可能破坏传统的文化景观，因此在进行道路景观规划时，必须同时兼顾保护和改造这两个方面，只有这样才能向人们展示出城市的历史面貌。例如苏州的平江古街就保护得很好，粉墙黛瓦，小桥流水，显示出疏朗淡雅的江南风格。

同时，在进行规划时我们不仅仅要设计出美好的景观，同时也要传达一种意境。我们可以有意识地将文化元素融入道路景观，赋予道路景观一定的人文精神，这样人们在欣赏景观时能与设计师产生共鸣，并且能够得到精神的满足。

三、道路其他相关设施的功能

道路的其他设施一般是指休息设施、环保设施、通信设施以及交通设施。

(一)休息设施

城市道路不仅仅被用来组织交通，而且也具有观赏、游憩的作用，因此需要具有一定的休息设施。休息设施主要包括座椅、凉亭，座椅包括单人、双人、多人、带靠背、不带靠背的座椅等。除了这种常规座椅外也可以根据环境条件进行组合设计，比如在树木周围设置圈树椅，既可以供游人休息，也可以保护树木，一举两得。凉亭在夏天给人们提供凉爽的遮阴场所，既具有观赏性又体现了人性化设计。

(二)环保设施

现在的景观设计不仅要体现观赏性也要体现生态性，环保设施一般包括垃圾桶、公厕、饮水机等。环保设施具有体积小、数量多、分布广的特点，因此可以在材质、色彩上进行创新以体现城市特色。由于道路人流较大，产生垃圾较多，因此可以选用分类垃圾桶，对一些垃圾进行回收。公共厕所是一个特殊的公共设施，任何公共场所都少不了公厕这一设施，对于驾驶时间较长的驾驶员来说更是必不可少，公厕的距离应该根据道路的人流量和车流量来设置。

（三）通信设施

道路旁的通信设施一般包括公共电话亭、自动售货机等。随着时代的发展，手机成为人们的首选通信工具，但是公用电话亭可以作为应急之用，仍是道路两旁必要的公共设施。考虑到使用者在使用过程中对个人隐私有一定要求，因此在进行设计时需要考虑到这一点，电话亭和电话亭之间需要适当地分隔。自动售货机一般在步行街比较常见，人们可以随时买到自己需要的东西，不受时间、地点的限制，给游人带来方便。

（四）交通设施

交通设施是保证城市交通系统能够安全运营的各项基础设施，主要包括信号灯、交通标志、护栏、照明设施等。信号灯、交通标志、护栏是用来分隔道路，组织交通，引导行人、汽车按照合适的路线走，防止发生交通事故，是道路必不可少的基础设施。常见的道路照明设施有路灯、草坪灯、埋地灯、霓虹灯等。照明系统正在由实用性向实用与视觉兼有的方向发展，这样照明系统不仅在夜晚发挥作用，在白天也成了空间设计中不可或缺的景观要素之一。

（五）架空管线、地下管线分

车绿带和行道树绿带为在改善道路环境质量和美化街景方面起着重要的作用，但因绿带宽度有限，乔木的种植位置基本确定，因此，不应在绿带上设置架空线以免影响绿化效果。若要在绿化带上设置架空线，就要提高架设的高度。架空线架设的高度减去树木的规定距离后还应保持9米以上的高度，作为树木的生长空间。在对道路进行规划时应该统一考虑各种铺设管线与绿化带的位置关系，对于管线与绿化树木之间的矛盾可以通过留出合理的用地和采用管道同沟的方式解决。

四、道路铺装的功能

（一）道路铺装的分类

按照铺装材料的强度将地面的硬质铺装分为高级铺装、简易铺装和轻型铺装。

1. 高级铺装

高级铺装适用于交通量大且重型车辆通行的道路，高级铺装通常用于公路路面的铺装，而且公路路面铺装的材质多为沥青材质。

2. 简易铺装

简易铺装适用于交通量小、几乎无大型车辆通过的道路，此类路面通常用于市内道路的铺装。

3. 轻型铺装

此种铺装用于机动车交通量小的人行道、园路、广场等地面。此类铺装中除了沥青路面外还有砌块路面和花砖路面。

此外，铺装路面按照铺装材料的不同可以分为沥青路面、混凝土铺装、卵石嵌砌铺装、预制铺装、石材铺装和砖砌铺装等。

(二)道路铺装的功能

道路铺装对于道路起着至关重要的作用。首先，地面铺装能够提高地面的使用时间和效果，能够有效地防止地面损坏，增加地面的荷载能力，同时在雨雪天可防止道路泥泞难走。其次，能够给行人、车辆提供坚固、耐磨的活动空间，同时也能够为行人指引方向，引导人们到达目的地。最后，良好的道路铺装也能够给人们美的享受，能够展示所在城市与众不同的特色，如皇家园林里龙凤是较为常见的铺装图案，私家园林里常可看到的龟鹤图案用来象征长寿、财富；苏州拙政园里的万字海棠纹铺地，寓意"玉堂富贵"；蝙蝠纹象征"福"。因此，人们这些把图腾纹样当作赐福的祥瑞符号，是一种吉祥的象征。

道路景观不仅具有美化环境功能，同时还具有生态功能、协助道路组织交通、提供避难所的功能，因此良好的道路景观对于改善环境质量、推动城市发展具有重要的意义，也是实现可持续发展的保证。

第三节　城市道路景观规划与设计的基本方法

一、城市道路景观规划设计原则

从 19 世纪下半叶的工艺美术运动，到 19 世纪末的新艺术运动，再到 20 世纪初的装饰艺术运动，及各大学者相继提出的功能主义、流线设计、绿色设计等各种设计界的指导性理论，都对自 19 世纪以来的艺术设计造成了巨大的影响，每个时期的设计都有不同的风格和指导原则。每一种思想都是对那个时期的设计的矫正性改变，其实单拿出任何一种思想，对于设计来说都是片面的、不完整的指导原则，只有将它们放到一起，去糟粕取精华的设计才是最完整的设计。

(一)以人为本

设计是把美注入每个生活细节的生命冲动；是使我们生活的世界趋于完美的创价行为，具体到个人来说，设计也是设计师拥有的一种生活方式。

作为美化我们生产生活的方式之一，人类自身的审美规则为标准来决定设计的好坏，设计的本质即"为人的设计"。以人为本与设计师的社会责任感和正确的设计价值观密不可分，虽然设计是艺术与生活之间的桥梁，但不同于纯艺术，经常与商业化和项目的发起者有千丝万缕的联系，坚持正确的设计品德是以人为本的前提。对于城市道路景观来说，其使用对象是人，其设计者也是人，更应该贯彻以人为本的设计原则，在最大程度上保证使用者的安全行驶、视觉感受和也理感受，以人机工程学为设计依据，从人类自身的生理和也理结构出发，创造为城市增光添彩、为生活提供便利的道路景观。

（二）满足功能

20世纪20年代，功能至上的功能主义设计伴随着现代设计的出现而产生，将功能作为设计的第一要素，其次才是审美。功能是设计的根本之一，华而不实的设计只能短暂的满足人们的审美需求，实用性的不足往往会造成美感"消失"后的资源浪费，继而带来的便是拆除与重建。道路的第一用途是通行，道路景观设计只是在通行的基础上满足人们对美的需求，从这一点上来讲，任何方式的道路景观设计都不能超越道路的使用功能，相反应该去维护和配合道路自身的功能。

满足城市道路功能需求城市道路绿化主要功能是遮阴、滤尘、减弱噪声、改善道路沿线的环境质量和美化城市。我们在道路绿化建设时，须充分考虑行车，行人视觉特点，将路线绿化作为视觉线的导引对象，提高视觉质量，体现以人为本的原则。道路绿化另一个重要的功能是降温。炎炎夏日下，浓郁的绿荫能使人感到丝丝清凉，烦躁心情可以得到舒缓，有利于交通安全。

（三）因地制宜

城市道路的立地环境非常复杂，城市郊区地带的道路或临山或临河或林森林，而市内道路周边通常会存在各类管线、路桥等市政设施，另外部分道路存在人车混行、客货混行、建筑占道的情况，这些都给道路景观的设计和后期维护带来不小的困难。针对两种情况的道路，都应该以充分调研区域整体环境为基础，分析有利因素和制约因素，根据实际情况进行设计。一方面要利用现有资源，在满足设计需求和功能需求的前提下，以改造为主重建为辅；另一方面应使道路景观与周边整体景观融为一体，并根据当地的气候环境营造春、夏、秋、冬四季交替而且均衡的景观。

城市道路绿地建设选择树种时，一定要因地制宜适地适树：根据本地区的气候，选择适宜性强、生长强健、管理粗放的植物，以利于树木的正常生长发育，抗御自然灾害，保持较稳定的绿化成果。道路绿化带采用大色块手法，植观花、观果、观叶植物，适应不同车速的不同绿化带，空间上采用分层次种植方式，平面上简洁有序，线条流畅，强调整体性、导向性和图案性，形成舒展、明快的风貌。

园林式道路景观设计是人工艺术环境和自然生态环境相结合的再创造，是衡量现代化城市精神文明水平的重要的标志。并且，道路景观是改善城市道路生态环境的一项重要的城市市政基础设施。

（四）稳定生态

面对近年来人类因为自身发展而造成的一系列生态问题或人与自然、物与自然之间的关系问题，造成了以"人的利益"为本的设计，针对这一状况有学者提出了"以人为本"原则的辩证思考，提出应该站在不同的角度，将某些设计适度的"以自然为本"。回顾人类的设计道路，无论是传统设计还是20世纪开始的现代设计、绿色设计，都旨在将"为人的设计"发挥到极致，的确与自然环境出现了很多冲突，造成了许多严重甚至是不可修复的生态问题。

生态是物种与物种之间的协调关系，是景观的灵魂。它要求植物的多层次配置。乔、灌、花、草的结合，分隔着竖向的空间，创造出植物群落的整体美。因此，在各路段的绿化建设中，要特别注重这一生态景观的体现。植物配置在讲求层次美、季相美的同时，更应有效达到最佳的滞尘、降温、增加湿度、净化空气、吸收噪音，美化环境的作用。

首先，道路景观设计要坚持"适地适树"，不能为达到效果盲目引入过多新植物品种，新植物在新环境中不一定会有良好的生长态势，反而因施工建设破坏了原有植物，有些大树和林带短时间内很难恢复；盲目引入外来树种还易造成物种入侵，影响当地植物的正常生长，比如植物群落效应。其次要善于利用绿地的自我修复功能，注意植物的搭配和当地各类物种的使用，使景观在发展过程中能够自我修复。

关于施工材料，要尽量选择新型生态材料，使用对环境影响最小或利于改善环境的材料，例如透水砖、人造石材等材料。不仅可以提高雨水等自然资源的利用率，也为生态城市的伟大目标打下基础。

（五）地方特色

道路系统构成了一个城市的框架，同时在很大程度上代表着一个城市的整体形象和发展状况。道路景观应该向具有地域代表性的方向发展，与城市景观融为一体是其中一个方面，更要在此基础上将地方特色做一个延伸和发展，用统一的风格、不同的景观形式使各条道路求同存异。在自然景观方面，道路景观宜与江、河、湖、山、森林等自然景观相结合，突出城市自然景观的特色；街道景观则善于配合街边建筑，景观设计中的轮廓线、天际线、色彩倾向等理论为指导，营造宜人的街道景观；另外，地域文化也是重要的一点，例如当地特有植物、传统图案、文化遗址等都应该在道路景观中有所体现，让城市精神得以体现。

（六）经济易行

城市道路景观工程的设计建设离不开国家财政的支持以及大量人力物力的投入，经济易行的设计及施工才更符合追求崇尚节约、绿色生态的当代社会。近几年的城市建设中，不乏媒体所报道的某些城市为了迅速提升城市景观，大量购置大型名贵树种却因"水土不服"导致死亡的事件，本来是惠及民生、提升城市竞争力的工程，到后来却成为追求政绩的"面子工程"，不仅浪费了大量的资金与人力，也给城市交通带来长时间的不便。另外，大量盆景式的道路绿化也屡见不鲜，区区几公里的路段需要大量的人力去维护，而生态效益却很难提高。

二、道路景观设计要素研究

（一）道路绿化

道路绿化所形成的绿地作为城市园林绿地系统的重要组成部分，在道路景观设计中占有重要地位。道路绿化沿道路以狭长的形态穿梭分布于城市的各个角落，对于城市生态气候的调节的作用不容小觑。传统意义上的道路绿化即在道路两侧的绿化带上种植花草，提高道路的美观程度，也有降低尾气污染、防尘、防噪的作用。而现在，我们将道路绿化作为城市公共景观的重要部分，就有了更多值得考虑的因素。

1. 绿化模式与绿视率

关于道路绿化的模式尚未有一个固定的标准和准确的定义，如果从道路各部分组成形式上来说，道路绿化模式可分为一板二带式、二板三带式、三板四带式、四板五带式等，该些道路绿化模式有时候可以同时存在两种或多种，根据道路各路段的实际情况而变化组合。

（1）一板二带式

这类绿化模式主要针对较窄或对视线要求较高的道路，这类道路的绿化带一般较窄，主要依靠两侧的行道树来提供绿化，有时结合少量灌木或地被提高视觉效果，是最原始、最基本的道路绿化模式。

（2）二板三带式

同时拥有中央分车绿化带和两侧绿化带的道路，植物的种类与一板二带式相比更为丰富，车辆行驶的安全性有所提高。这类道路绿化量较大，常用在路幅较宽、车流量较大的市内道路或郊区快速路上，是最常见的道路绿他模式。

（3）三板四带式

这种模式针对的是同时具有快速机动车道和慢车道或非机动车道的道路，一般在市区内居住人口比较密集的区域常见，这种模式的道路绿化量大，两侧的非机动车道或慢车道可划定停车位，有效解决交通抓堵和人车混行问题。

（4）四板五带式

该模式即在三板四带式快车道的中间再次加入中央分车绿化带，从而形成四条行车带、五条绿化带的形式，这种模式绿化量最大，而且绿化量根据绿化带的宽度增加或减少，同时对路幅宽度要求很大。

当然，以上任何一种模式都不是绝对的，当路幅较窄不足以设置绿化带时，也可用栅栏等分隔设施代替。另外由于城市道路在建设时会出现规划时间不一、道路周边状况不同等原因，有时会出现一条道路会有两种甚至多种模式出现。

因为人类环境心理的存在，无论哪种绿化模式，都会对人的视觉以及也理产生不同的影响。有研究表明，人的视觉器官在观察事物时，最初的20S内色彩感觉占80%，形体感觉占20%；两分钟后色彩占60%，形体占40%，5分钟后两者各占一半，并且这种状态将继续保持。1987年日本的青木阳基于视觉环境科学的发展提出了"绿视率"的概念，指在人的视野中绿色所占的比率，并在景观设计中得以运用和发展。绿视率的大小是人观察景观所形成的圆形视野中绿色面积占总面积的百分数，绿视率低于15%时人工痕迹的感觉明显增大，而绿视率大于15%时，则自然的感觉便会增加当人的视野中绿色达到25%时，感觉最为舒适。

2. 市政设施

城市道路不同于公园、庭院等景观设施，不可避免地会与管线等各类市政设施并存，在进行道路绿化工作时，要尽量避免它们之间的冲突，保证市政设施的安全运行。1997年，国家建设部颁布了CJJ75-97《城市道路绿化规划与设计规范》，提供了详细的道路绿化的设计建设规则。

3. 植物选择

绿化植物的选择原则在符合城市道路景观设计基本原则的基础上，还应该注意彩色树种以及季节性植物的选择。彩色植物不单指叶片具有独特颜色的植物，某坚植物的枝干、果实等同样具有不同的色彩，这些都可以作为彩色植物与常用绿色植物搭配使用。另外，在我国大部分地区的气候都是四季分明的大陆性气候，可以利用植物的花期、落叶期及枝干的形状和颜色来打造四级不同的道路景观。

（1）乔木的选择

乔木被普遍运用在城市道路景观中，主要作为行道树使用，在绿化景观的同时为行人提供遮阴，要求株形美观整齐、易成活、生长迅速、耐污染，而且分支点较高以不影响车辆和行人通过，如悬铃木、白蜡、国槐等。有部分乔木会被种植在绿化带的最外围，为道路周边某些区域提供遮挡或防风防尘之用，这类乔木经常选择高大易活、经济性高、枝叶繁茂的树种，如毛白杨。

（2）灌木的选择

灌木在绿化景观中比较常用，常与乔木搭配以构建层次感较强、物种丰富的植物景观，可修剪的灌木常做绿篱使用，如金银木、紫薇、大叶黄杨、紫叶小檗等。灌木的选择首先应该保证枝叶丰满，其次要具有一定的抗污染能力，少刺或无刺，而且可修剪性较强。

（3）地被植物的选择

一般为保证绿化景观效果，充分利用绿化土地，在栽植了乔木和灌木后，裸露的地面上会种植地被植物，地被植物对生长环境的要求较高，需根据当地气候环境进行选择。我国北方地区一般采用多年生、植株低矮、覆盖力强、易于管理的草本、藤本植物作为地被使用，如爬山虎、麦冬等。很多宿根花卉也被当做地被使用，在平面上经过严格的设计，通过不同的布局与其他地被植物相配合，如鸢尾、金焰绣线菊、玉簪、景天等。

（二）道路铺装

为使道路在规划完成后能够更好地发挥其交通功能，会在道路的表面铺设各种硬质材料提高通行效率和舒适度。道路铺装的历史由来已久，我国古代就已经开始用石材或人造砖来铺设路面，只是形式和用料上比较单一。随着城市的发展，谭路铺装也由原来单纯的路面硬化功能衍生出很多设计学、行为学上的功能，铺装材料也随着技术的发展变得丰富。

1.铺装的功能

（1）路面支撑

路面支撑也可以简单地理解为道路表面的硬化功能，道路铺装解决无水泥土的松散性和遇水泥土的黏稠性，通过路基的处理和受力面积的增大，保证行人车辆安全、顺利通行。

（2）美化功能

随着科技的发展，各类天然石材、人造石材、合成材料等相继被应用到路面铺装当中，经过人们的加工改造形成具有不同色彩、不同质感、不同肌理的各种铺装材料，为我们的城市景观带来了丰富多彩的路面形式，并与植物景观、建筑景观等配合使用形成综合型设计，营造宜人的通行空间。

（3）空间划分

在道路铺装系统中，一般会根据区域的不同使用功能采用不同的铺装材料和形式，以便于区分空间。例如行车道一般会采用沥青或混凝土铺装，人行道多使用石材或人造砖，停车场则会以方格砖与草坪结合的方式，通过铺装的不同来划分不同的使用空间，有效的组织起方便高效的交通系统。

（4）导向与提示功能

不同的空间依靠不同的铺装来进行区分，铺装在特定的空间内就有了一定的导向和提示功能，依靠整齐有规律的铺装形式，结合人的行为规律，使铺装具有良好的方向性和引导功能，引导人们到达目的地。铺装的导向功能不仅针对人的行为而言，雨水流向、植物生长等有时也可以依靠铺装使其按照预先的构想发展。另外，在人行道上，还会设有盲道，盲道通常也以铺装的形式出现，引导盲人在特定的空间内行走，保证盲人的安全。

2.铺装材料

现在常用的铺装材料一般可以分为四大类，即混凝土、石材、人造砖以及其他材料。

（1）混凝土

在道路铺装中，混凝土包括沥青混凝土与水泥混凝土两大类，两者都是现代城市道路铺装应用最广泛的材料，一般在行车道上使用，以沥青混凝土使用居多。沥青路面与水泥路面相比具有建成通车快、表面平整、无接缝，行车振动小、噪音低，耐磨且适宜分期修建等特点，施工工艺和设备需求比水泥路面要高很多，但是由于沥青路面更适宜车辆行驶且大面积使用时成本和养护需求低于水泥路面，所一般城市主干道、次干道等大型道路都采用沥青混凝土。随着技术的更新，在有特殊需求时，脱色沥青可代替传统飘青并加入不同颜色使用，这样就形成了同材料不同颜色的铺装，既降低了成本又丰富了铺装形式。

（2）石材铺装

用石材主要指天然花岗石经人为加工而成的花岗石板，这类材料质地坚硬、耐磨性好，而且有天然的质感和肌理，看上去比较高档，但是造价较高，已经开始逐渐被人造仿真石材所代替。某些街边绿地公园的小径或小型广场也会使用稍加人为加工的粗料石或细料石来做局部铺装，以增加铺装的丰富性。

与天然石材相比，人造石材更环保，而且美观程度可随人的思想而变化，具有良好的可控性和设计性。

（3）人造砖

人造砖块有水泥砖和烧结砖两大类，由于成本低廉、色彩丰富而成为人行道或广场绿地的主要铺装材料。烧结砖以黏土或页岩为主要原料，可以形成各种颜色和花纹，是理想的铺装材料，不过几年来国家为限制毁田烧砖、保护农田，开始重点推广支持水泥砖的制造和应用。水泥砖以粉煤灰、煤渣、化工渣为主要原料，利用水泥最为凝固剂，制造简单施工快，对我国生态保护工作提供重要支持。

（4）其他材料

道路铺装除混凝土、石材和砖块外，还会加入木质、卵石、水洗石、瓦片等材料，在整体的铺装中寻求变化，达到预期的景观效果。这些材料一般使用面积较小，主要做为点缀性铺装使用。

3. 影响因素

道路铺装除道路硬化外还有各种其他功能，包括美化、导向、空间分隔等，不同的铺装会给人带来不同的视觉感受和也理感受。这些大都是道路铺装的衍生功能，但是其重要意义依然是不容忽视的。影响道路铺装的因素，按其功能来分，主要有色彩、构图、质感、尺度四个方面。

（1）色彩

铺装的色彩主要依靠铺装材料的材质本身颜色属性或人工赋予的颜色属性来实现。铺装的色彩应该与所处环境的整体色调相吻合，或通过设计来有目的的构建特殊色彩的铺装设计。

一般来讲，同一色调内的铺装颜色不应该超过三种，颜色过多会造成视觉上的混乱感，破坏空间的整体性。色彩总是会与形体、肌理、空间等同时存在，在选择铺装的色彩时，应该根据各景观要素的属性来合理搭配，以构建不同感觉的色彩环境。

（2）构图

为保证良好景观效果和观赏性，道路铺装常常使用不同颜色的多种材料构成，主要依靠图案的拼接来完成。道路铺装作为道路景观设计的一部分，艺术学原理和环境原理学原理同样适用于铺装设计。砖块的拼接方式、色块的组合方式都可以通过不同的设计手法达到不同的效果，运用形式美法则来使构图完整、美观，避免组合拼接上的杂乱无章。另外，铺装的线条走向和颜色变化都会对人的视觉产生一定影响，例如，较窄的道路可以横铺使其看上去比较宽敞，利用色彩的变化对不同区域的特性进行特定的强调作用。

（3）质感

质感是铺装材料表面的材质特征通过视觉或触觉给人的直观感觉，然后通过人的心理作用产生一定的感受，我们日常生活中的质感主要指粗糙与光滑、软与硬、冷与暖等。例如稳重严肃的空间内宜采用粗犷、厚重、具有坚硬边缘的材料，尺度较小的空间则宜采用质地细腻的材料，给人以小巧活泼的感觉。当然，材料质感的选择与环境的组合没有绝对的规则，某些小径或小型街边绿地内也会选用粗糙的料石石块铺装，增强景观的观赏性，只要能达到设计目的和景观效果的材料搭配都是值得肯定的。

（4）尺度

铺装的尺度是相对于所处空间的大小而言的，只有合适的尺度比例才能使整体景观看上去和谐具有美感。例如大型空间宜采用尺度较大或质地粗犷的材料，保证空间的整体性，使用过多小尺度铺装会造成密集感和空旷感；相反，较小的空间易采用尺度较小的材料，突出空间的小巧精致。在道路景观设计中，由于道路具有比较狭长的特性，在铺装的尺度控制上要根据道路的宽度和周边整体环境的分析来确定，寻求合适的铺装大小。

（三）道路照明

1.功能与设计原则

道路灯光的功能主要有两种，一个是为车辆和行人提供夜晚照明，保证通行的安全性，也是最基本和直接的功能；另一个则是为提升城市夜晚景观质量而起到装饰作用。两者不是独立或绝对的，很多时候会将照明与装饰结合设计，既为车辆行人提供光源也能保证夜景效果。

道路灯光设计除保证人的安全行驶之外，还应该坚持生态原则，多采用太阳能蓄电路灯、风能发电路灯等，节约用电，支持我国的环境保护工作。另外不滥用照明也是非常重要的一点，不能为追求夜景效果一味地增加光源，影响周边居民的正常生活和车辆行人的安全。

2.照明形式

为车辆行人提供夜间光源的照明是基本的道路灯光设计，称为常规照明，灯杆的高度一般在20米以下，应有1～2个灯头，沿道路的走向按一定的间距分布在道路两侧、中央分车绿化带或道路的单侧，灯光利用率较高，在夜晚具有一定的视觉导向作用。

3.光源选择

常规照明的光源按灯具的种类来分，现常用高压钠灯，少数采用金属卤化物灯或高压汞灯。光源有截光型、半截光型、非截光型三种不同的配光类型，它们的最大强光方向角度也不同，半截光型灯具是 0～75°，截光型灯具是 0～65°。对于车行道路灯而言，截光型车巧道灯超过了 90°，而非截光最大只能达到 80° 的角度方向光强最大允许值。灯具的配光类型会直接影响照明区域的大小以及照明区域的亮度，不同夜间景观的营造也应该选择相应的灯具。

光源在提供照明的同时会引起眩光，眩光是由于亮度分布不当或亮度变化幅度太大，以致视觉不适从而降低观察物体的能力，严重时会导致重大交通事故的发生。灯具材料、灯具构造、光源数量、灯具位置以及光线角度都是造成眩光的因素，在为道路景观选择或设计照明设备时应该得到充分考虑。

（四）道路交叉口

道理交叉口一般指道路平面交叉口，如十字路口、T形路口、Y形路口、L形路口以及更多道路形成的米字型路口，比较常见的主要是前四种，当交汇的道路过多时一般以立交桥的形式分流车辆，形成立体交叉口，以保证通行效率和通行安全。道路交叉口属于交通系统的一部分，交通状况比较复杂，人流、车流密集，车辆的交汇、行人的交汇及车辆与行人之间的交汇随时发生在道路交叉口区域，所以在针对道路交叉口进行规划设计时，要在保证安全的前提下合理安排景观。

1.道路拐角

视距三角形是道路拐角的景观首先要满足的要求，视距三角形内原则上不允许有阻碍司机视线的物体和道路设施存在。一条道路进入路口时，以车辆行驶方向最外侧车道的中线与相交道路最内侧的车道中线的交点为顶点，两条车道中线各按其规定车速停车视距的长度为两边，所组成的三角形即平面交叉路口的视距三角形。视距三角形是车辆行驶安全的重要保障。

理论上来讲，设计速度越高的道路视距三角形的适长也就越长，且视距三角形内不得存在高于 1.2 米的物体。城市中的道路交叉口因建筑或市政设施的存在，视距三角形的大小会达不到理论要求，不过城市内的车辆行驶速低，一般设有交通信号灯来控制交通或设有过街天桥达到人车分流的目的，可以有效弥补视距三角形边长较小的不足。

2.交通岛

有时为控制车辆的行驶方向或保障无信号灯交叉口各方向车辆的有序通行，某些道路交叉口会在中央设置高出路面的岛状设施，称为交通岛。立交桥围合形成的空间内的绿地也可称为立体交通岛，立体交通岛的景观设计通常与立交桥绿化景观结合设计。

地面道路上的交通岛可分为中心岛、导向岛和安全岛等类型。中心岛多为圆形或椭圆形，以车辆分流为主要功能；导向岛大多分布于城市快车道上，车道并线、分向时多用导向岛完成车辆行驶方向的控制；安全岛不同于以上两种类型的交通岛，一般面积不大且没有绿化，位于道路交叉口的斑马线附近，可以高出路面也可以通过不同铺装提示车辆绕行，主要为行人提供暂时躲避机动车的功能。交通岛的景观设计要保证交叉口各方向车辆行人的时间通透性，不宜栽植枝叶繁茂的大中型灌木或设计成可供行人进入的游园式绿地景观，宜采用图案式的地被或自然式低矮植物结合地被设计成道路的装饰性景观。某些城市中绿道会设置大型城市雕塑，这些雕塑多以细高的形体存在，避免遮挡行车视线。

（五）标识牌

标识牌是重要的信息传达工具，尤其在城市道路景观设计中，标识牌可为行驶人群提供各种道路信息，保证交通的便利性和安全性。道路系统中的标识牌主要有两种，一种是交通部口专口设立的交通标识，为行驶车辆提供各种道路、交通信息。

我国早在 1986 年就颁布了《道路交通标志和标线》来规范道路标识系统的设计安置，这些道路标识一般由专口机构按照规范制作安装。第二种是景观意义上的标识牌，一般高度较低，形式与颜色上更加丰富，主要提供周围建筑或设施的解释说明和指示作用。景观类标识牌的材料选择更为自由，木质、金属、塑料、电子显示屏等都可以作为景观标识牌的制作材料。标识最本质的作用是更突出方式传递信息。标识牌的设计应做到形式新颖、富有变化，形式新颖、不一样的图形图像更容易在复杂的环境中被人们识别。标识牌的摆放位置一样重要，因为人的视觉认知能力有限，只有标识处于合理的视觉位置上，才能第一时间被人们所察觉，同时要考虑到受众人群的运动特性，尤其是在设计速度较快的道路上，要将速度、视角、光线等因素充分考虑进去，才能提高道路柄识的易识别性和信息传达的完整性。

三、商业步行街景观设计

步行街是指在交通集中的城市中也区域设置的行人专用街道，原则上排除汽车交通，外围设停车场，属于行人优先活动区，是城市步行系统的一部分。现代城市中大多都有步行街，通常与商业、街铺、餐厅、电影院等服务性产业并存，商业性较强，主要为提高城市活力、提升居民日常生活质量或保护传统街区而采用的一种城市建设方法。商业街的功能定位决定了它的景观必须以速度较慢的行人为受众主体，与一般街道相比，在铺装设计或小品等细节设计上有比较高的要求，甚至需要考虑延足休憩人群的需求。

商业步行街以缓慢移动的且随时停留的人群为主，功能属性决定了它的景观系统不同于城市其他交通性道路。随着城市的发展，商业步行街吸引顾客的商业性初衷已经发生改变，逐渐开始注重对步行者的人性化关怀，无论在环境还是设施上都得到了很大改变并逐渐成为城市生活的主要场所。人本思想在道路系统中的步行街设计中最能淋漓尽致的体现。

（一）定位

商业步行街的定位是其景观设计的前提，必须以城市整体环境和街区周边情况为基础，明确步行街的主要功能，例如餐饮型步行街、娱乐型步行街、古文化街或综合型步行街等。明确的定位便于确定步行街的整体风格，然后根据区位特点、功能需要、环境文脉等进行各区域的细化设计。

（二）建筑景观

商业步行街的建筑主要包括两部分。第一是商厦街铺等主要商业场所建筑，也是商业步行街的建筑主体。建筑景观不同于铺装、水体等景观，它是王维尺度上的设计，同一条商业街上的建筑立面构成应该保持整体一致，即保证"界面的连续性"，以在视觉上达到空间的围合统一，在此基础上再寻求变化来追求内部空间的区分。任何一种类型的建筑立面设计，都不能独立完成，追求变化的同时需保证主体建筑的易识别性或与周围建筑的融合。对于城市已有街道的改造设计，建筑立面的构成比较复杂，可以采用石材、玻璃等有选择性的对建筑外墙进行统一处理，然后通过植物造景、公共设施等进行补充性景观设计。

另一个是景观性建筑，例如步行街入口标志性构筑物或凉亭等休闲型景观构筑物，一般为适应景观需求而构建，对丰富景观、协调建筑体系、完善街区规划等具有重要作用。

（三）植物景观

植物对于街道的生态效益无须多言，不过因为步行街以行人为主和街铺较多的特点，植物的景观功能与生态功能在步行街的植物设计中同样重要。步行街的宽度一般较窄，建筑立面石材、砖瓦或玻璃幕墙为主，在日照作用下使空气高温干燥。步行街内虽然很少有汽车尾气危害，但人群、餐饮与大功率空调外机的存在造成了区域内空气污浊不堪。研究显示，每25平方米草地或10平方米的树木就可以吸收1个人1天呼出的二氧化碳，地球上的各种植物供应了占地球总量60%的氧气商业步行街内的应该选择具有良好杀菌、吸收有害气体及有害物质的植物，如悬铃木、丁香、扶芳藤、枣树等，可有效改善人群密集区域的空气环境质量。

商业步行街是城市内的一条狭长形商业经济带，特殊的形式及其主要功能使其植物景观设计有很多限制，不能像大型公园、绿地一样设计自由度较高。商业步行街首先要保证为行人提供足够的活动空间，避免对沿街店铺和行人视线造成过多干扰。常见的步行街植物景观设计手法主要有三种：一是树池式，比较常见的步行街绿化方式，在步行街中间或两侧单植乔木，围绕树干留出约一米见方的树池，树池内栽植花草，有时也将树池高于路面并围绕树池设置休息座椅。这种方式占地面积小又能利用乔木硕大的树冠保证绿化，但是植物种类单一，景观质量相对较低。二是花坛式，这种方式有两种不同形式，分别是不可移动的地面式和木质、碳化木、水泥或其他符合材料制作的小型花坛。花坛式较树池式植物丰富一些，但不能提供遮阴。三是立体式，立体式绿化主要表现在建筑立面爬藤类植物的运用，以及花架、廊道等景观小品的设计，可以有效弥补缺少高大植物时步行街的纵向植物景观。四是复合式，即上两种或多种植物景观设计方式的结合，对街道宽度要求较高，景观质量也最高。在步行街交汇处或步行街入口等处较为宽阔的地带，也会有带有小径的游园式绿化出现，可以有选择的采用常规景观设计中乔灌地被结合的形式，以保证良好的标志性植物景观。

（四）铺装

根据人行进的视觉规律，人在行进时想看清楚行进的路线，人的视线轴必须向下偏移10°左右，这样人注意更多的是地面、人和物及建筑的底部，铺装作为步行街主要的地面装饰占有很大比重。

对于仅允许行人进入的商业步行街来说，对硬化程度要求不高，同时为保证美观，地面铺装基本不会采用上文中提到的普通沥青混凝土或水泥混凝土进行铺装，主要以石材或人造砖为材料。铺装设计坚持安全性、舒适性、指向性和文化性原则，选用防滑、平整和具有良好质感与色彩的材料，并结合建筑风格和街道定位合理的安排各个铺装要素，包括图案拼接、高差、材料选择等。

我国的商业步行街发展起步较晚，在设计方面注重建筑和街道整体的设计，很多要素缺少针对性的系统研究。现在我国步行街的铺装设计还是经常以单一使用功能或单一形式主义为主，用一种或两种人造石材通体铺装的步行街屡见不鲜，很大程度上影响了步行街的整体景观，甚至有步行街会大量使用雨雪天气防滑性能极低的光面大理石铺装，对行人的人身安全造成很大威胁。人文方面也是步行街铺装设计中极易被忽略的一点，步行街有时是一个区域甚至一个城市的代表，向来自各地人们展示着这个城市的繁荣和活力，在这样的慢行街道中，移动速度决定人可以在很短的路线内接受更多信息，所铺装也是城市文化很好地载体之一，例如襄阳聊山文化广场用铺装形成的汉江流域图，即体现了地方特色也让更多市民了解地理知识。某些公共设施如管道井盖、导向标识等也可通过设计来改变一如既往的模式，为步行景观增添一些文化氛围。

第六章　城市建筑节能设计

现如今，全球能源日益减少，国家大力倡导各行业实行节能政策，减少资源浪费，保护生态环境。建筑行业作为我国经济发展的重点行业之一，建立和实行建筑节能政策和应用刻不容缓。建筑节能的推动实行与发展需要建筑企业与国家共同携手完成，国家政府颁布建筑节能相关政策，支持和要求建筑企业实行建筑节能政策，建筑企业在国家的要求与支持下，有效管理企业内部建筑节能的措施，加强建筑工程项目的节能规划设计工作与实施，合理利用建筑资源，以最少的能源实现最大的经济效益为目标，引领建筑行业更好更快发展。

第一节　建筑节能概述

我国既有建筑及每年新建建筑数量巨大，加之居住人口众多，建筑能耗占全国总能耗的 30% 左右。我国既有的近 $4 \times 1010m2$ 建筑，仅有 1% 为节能建筑，其余无论从建筑围护结构还是采暖空调系统来衡量，均属于高耗能建筑。单位面积采暖所耗能源相当于纬度相近发达国家的 2 ~ 3 倍。特别是大量高能耗建筑仍在建造，建筑能耗的增长远高于能源生产的增长速度，致使电力、燃气、热力等优质能源的需求急剧增加。鉴于建筑用能的严重浪费，抓紧建筑节能工作是国民可持续发展的重大课题。然而建筑节能是一项复杂的系统工程，它集成了城乡规划、建筑学、暖通空调、材料、环境、热能、电子等各门工程学科的专业知识，需要从规划、围护结构、设备选择、人体热舒适、可再生能源等方面进行深入研究，并结合当地实际情况，选取适宜的节能技术，才可能大幅度地降低建筑能耗。

一、建设节能建筑的必要性

（一）我国能源与环境状况

1. 我国的能源状况

能源是人类赖以生存的物质基础，也是国民经济重要的物质基础。20 世纪 70 年代末以来，我国作为世界上发展速度最快的发展中国家，目前已成为世界上第一位能源生产国和消费国，是世界能源市场不可或缺的重要组成部分。了解我国目前能源状况，对维持我国经济快速发展，维护全球能源安全以及建筑节能，具有积极的引导作用。

第一，人均储量小、结构不佳。我国自然资源总量排在世界第七位，能源资源总量约 4×10^{12} tce（tce 即吨标准煤），居世界第三位。我国有着庞大的人口，可达 14 亿，人均能源资源拥有量较低。我国煤炭和水力资源的人均拥有量仅相当于世界平均水平的 50%，石油、天然气人均资源量仅为世界平均水平的 1/15 左右。耕地资源不足世界人均水平的 30%，制约了生物质能源的开发。尽管我国的能源消费总量在世界各国中已占第一位，但巨大的人口基数，使得我国的人均能源消费量接近世界平均水平，甚至低于世界平均水平。

第二，能源资源分布不均。我国能源资源的分布不均衡。80% 的能源资源分布在西部和北部地区，煤炭资源主要储存在华北、西北地区，水力资源主要分布在西南地区，石油、天然气资源主要储存在东、中、西部地区和海域，而 60% 的能源消费在经济比较发达的东部和南部地区，这样导致全国各地能源的产量与消耗量严重不平衡。

第三，能源消费脱离世界能源消费主流。我国能源消费以重化工业为主，它们共同特点是能耗高、附加值低。我国是名副其实的制造业大国，钢铁、有色金属、焦炭、水泥四大高耗能工业，以及彩电、冰箱、房间空调器等数十种产品年产量居世界第一位。但与此同时，我国生产吨钢能耗比世界先进水平高出 20% ~ 30%，我国超过 10% 的能源被钢铁业"吃"掉。我国属以煤为主的低质型能源消费结构，而世界能源消费结构的总趋势是以石油为主。

第四，能源效率较低，能源浪费严重。从我国能源效率（每千美元 GDP 能耗）与国际水平比较，可以发现我国的能耗水平比发达国家能源效率低得多，如我国 2010 年的实际能耗相当于发达国家平均水平的 2 倍左右，因此可以看出我国的能源效率较低，能源浪费严重。

2. 我国环境状况

能源在其开采、运输、加工、转换、利用和消费的生命周期过程中，都会对地球的生态环境系统产生影响，成为污染环境的主要来源。能源对环境的主要污染破坏是：温室效应、酸雨、破坏臭氧层、热污染、破坏空气质量、放射性污染等。这些污染对地球的土壤、水、空气三大环境要素造成长期的、很难逆转的破坏。严重威胁到人类自身的生活质量和生存环境。

我国长期以来对能源的安全供应非常重视，相对来说忽视了能源发展对环境所产生的负面影响，导致环境问题日益严重。能源利用不当、能效低下引发的污染，我国已成为世界上污染最为严重的国家之一。由于环境问题是全球性的问题，要求我国减少污染排放的国际压力也越来越大。高污染、高消耗、低效益的粗放型发展模式难以为继。

随着我国全面建设小康社会步伐的加快，对能源生产和能源消费会有更高的要求，能源需求的持续快速增长必将使我国的环境保护面临更加沉重的压力。由能源开发利用导致的能源环境问题既是我国当前面临的现实问题，也是影响我国长远发展的战略问题，是我国实现可持续发展的基础和重要保障之一。

(二)环保与能源的关系

第一，节能减排的重要性。我国规划发出了"资源节约型、环境友好型"的建设号召，节能减排已成为实现绿色建筑、保护环境的一个重大目标和一项重要的系统工程。由于环境污染和能源危机已成为当今社会的两大难题，如何合理地利用能源为人类创造现代生活已成为当今社会的共识，为此人类积极开发出如蓄能空调、地源空调和蓄热式太阳能集热系统等多种节能系统来实现节能减排。

第二，环保与节能。由于环境保护与能源使用有着直接的关系，因此世界各国必须在经济发展和减少可导致全球变暖的污染排放物之间进行艰难的权衡，选择科学合理的平衡点。

第三，鉴于世界能源危机的加剧，能源问题已经成为制约经济发展的重要"瓶颈"之一，如何有效地利用能源，创建绿色建筑，是智能建筑必需要解决的问题。建筑节能，从专业角度看，主要涉及建筑、结构、采暖、通风、空调、给排水、强电、弱电等。以我国北方的楼宇为例，在能源的使用上，空调所耗的能源达50％，照明占到33％，如何节省这两者的能耗，成了智能建筑节能的关键问题。

对此，很多业内人士提出了建议，例如，采用成熟的设计软件，对空调、照明等节能重点采用精细化设计，把过高的设计保险系数降低。同时，调高夏季制冷目标温度，调低冬季采暖目标温度（有关资料显示，夏季室温降低1℃需多耗能8％，冬季室温升高1℃需多耗能12％）。在照明方面，大力倡导城市公共场所采用绿色照明，少用白炽灯，多用节能灯等新型光源；多用自控方式，少用人控方式，有效防止长明灯现象。针对不同城市，要根据建筑物的特点进行节能设计，做到建筑物特点符合当地特色。

(三)我国建筑能耗与建筑节能发展状况

1. 我国建筑能耗基本状况

建筑能耗按照国际通行的分类方法是指民用建筑(包括居住建筑和公共建筑及服务业)使用过程中的能耗，主要包括采暖、空调、通风、热水供应、照明、炊事、家用电器、电梯等方面的能耗。建筑节能是指在建筑物的规划、设计、新建、改建（扩建）和使用过程中，执行建筑节能标准，采用新型建筑材料和建筑节能新技术、新工艺、新设备、新产品，提高建筑围护结构的保温隔热性能和建筑物用能系统效率，利用可再生能源，在保证建筑物室内热环境质量的前提下，减少供热采暖、空调、照明、热水供应的能耗，并与可再生能源利用、保护生态平衡和改善人居环境紧密结合。

第一，我国建筑规模发展迅速，建筑能耗大。我国是一个发展中大国，也是一个建筑大国，我国每年新建建筑竣工面积高达 $1.7 \times 10^{9} \sim 1.8 \times 10^{9} m^{2}$，超过所有发达国家每年建成建筑面积的总和。我国建筑规模世界最大，目前，我们正在以世界上前所未有的规模和速度建造建筑。21 世纪前 20 年内，建筑业仍将迅速发展，预计 2020 年底，全国房屋建筑面积将达到 $6.86 \times 10^{10} \mathrm{m}^2$，其中城市为 $2.61 \times 10^{10} \mathrm{m}^2$。

在社会总能耗中建筑能耗占有很大的比例，而且，社会经济越发达，生活水平越高，比例越大。发达国家的建筑能耗占社会总能耗的 30% ~ 45%。我国尽管社会经济发展水平和生活水平与发达国家有些差距，但建筑能耗占社会总能耗 30% 左右，其中采暖、空调能耗约占总建筑能耗的 50%。随着全面建设小康社会的逐步推进，生活水平的进一步提高，人们对建筑热舒适性的要求越来越高，采暖和空调的使用越来越普遍，建筑业的快速发展，造成建筑能耗迅速增长。同时，在一些大城市，夏季空调已成为电力高峰负荷的主要组成部分。不论发达国家还是我国，建筑能耗状况都是牵动社会经济发展全局的大问题，因此，应加大对建筑节能技术的研究和分析。

国际上进行能源统计时，将民用（Residential）和商业（Commercial）能耗作为建筑能耗对待，而将工业和农业的能耗统一作为产业（Industry）能耗，交通能耗则是独立的。如果按这种统计方法，我国目前建筑能耗约占社会总能耗的 1/3。美国、欧盟和日本等发达国家（地区）都是第三产业（服务业）高度发展的地区，其城市化率达到 80% 以上。其建筑能耗比例高与第三产业发展有很大关系。我国尚处于工业化前期，第三产业比重比世界平均水平低了 20% 多，甚至比人均 GDP 相仿的低、中收入国家的平均值还低 5%。

第二，我国建筑用能效率低，浪费大。我国既有的近 $4 \times 10^{10} \mathrm{m}^2$ 建筑，仅有 1% 为节能建筑，而每年的新建建筑中真正称得上"节能建筑"的还不足 $1 \times 10^8 \mathrm{m}^2$。我国的建筑用能效率，比发达国家低 10%。单位面积采暖所耗能源相当于纬度相近的发达国家的 2 ~ 3 倍。由于我国的建筑围护结构保温隔热性能差，采暖用能的 2/3 白白跑掉。同时，发达国家普遍采用能够调节控制和用热计量的采暖系统，锅炉和管网热效率也高，而我国常用采暖系统十分落后，原有民用建筑居民用热没有计量，也无法控制调节，新建民用建筑供热系统尽管已经安装分户计量装置，但并没有实行按热收费，难以调动住户参与节能的积极性，加上锅炉的运行效率及管网热效率偏低。公共建筑中央空调的综合效率也较低。

第三，建筑用能导致环境污染严重。世界建筑用能导致了 50% 的空气污染，42% 的温室效应，50% 的水污染，48% 的固体废弃物，50% 的氟氯化合物。我国建筑用能导致的污染也相当严重，二氧化碳、三氧化硫烟尘等排放量大，建筑用能对温室气体排放的贡献率已达 25%；燃煤采暖引致的空气污染，已达世界卫生组织最高标准的 2 ~ 5 倍，造成了相当严重的空气污染，使我国的空气质量下降。

因此，建筑节能对于促进能源资源节约和合理利用，缓解我国能源供应和经济社会发展的矛盾，加快发展循环经济，实现经济社会的可持续发展，有着举足轻重的作用，是保障能源安全，保护环境，提高人民生活质量，落实科学发展观的一项重要举措，建筑节能势在必行。打造一条适合我国发展的建筑节能之路，是我国迫在眉睫的问题。

2. 我国建筑节能技术发展现状

我国建筑节能过去进展缓慢，20 世纪 80 年代初从采暖居住建筑节能开始起步，我国建筑节能技术发展了近 20 年，技术水平有了较大提高，国家正在不断出台新的建筑节能法规、相关标准和规范，预示我国建筑节能技术将有更大的发展空间。2000 年以前是我国建筑节能技术的起步阶段，节能技术的研究与开发应用主要集中在北方寒冷地区和南方夏热冬冷地区的先进城市，北方寒冷地区达到 30% 节能目标，而南方先进地区开始研发和试点采用建筑节能技术。2001 ~ 2010 年，全国大部分地区节能率达到 50%，一些地区陆续启动与本地气候相适应的节能技术研究。2011 ~ 2020 年，这一阶段是实现节能率 65% 目标阶段，按住房与城乡建设部的规划，这一阶段末，北方寒冷地区、沿海经济发达地区和特大城市将实现节能率 65% 目标，全国的村镇建筑也将在这阶段成片地进行建筑热环境及节能改造，城市既有建筑的 25% 完成节能改造。在此基础上到 2020 年基本完成既有建筑的节能改造，东部地区争取实现建筑节能 75%，中部和西部也要争取实现建筑节能 65%。建筑节能效果接近或达到发达国家当前水平。

二、建筑节能的内容和特征

(一) 建筑节能范围和主要工作内容

1. 建筑节能范围

建筑用能包括建造能耗和使用能耗两个方面。建造能耗属于生产能耗，是一次性消耗，其中又包括建筑材料和设备生产能耗，以及建筑施工和安装能耗；而建筑使用能耗属于民用生活领域。是多年长期消耗，其中又包括建筑采暖、空调、照明、热水供应等能耗。

发达国家把建筑节能的范围限于建筑使用能耗，这是因为建筑使用能耗比建造能耗大得多，而且建造能耗属于生产领域。我国建筑节能的范围按照国际上通行的办法，即指建筑使用能耗。但由于新建建筑和既有建筑改造规模很大，也应同时重视节约建造能耗和既有建筑的节能改造工作，使建筑节能得到真正的推广。

2. 建筑节能工作主要内容

建筑节能工作包括建筑围护结构节能和采暖供热系统节能。

改善建筑围护结构的热工性能，使得供给建筑物的热能在建筑物内部得到有效利用，不至于通过其围护结构很快散失，从而达到减少能源消耗的目的。实现围护结构的节能，提高门窗和墙体的密闭性能，以减少传热损失和空气渗透耗热量。

采暖供热系统包括热源、热网和户内采暖设施三大部分。要提高锅炉运行效率和管网输送效率，而不至于使热能在转换和输送过程中过多地损失，必须改善供热系统的设备性能，提高设计和施工安装水平，改进运行管理技术。在户内采暖设施部分，应采用双管入户、分户计量、分室控温等技术措施，实行采暖计量收费制度，使住户既是能源的消费者，又是能源的节约者，调动人们主动节能的积极性，充分实现建筑节能应有的效益。

(二) 建筑节能的特征

建筑节能是确保人与社会、人与自然、当今人与未来人和谐共处（当今人不透支未来人的资源可视为和谐共处）的系统工程。

第一，建筑节能实施的政府主导性。建筑节能是一个庞大的系统工程，从范围来讲，关系到人与社会、人与自然是否能够和谐共处；从时空来讲，关系到当今人与未来人能否和谐共处；从涉及对象来讲，是个人、家庭、社团必须参与，但又不是个人、家庭、社团所能全盘主宰的工，必须由国家以及各级地方政府主导实施。

第二，建筑节能标准的动态渐进性。建筑节能标准视国家资源状况、社会经济发达程度、社会文明进步程度、国家在世界范围的影响力；以及国家意志的认知力的不同而表现出其一定时期的不同标准幅度。比如武汉等地现执行 50% 节能标准，北京等地执行 65% 节能标准，今后有可能执行 80% 节能标准等。

第三，建筑节能方案的多样性。提高建筑围护结构的热工性能和采暖、制冷以及其他家用电器能效比的途径的多样性，且随着科技进步提高建筑围护结构的热工性能和家电能效比的手段还会不断出现更新换代的事实，决定了建筑节能实施方案的多样性。

第四，建筑节能受益群体的广泛性。衣、食、住、行是人们基本生存需求，其中衣、食、住直接或间接与建筑节能相关。抓好建筑节能，直接受益者是地球上的每一个人。

第五，建筑节能前景的可观性。建筑是文明社会人类生存、工作和活动的场所，随着社会的发展，人类的繁衍，建筑将永无止境地延续。一次性能源的有限存量会随时间推移而逐渐减少，人口的不断增加，城镇化的加速，导致建筑量的不断增大，以及人们对建筑舒适度要求的逐步提升，决定了建筑节能具有广阔、长久的发展潜力。

(三) 节能建筑和绿色建筑

1. 节能建筑

节能建筑是按节能设计标准进行建筑设计和建造，使其在使用过程中降低能耗的建筑。节能建筑与普通建筑相比具有如下特征：

第一，冬暖夏凉。门、窗、墙体等使用的材料保温隔热性能良好，房屋东西向尽量不开窗或开小窗。

第二，通风良好。自然通风与人工通风结合，兼顾每个房间。

第三，光照充足。尽量采用自然光，天然采光与人工照明相结合。

第四，智能控制。采暖、通风、空调、照明等家电均可按程序集中管理（逐步达到）。

2. 绿色建筑

从生态环保的观点，绿色建筑可定义为：在建筑全生命周期（物料生产、建筑规划设计、施工、运营管理及拆除过程）中，以最节约能源、最有效利用资源的方式，尽量降低环境负荷，同时为人们提供安全、健康、舒适的工作与生活空间。其目标是达到人、建筑、环境三者的平衡优化和持续发展。其主要研究人（生产和生活）、自然与建筑的相互关系；追求三者之间协调和平衡发展；提倡应用可促进生态系统良性循环、无污染、高效、节能、节水的建筑技术。绿色建筑的概念具有综合性，既衡量建筑对外界环境的影响，又涉及建筑内部环境的质量；既包括建筑的物理性能，如能源消耗、污染排放、建筑外围及材料、室内环境等，也可能涵盖部分人文及社会的因素。如规划、管理手段、经济效益等。绿色建筑概念的提出是人类建筑历史上一个跨时代的变革，它引导建筑行业走上可持续发展的道路。

一般来说，绿色建筑与普通建筑的典型区别主要有：

第一，老的建筑能耗及污染排放非常大，而绿色建筑耗能可降低70%～75%，有些发达国家达到零能耗、零污染、零排放的标准。

第二，普通建筑采用的是商品化的生产技术，建造过程的标准化、产业化，造成建筑风格大同小异，千城一面；而绿色建筑强调的是采用本地的文化、本地的原材料，看重本地的自然和气候条件，这样在风格上完全本地化，使得建筑看起来更加自然，贴切实际。

第三，传统的建筑是封闭的，与自然环境隔离，室内环境往往不利于健康；而绿色建筑的内部与外部采取有效的连通办法，会随气候变化自动调节，绿色建筑的优点明显的突显出来。

第四，普通建筑形式仅仅在建造过程或使用过程中对环境负责；而绿色建筑强调的是从原材料的开采、加工、运输一直到使用，直至建筑物的废弃、拆除，都要对人负责。

三、建筑节能主要途径

根据发达国家经验，随着城市发展，建筑业将超越工业、交通等其他行业而最终居于社会能源消耗的首位，达到33%左右。我国城市化进程如果遵循发达国家发展模式，使人均建筑能耗接近发达国家的人均水平，需要消耗全球目前消耗的能源总量的1/4才能满足我国建筑的用能要求，这实际上是做不到的。因此，必须探索一条不同于世界上其他发达国家的节能途径，大幅度降低建筑能耗，实现城市建设的可持续发展，这对我国的经济和社会发展具有重要意义。

第一，建筑规划与设计节能。据统计，在发达国家，空调采暖能耗占建筑能耗的65%。目前，我国的采暖空调和照明用能量近期增长速度明显高于能量生产的增长速度。因此，减少建筑的冷、热及照明能耗等建筑设备的能耗是降低建筑能耗总量的重要内容。在建筑规划和设计时，根据大范围的气候条件影响，针对建筑自身所处的具体环境气候特征，重视利用自然环境（如外界气流、雨水、湖泊和绿化、地形等）创造良好的建筑室内微气候，以尽量减少对建筑设备的依赖，最大限度地降低建筑设备能耗。这是对建筑节能理性、合理的考虑。

第二，围护结构节能。围护结构采取节能措施，是建筑节能的基础。建筑围护结构组成部件（屋顶、墙、地基、隔热材料、密封材料、门和窗、遮阳设施）的设计对建筑能耗、环境性能、室内空气质量与用户所处的视觉和热舒适环境有根本的影响。一般增大围护结构的费用仅为总投资的3%～6%，而节能却可达20%～40%。通过改善建筑物围护结构的热工性能，在夏季可减少室外热量传入室内，在冬季可减少室内热量的流失，使建筑热环境得以改善，从而减少建筑冷、热消耗。设计时，应根据地区、建筑使用性质、运行状况等条件，确定合理方案建筑物围护结构的热工参数。由于我国建筑节能是从采暖居住建筑起步的，人们首先想到的是加强围护结构保温。但是在不同城市的不同气象条件下，不同类型的建筑能耗构成是完全不同的。寒冷地区采暖能耗占主导地位，南方炎热地区空调能耗占较大份额，长江流域广大地区采暖、空调能耗的比例差别不是太大。而同一措施对采暖与空调的节能效果是不同的，对于间歇运行的空调建筑，在空调关机之后，室温升高，当室外气温低于室温时，通过围护结构的逆向传热可以降低第二天空调的启动负荷。因此，围护结构保温越好，蓄热量越大，空调负荷也越大。而对公共建筑而言，如果围护结构形成的负荷在总负荷中所占比例很小，则围护结构的节能潜力有限。

第三，采用新系统及新设备节能。随供热和空调系统的输送能耗所占比重越来越大，如果忽视输送系统节能，即使供热与空调设备的性能系数很高，整个供热、空调系统也是不节能的。因此，建筑节能要十分关注系统输送和运行能耗。首先，建筑中的锅炉、空调等能耗设备，应选用能源效率高的设备。其次，根据建筑的特点和功能，设计高能效的暖通空调设备系统，例如：热泵系统、蓄能系统和区域供热、供冷系统等。再者，从一次能源转换到建筑设备系统使用的终端能源的过程中，能源损失很大。因此，应从全过程（包括开采、处理、输送、储存、分配和终端利用）进行评价，才能全面反映能源利用效率和能源对环境的影响，从而做出正确的判断，采取适当的措施。

第四，利用可再生能源节能。在节约能源、保护环境方面，新能源的利用起至关重要的作用。新能源通常指非常规的可再生能源，包括有太阳能、地热能、风能、生物质能等。建筑用能大多数是低品质能量，因此应该尽可能地使用可再生的自然能源，如太阳能、地源热泵、空气源热泵、风能等。应该指出的是，在采用上述技术时，一定要杜绝采用简单的"贴标签"的方法，要根据当地能源供应的具体情况，合适的地方采用合适的能量形式。

第五，能源系统运行管理节能。在使用中，应重视建筑能源系统的管理节能，提高操作管理人员的专业技术水平，提高供热与空调运行管理的自动化水平，通过运行管理达到运行节能效果。

第六，照明动力系统节能。据有关资料统计，我国的照明用电占总发电量的10%～12%，低于发达国家水平。尽管如此，该项照明耗电量已超过三峡水利工程全年发电量（8.47×10^{10} kW·h）2倍，即接近 2×10^{11} kW·h，而且我国的照明市场还正在以15%的速度增长，这就意味着用电量在进一步增加。节约用电不仅可以减少对能源的消耗，还可以减少因发电而产生的污染并节约大量的电力建设资金。因此照明节电已成为节能的重要方式，即在保证照度的前提下，推广高效节能照明器具，提高电能利用率，以达到节能效果。

第二节　建筑节能技术

我国建筑节能技术的研发晚于发达国家 10 年左右的时间，节能技术与其相比有较大的差距，这个差距是全方位的，不仅反映在各类单项节能技术上，还反映在相关的政策、制度、标准和软件等方面。因此，要对建筑节能技术进行更深刻的研究，不断进行突破。

一、建筑节能与气候

（一）建筑节能与气候的关联

建筑节能与气候的关联体现在以下几个方面：

第一，建筑节能成因于气候。从建筑形态的角度来看，特定的气候条件是其形成与演进的主导自然因素，因此，特定地区的气候条件是建筑形态最重要的决定因素。由于建筑的空间位置是固定的，建筑要抵御的是当地的恶劣气候，其他地区的气候是不必考虑的。对建筑节能而言，不同气候区的恶劣气候分别或综合表现为严寒、高温、干燥、潮湿和日照强弱等，正是源于对气候的补偿而产生了建筑能耗，从而引发了建筑节能研究，因此，可以说建筑节能成因于气候。

第二，建筑节能受制于气候。地球上最原始、最初级的能源首先表现为气候能源，其他各种形式的能源都是气候能源转化的结果。在气候学中，狭义的气候能源是指来自地球以外宇宙空间的辐射能，以及大气中的热能、风能等，广义的气候能源概念还包括由降雨转化的水动能、受大气环流影响的波浪能、海流能等等。建筑节能与气候能源有着特殊的关系，建筑始终处于气候能源的"场"中，因而对建筑节能而言，始终受制于气候能源。

第三，建筑热工性能与气候密不可分。在严寒气候区，损害建筑热环境、引起建筑能耗的，主要是低温寒冷天气造成的建筑围护结构热损失和冷风侵入、渗透热损失。因此，缩小外围护结构表面积、加强外围护结构保温和气密性、大量引入阳光，能取得改善室内热环境、降低采暖能耗的显著效果。但热带、亚热带气候区，造成建筑热环境差、能耗高的主要原因是太阳辐射对建筑的作用太强，空气湿度太大，白天气温过高。建筑遮阳、新风降温、白天限制通风、夜间加强通风等措施能取得改善室内热环境、降低能耗的明显效果。在温和地区，自然通风则是节能的关键。因此，建筑热工性能与气候密不可分。

第四，建筑设备的性能和能耗大小与气候紧密相关。采暖空调设备与系统的能效及其他性能受气候条件的显著影响。例如：空气源热泵的能效比受空气温度的影响；水冷冷水机组能效比受冷却塔出水水温的影响，而冷却塔的冷却效果受空气湿球温度的影响；蒸发冷却技术的有效性取决于气候的干燥程度；空调系统的全年运行调节要适应全年气候变化。水体、岩土等环境温度的变化规律制约着水源热泵、地源热泵的可行性，同时水体、岩土生态环境是否能承受水源、地源热泵引起的水温、地温的异常变化，制约了水源、地源热泵的推广应用规模。所以说建筑设备的性能和能耗大小与气候紧密相关。

（二）营造与自然和谐的建筑室内环境策略

室内环境的营造目标，即温度、湿度、照度指标，以及室内外通风换气要求，都应在人体可接受的范围内。适当的调整营造目标，使其更接近当时的自然环境条件，就可以最大可能地利用自然环境条件而减少对人工方式的依赖，这是实现建筑节能的关键。

1. 室内外通风换气

室内外通风换气是改善室内空气质量（IAQ）的最有效措施。20 世纪 90 年代发达国家普遍关注室内空气质量问题，出现各类空气净化器、消毒器产品，但最终的解决方案还是要保证足够的室内外通风换气。对于一个有效开口面积为 $1m^2$ 的外窗，断面风速为 0.3m/s 时的通风量为 $1000m^3/h$。在大多数气候条件下，这一开口面积可以实现 $50 \sim 100m^2$ 房间的有效通风换气，保证其室内空气质量。与此相比，采用直接安装在外窗外墙上的通风换气扇，达到这一风量需要的电机功率为 100W；采用新风系统通过风机和风道输送这样的风量，则需要的电机功率为 500W 以上。当这些通风机全年连续运行时，100W 的风机耗电 876kW·h/a，500W 的风机耗电 4380kW·h/a。当这一风机所服务的建筑面积为 $200m^2$ 时，仅此风机的电耗就折合 4.38kW·h/（m^2a）到 22kW·h/（m^2a）。前者已超过目前北京市住宅夏季空调电耗的平均值，后者已接近我国使用中央空调的办公建筑的全年空调用电量。

许多"现代化"建筑外窗完全不能打开，或者只有很小的可开启面积。这就完全失去了其通风换气的基本功能，不仅造成能源消耗的增加，还带来诸如空气质量恶化、室内环境不可调节等种种烦恼。使外窗可开启，且可由居住者自由开关，这是营造与自然和谐的建筑环境的最重要措施，也是降低耗能量的一个可行方案。

2. 自然优先模式营造室内环境

第一，不应该选择机械优先模式。一方面造成巨大的能源消耗，如果全人类都按照这一模式营造自己的生活环境，仅此就需要消耗目前全球总的能源生产量的 130%；另一方面，居住者并不十分满意这种"舒适"的室内环境，也不符合人类心理和生理上健康的需求。通过各种技术创新，可以在一定程度上降低能源消耗，但把前面的 130% 降低到 30% ~ 40%，几乎是不可实现的梦想。因此，"机械优先模式"不应该成为人类营造自己的居住环境的主要途径。

第二，自然优先模式。实际上人类进入现代社会以前的几千年来一直是采用这种方式营造自身的居住环境，它支撑了几千年人类的繁衍和文明的发展。由这一模式营造的人类居住环境并不需要消耗过多的能源，也没有对地球环境造成颠覆性破坏，是一种可持续发展的模式。从自然优先模式出发，通过技术进步与创新来进一步改善居住环境，与从机械优先模式出发营造尽善尽美的居住环境相比,目标不同,方法与手段也不尽相同。前者的"改善"一是进一步消除极端状态(过冷,过热,黑暗),二是给居住者更大的主动调控能力。

二、建筑节能材料

(一)建筑保温隔热材料

保温隔热材料是节能材料之一。保温隔热材料是用于减少结构物与环境热交换的一种功能材料。保温隔热材料是指一种对热的传导、对流、辐射具有显著阻抗性的材料或材料复合体;保温隔热制品是指被加工成至少是有一面与被覆盖表面形状一致的各种保温隔热材料的成品。保温隔热材料的特点:轻质、疏松、多孔,有些为纤维状,保温、隔热效果好,其中保温隔热是其主要特点。

1.保温隔热材料的主要优点

从经济效益角度看,使用保温材料不仅可以大量节约能源花费,而且减小了机械设备(空调、暖气)规模,节约了设备花费。

从环境效益角度看,使用保温材料不仅节约了能源,而且由于减少机械设备,使得设备排放的污染气体量也相应减少。

从舒适度角度看,保温材料可以减小室内温度的波动。尤其是在季节交替时,更可以保持室温的平稳。并且保温材料普遍具有隔音性,受外界噪声干扰减小。

从保护建筑物的角度看,剧烈的温度变化将破坏建筑物的结构。使用保温材料可以保持温度平稳变化,延长建筑物的使用寿命,保持建筑物结构的完整性。同时使用和安装保温材料有助于隔热和阻燃,减少人员伤亡和财物损失。

2.保温隔热材料的分类

分类方法很多,目前国家还没有统一的分类标准。一般可按材质、使用温度和材料结构等分类。按材质可分为有机保温隔热材料、无机保温隔热材料和金属保温隔热材料两类;按使用温度可分为高温保温隔热材料(适用于700℃以上)、中温保温隔热材料(适用于100 ~ 700℃)、常温保温隔热材料(适用于100℃以下),保冷材料包括低温保冷材料和超低温保冷材料。许多材料既可在高温下使用,亦可在中、低温下使用;按材料结构分类,可分为纤维类、多孔类、层状等。

(二)建筑节能材料及制品

1.岩棉及其制品

岩棉是以玄武岩或辉绿岩为主要原料,经高温熔融后由高速离心设备(或喷吹设备)加工制成的轻质硅酸盐非连续的絮状人造无机纤维。纤维直径为4 ~ 7μm,具有质轻、不燃、导热系数小、吸声性能好、化学稳定性好等特点。另外,岩棉耐久性好,能够做到与结构寿命同步，而且在耐火性能方面表现尤为优异，是一种难燃材料。岩棉材料的化学稳定性好，氯离子含量极低，对保温体无腐蚀作用。

岩棉的缺点是密度低的产品抗压强度不高，耐长期潮湿性比较差。

用专用设备在纤维中加入胶黏剂、憎水剂等添加剂经固化、切割等工序制成的岩棉板材、毡材、管材、带材，除具备以上所述的特点外，还具有一定的强度及保温、绝热、隔冷、吸声性能好、工作温度高等突出优点，因此广泛应用于建筑、石油、化工、电力、冶金、国防和交通运输等行业，是各种建筑物、管道、储罐、蒸馏塔、锅炉、烟道、热交换器、风机和车船等工业设备的保温隔热、隔冷、吸声材料。岩棉制品的最高使用温度为600℃。

2. 玻璃棉及其制品

玻璃棉是以硅砂、石灰石、氟石等矿物质为主要原料，经融化，用火焰法、离心法或高压载能气体喷吹法等工艺，将熔融玻璃液制成的直径在 $6\mu m$ 以下的絮状超细无机纤维。纤维和纤维之间为立体交叉，互相缠绕在一起，呈现出许多细小的间隙，这种间隙可看作孔隙。因此，玻璃棉可视为多孔材料。玻璃棉制品主要有玻璃棉管、玻璃棉板和玻璃棉毡等。玻璃棉具有优越的保温、隔热、吸声性能，用途十分广泛。具有防水、防腐、不发霉、不生虫的特性，能有效地阻止冷凝，防止管道冻结的作用，并且重量轻、吸声系数大、导热系数小、不燃且阻燃、化学稳定性好。成本较低，憎水性能好，富弹性，柔软度佳；既是常用的保温材料，又是常用的保冷材料；应用范围比较广泛，多用于钢结构厂房保温、设备保温、设备消音、空调风管、火车、汽车、轮船、住宅保温和消音、各种管道保温等。

3. 膨胀珍珠岩及其制品

珍珠岩为火山喷发的酸性熔岩经急速冷却而成的玻璃质岩石，是一种天然的玻璃。珍珠岩因含不同的色素离子而呈黄白、肉红、暗绿、褐棕、灰黑色。珍珠岩最突出的物理性能是其膨胀性，其烧成制品成膨胀珍珠岩。膨胀珍珠岩的用途十分广泛。

膨胀珍珠岩俗称珠光砂，又名珍珠岩粉，是以珍珠岩矿石经过破碎、筛分、预热，在高温（1260℃左右）中悬浮瞬间焙烧体积骤然膨胀 4～30 倍加工而成的一种白色或灰白色的中性无机砂状材料，颗粒结构呈蜂窝泡沫状，质量特轻，风吹可扬。它具有表观密度小、保温、绝热、吸声、无毒、不燃、无臭、抗菌、耐腐蚀、施工方便等特性。

膨胀珍珠岩制品是以膨胀珍珠岩为骨料，配合适量的胶黏剂（如水泥、水玻璃、磷酸盐等），经过搅拌、成形、干燥、焙烧或养护而成的具有一定形状的成品（如板、砖、管、瓦等）。它们可用作工业与民用建筑工程的保湿、隔热、吸声材料以及各种管道、热工设备的保温、绝热材料。膨胀珍珠岩制品，一般是以胶黏剂命名，如水泥膨胀珍珠岩制品、水玻璃膨胀珍珠岩制品等。

三、采暖建筑节能规划设计

(一)采暖建筑节能规划设计的内容

采暖建筑节能规划设计是建筑节能设计的一个重要方面，包括建筑选址、分区、建筑布局、道路走向、建筑方位朝向、建筑体型、建筑间距、冬季季风主导方向、太阳辐射、建筑外部空间环境构成等。

(二)采暖建筑节能规划设计的目的

采暖建筑节能规划设计的目的是优化建筑的微气候环境，充分利用太阳能、冬季主导风向、地形和地貌等自然因素，并通过建筑规划布局，充分利用有利因素，改造不利因素，形成良好的居住条件，创造良好的微气候环境，达到建筑节能的要求。

(三)采暖建筑规划设计的要点

第一，建筑选址。建筑选址应选择平坦和向阳的基地，避免"霜冻效应"和"风影效应"，选址对采暖建筑的建设效果十分重要。

第二，建筑布局。建筑布局宜采用单元组团式布局，形成庭院空间，建立良好的气候防护单元，避免风漏斗和高速风走廊的道路布局和建筑排列，在进行采暖建筑规划时，要对建筑布局进行整体的考虑。

第三，建筑形态。建筑形态宜采用体形系数小、冬日得热多、夏日得热少、日照遮挡少、利于避风的平整、简洁、美观、大方的建筑形态，其体现了一个城市的面貌，同时，也反映了设计师的审美。

第四，建筑间距。建筑间距应保证住宅室内获得一定的日照量，并结合通风等因素综合确定，尽量留出足够的间距。

第五，建筑避风。建筑节能规划设计，应利用建筑物阻挡冷风、避开不利风向，减少冷空气对建筑物的渗透。

第六，建筑朝向。我国建筑规划设计，应以南北向或接近南北向为好。建筑物主要房间宜设在冬季背风和朝阳的部位，以减少冷风渗透和围护结构散热量，多吸收太阳热，增加舒适感，改善卫生条件。

四、屋顶节能设计

(一)屋顶结构对建筑能耗的影响

屋顶是住宅建筑的重要组成部分，是住宅最上层覆盖的外围护结构，屋顶是受气候变化最显著的部位，对顶层空间的热环境与节能影响也最显著，尤其在住宅、调养院、学校、文化中心、礼堂、体育馆、购物中心、超市等低层建筑或大空间的屋顶保温，屋顶更是影响环境舒适性与建筑节能的关键。

在炎热的夏季，建筑物屋顶是所有建筑围护结构中接受到太阳辐射热最强的部位，也是建筑隔热设计要重点处理的部位，通常水平屋面外表面的空气综合温度达到60 ~ 80℃，顶层室内温度比其下层室内温度要高出 2 ~ 4℃，通过屋顶进入室内的热量是造成顶层住户温湿度环境和热舒适性差的主要原因。在冬季，夏热冬冷地区屋顶的耗热量约占住宅建筑总热量损耗的 10%，这部分热量仅由顶层住户的屋面而损失，因此对顶层住户的影响很大。据测算，室内环境温度每降低 1℃，空调能耗减少 10%，而温度每降低 1% 就能节省 5% 的电力，而人体的舒适度也会大大提高。对于顶层住户而言，屋顶作为一种建筑物外围护结构所造成的室内外温差传热耗热量，大于任何一面外墙和地面的耗热量。因此，提高建筑屋面的保温隔热能力，能有效地调节和改善建筑物内的微环境，降低能源消耗，提高舒适水平。

（二）通风屋顶技术

对于以隔热节能为主的南方地区和夏热冬冷地区，利用双层屋顶通风的隔热方法，亦即在平屋顶上加建一透空通风的第二层屋顶，其间的通风空气层在 50cm 以上，几乎可将强烈的太阳辐射热完全去除。对于大面积钢结构屋顶，则可巧妙采用中间对流通风的双层钢板屋面来设计，南方地区一度广泛采用的架空混凝土预制板隔热屋顶结构也有良好的太阳隔热作用。但这种结构显然不能用于北方屋顶保温，北方严寒季节的室内外温差往往十几度以上，对于这种架空结构，热面在下，冷面在上，架空层内自然形成蜂窝状对流，对流空气层不仅不能隔热，反而强化了热量由室内向室外传递。

在通风屋顶的架空结构中，屋顶外表面受太阳照射后，除反射部分热量外，面层外表面接受的热量经材料层传到面层的内表面，使内表面温度升高，再以辐射和对流的方式向空气间层和基层传热。在间层中，空气得热变轻形成热压差，结合建筑不同方位的风压差，间层内形成自然气流，空气不断由通风间层一侧流入，另一侧流出，带走间层内一部分热量，从而减少室外向室内的热量传递，正是这一点，提高了屋顶的隔热能力，对于建筑顶层，通风屋顶对改善室内热环境、降低能耗的效益尤其显著。

利用通风间层做屋顶隔热层，使得室内通过屋顶与室外的换热由一次传热变成二次传热，并实现对流换热分流，这种构造形式不仅在高温环境有利于室内外隔热，而且当太阳辐射减弱和室外气温低于室内气温时，能强化室内向室外散热，尤其适合过渡季节以自然通风散热为主的情况下，要求白天隔热性能好，夜间散热快的建筑。

屋顶通风散热的动力主要是自然风压和热压。

为了保证间层通风顺畅，间层内壁应比较光滑，施工时注意清除间层内遗留的建筑材料碎块或砂浆，尽可能减少横向构件阻挡间层，利于通风和对流换热。檐口处的进风口应基本朝向夏季主导风向，以便利用风压来增加间层的气流速度。间层的排气口，如果是坡顶，应设在屋脊处，使热空气上升排出顺畅；如果是平屋顶，而且屋顶面积较大时，可在屋顶中部设排气小楼，以缩短气流路程，减小阻力。为进一步增加气流流速，可在排风口的盖板上涂上深的颜色，例如黑色的沥青，加强这部分的吸热能力，提高这部分的温度，造成进、排气口之间有更大的热压差，就能加快间层的空气流速。

如进、排口处在雨不能到达的地方，应尽可能让它开敞。如要防雨的，夏热冬暖地区，应该用面积较大的且叶片间距离较大的百叶窗，以免通风口面积过小和阻力大使通风量过小和风速过低，不能充分发挥吊顶上较大的间层的通风隔热作用，或可用固定通风防雨窗代替百叶窗。在夏热冬冷地区，最好能用能启闭的通风窗，在冬季时关上，使屋顶能起到保温作用。

（三）屋顶绿化节能降温技术

屋顶绿化（Green Roof）可以广泛地理解是在各种建筑物、构筑物、城围、桥梁（立交桥）等的屋顶、露台、天台、阳台或大型人工假山山体上进行造园、种植树木花卉的统称，是建造在各类建筑及其他人工构筑物上的各种绿化的统称，通常也称作屋顶花园、空中花园等。

屋顶绿化的功能是多方面的，从美学、建筑学、园林生态、环境保护、城市建设等各个角度都能发现其不同的生态效益、经济效益和社会效益。这些功能主要包括：

第一，提高绿地率，改善城市空中景观。没有土地成本，屋顶绿化是城市中心区最廉价的绿化方式。城市人均绿化面积是衡量城市生态环境质量的重要指标。据国际生态和环境组织的调查：要使城市获得最佳环境，人均占有绿地需达到 $60m^2$ 以上。我国城市建筑密度大，人口多，多数城市的人均绿化面积不足 $4m^2$。屋顶绿化使绿化向空间发展，为提高城市绿化面积提供了一条新的途径。

第二，对屋顶建筑构造性能的改善。没有屋顶绿化覆盖的平屋顶，夏季阳光照射，屋面温度很高，最高可达 80℃ 以上；冬季冰雪覆盖，夜晚温度最低可达 20℃，较大的温度梯度使屋顶各类卷材和黏结材料经常处于热胀冷缩状态，加之紫外线长期照射引起的沥青材料及其他密封材料的老化现象，屋顶防水层较易遭到破坏造成屋顶漏水。经过绿化的屋顶由于种植层的阻滞作用，屋面内外表面的温度波动较小，减小了由于温度应力而产生裂缝的可能性。由于屋面不直接接受太阳直射，延缓了各种密封材料的老化，也增加了屋面的使用寿命。

第三，对城市气温的改善。屋顶绿化后，绿色屋面的净辐射热量远小于未绿化的屋面，同时，绿色屋面因植物的蒸腾和蒸发作用就使得绿色屋面的贮热量以及泥土和大气间的热交换量大为减少，从而使绿化屋顶蓄热量少，热效应降低，破坏或减弱了城市的"热岛效应"。另外，绿色屋面还具有隔热（夏季）、保暖（冬季）作用。实行屋顶绿化后，建筑室内温度可降低不少，对于节约能源效果明显。

五、空调系统节能技术——温度湿度独立控制的空调系统

（一）温度湿度独立控制的空调系统介绍

目前常规空调系统都使用制冷机制备的温度为 5 ~ 7℃冷水或更低的低温水作为冷媒，用来去除建筑内潜热负荷与显热负荷。这是因为需对空气除湿，才必须提供低于空气露点温度的冷媒。例如夏季室内空气温度控制在 25℃，相对湿度 60%，此时露点温度为 16.6℃，考虑到 5℃传热温差和 5℃介质输送温差，要想对空气除湿，需至少 6.6℃的冷源温度。但若只降低室内空气的干球温度，冷源的温度只需低于空气的干球温度 25℃即可。考虑传热温差和介质输送温差，冷源温度只需在 15℃左右。空调系统中，显热负荷（排热）占总负荷的 50% ~ 70%，潜热负荷（除湿）仅占空调负荷的 30% ~ 50%。显然大量的显热负荷用低温冷媒处理，必然造成能源的浪费。解决此问题最好的方法就是空调系统的温湿度独立控制。

（二）温湿度独立控制系统的主要节能原理

温湿度独立控制系统的主要节能原理体现在如下几个方面。

第一，处理潜热（除湿）时，采用冷冻除湿方式，要求有低于室内空气露点温度的低温空调冷水，一般为 5 ~ 7℃；而处理显热（降温）时，仅要求冷水温度低于室内空气的干球温度，15 ~ 19℃即可。独立控制温湿度避免了热湿耦合处理时造成能量利用品位上的浪费，提高了能源利用率，也为天然冷源的使用提供了条件。

第二，温度控制系统的末端装置于工况运行，不存在冷凝水的潮湿表面，从而为构建无霉菌的健康空调系统创造条件。末端装置一般采用水作为冷媒，输送能耗比输送空气能耗低。

第三，湿度控制系统的干燥新风承担所有的潜热负荷，比温湿度同时控制的常规空调系统能够更好地控制房间湿度和满足室内热湿比的变化。房间湿度控制标准严格时取消了常规空调系统中的再热，减少了大量的能源浪费，节能潜力巨大。

（三）温湿度独立控制系统的设计要点

1. 同气候分区的具体设计方法不同

TH I CCS 的设计应根据工程所在地的气候分区采取不同的形式，各城市的气候分区主要有干燥区（I区），是最湿月平均含湿量小于 129/kg 的地区如乌鲁木齐、拉萨等地；而潮湿地区（II区），是最湿月平均含湿量大于 129/kg 的地区如北京、哈尔滨等地。

第一，I区新风宜采用蒸发冷却进行降温（或降温加湿）处理，可按蒸发冷却空调系统的设计方法设计；第二，II区新风可采用冷却除湿、溶液除湿、转轮除湿和联合除湿等处理方式。温湿度独立控制空调系统应根据工程所在的气候分区采取不同的形式。

2. 风量确定原则

第一，应满足卫生和除湿要求，按其计算结果取较大值；第二，新风送风量和送风含湿量应满足既有关系；第三，Ⅰ区采用蒸发冷却方式处理新风时，宜充分利用新风冷量，适当增大新风量；第四，Ⅱ区可按满足卫生要求确定新风量。采用冷却除湿时，应校核冷源水温是否能满足要求，必要时可增大新风量。

3. 新风处理方式

温湿度独立控制空调系统中，新风的处理需根据所在地区确定。我国西北地区（干燥地区），室外空气的露点温度比湿球温度平均低 4 ~ 9℃。以新疆维吾尔自治区乌鲁木齐等 21 个城市的气象台站统计数据为例，夏季最湿月的平均露点温度为 12.3℃，最湿月的平均湿球温度为 16.8℃。Ⅰ区，新风宜采用蒸发冷却进行降温（或降温加湿）处理。即室外干燥新风带走房间湿负荷，辐射末端或干式风机盘管等高温冷水带走房间显热负荷。Ⅱ区需要新风处理机组提供干燥的室外新风，以满足排湿、排 CO_2、排味和提供新鲜空气的需求。Ⅱ区新风可采用冷却除湿、溶液除湿、转轮除湿和联合除湿等处理方式。

冷却除湿方式处理空气时，空气先被降温，温度降低到露点后水蒸气开始变为液态水析出，除湿后的空气状态接近饱和，温度较低，需要经过再热才能送入室内。转轮除湿方式处理空气时，空气状态沿等焓线变化，除湿后的空气温度较高，需经过高温冷源冷却后才能送入室内。溶液除湿方式可以将空气直接处理到需要的送风状态点，不需要经过再热或冷却。

4. 空调系统设备的负荷

温湿度独立控制空调系统分为温度控制系统和湿度控制系统两部分，由于这两种系统承担的热湿处理任务不同，在进行空调系统设计时应分别针对这两种系统不同设备进行负荷计算。

（1）新风机组的负荷

湿度控制系统通过送入含湿量低于室内设计状态的干燥新风来承担全部的建筑潜热负荷，同时由于送风温度的不同还可能承担部分建筑显热负荷。因此，新风机组承担的负荷为将新风从室外设计状态处理到送风状态时所需投入的冷（热）量。

（2）去除显热的末端装置负荷

一般情况下，当新风送风温度低于室内设计温度时即承担室内部分显热负荷，末端装置的负荷应为建筑室内总显热负荷与新风送风承担的部分建筑室内显热负荷之差；当新风送风温度高于或等于室内温度时即不承担室内显热负荷，这时，末端装置的负荷应为建筑室内总显热负荷加上因新风送风温度与室内设计温度存在差异而带来的显热负荷之和。

（3）高温冷源设备负荷

在温湿度独立控制系统中，高温冷源设备负荷计算分为两种情况：当湿度控制系统的处理的新风需要高温冷源预冷时，高温冷源的负荷应为去除显热的末端装置负荷与预冷新风所需负荷之和；当湿度控制系统不需要高温冷源进行预冷时，高温冷源的负荷应满足去除显热的末端装置负荷要求。

第三节　城市建筑节能设计常见问题及优化策略

建筑节能工作全面推行以来，建筑节能设计方法得到了全面的发展和推广应用，但由于从业人员知识掌握程度、技术手段、经验积累程度等原因，使节能设计存在诸多的疑虑及问题。

一、城市建筑节能设计常见问题

第一，对城市建筑规划节能重要性的重视程度不足。现如今的城市建筑的规划设计，多数的设计方案中无法体现建筑节能的存在和应用，并没有把建筑节能作为建筑规划的出发点，只是单一的按照市场需求、建筑形态、建筑周边经济和环境是否能增长企业收益等去思考和设计建筑，建筑设计人员在进行规划设计时过多的注重建筑的外在造型及外观，经常忽略房屋建筑方位朝向的最佳点，房屋建筑的光照条件没有做到很好的设计，尤其在节能设计上，规划力度不足，深度不深，容易在房屋建筑上出现一些隐患问题。

第二，对建筑单体的通风设计考虑不周。建筑单体的通风设计存在问题会一定程度上增加建筑的能源消耗。一般情况下，设计人员会考虑到建筑单体平面的通风能力，高温等原因产生的室内热气需要排散，通风性能决定了热气排散的速度和热气量，但建筑开发商为了企业自身的利益，以最高容积率作为建筑设计的隐藏理念，一层设计多个户房，为的是提高土地的利用效率和经济收益，忽视了能源消耗给建筑带来的负担。建筑单体的通风设计是很多建筑设计师忽略的问题。

第三，不重视建筑外的遮阳设计。建筑遮阳不仅是室内保持良好的温度及光线环境的必要措施，对于建筑能耗的节约也具有重大的意义。建筑的造型应从实用性、节能性和美观性三个大方面进行考虑，但建筑企业往往是单纯地为了建筑美观可以给建筑带来更大的经济效益而在建筑外观增加一些无用、累赘的装饰构件，而且无法有效的安装建筑外遮阳，不能避免过度的日光，更不能调节进入室内的光线以避免眩光。装饰构件增加了建筑的荷载，同时，与建筑建设的初衷和建筑节能理念产生了一定的冲突，带来不相。

第四，建筑设计人员忽视热桥问题。建筑物造型独特、新颖会增加建筑物的销售和作用范围，因此设计人员会在建筑的外立面为了追求外观造型增加一些构件，由于复杂的造型导致交接处无法进行保温处理形成热桥，如门窗框外侧洞口、老虎窗、腰线造型等。建筑物的凹凸、错落增加了视觉享受，忽视了热桥的问题的过度发生给建筑带来的影响，导致建筑节能的实施存在困难。

二、城市建筑节能设计常见问题的优化策略

(一)建筑材料及设计方面的考虑

第一，保温体系的选择应符合当地的建筑技术水平和实际情况。例如主城以外较不发达地区的墙体保温不宜选用施工技术要求高的保温板薄抹灰系统和复合板系统，而应使用技术要求较低的自保温系统和保温砂浆系统；门窗材料宜采用塑钢门窗普通中空玻璃，不宜采用其他不易获得的玻璃。

第二，保温材料及产品的选择应结合经济承受能力和当地产品配套情况。如在不生产节能型烧结页岩空心砖的地区选用这类墙体材料，必然无法就近获得，导致造价和运输时间增加。

第三，节能技术的选择应符合当地的气候及环境特点。不宜取水的地区原则上不推荐采用水源热泵空调技术；日照充分的地区应大力推行太阳能热水技术，以节约电能和燃气能源，从而达到整体节能的效果。具体情况进行具体分析是设计中应该遵循的原则。

第四，节能设计应符合日常的生活习惯。例如有的项目设计时为了方便计算通过，在普通居住建筑中门窗采用低透光玻璃。而在实际生活中，如大量采用此类材料，冬季时由于重庆地区日照较少，阴雨天气较多，室内采光无法得到基本保证，必然会大大增加照明耗能，反而增加了建筑整体能耗，对建筑节能工作起到相反的作用。

又如有的项目门窗位置设计不合理或可开启面积过小，严重影响自然通风换气及温度调节，在过渡季节只能采取机械通风的方式实现室内的环境舒适度，大大地增加了建筑能耗。

第五，应从设计的源头——方案设计阶段就进行节能设计的优化控制。建筑方案设计一旦确定，影响建筑能耗最重要的几大因素：朝向、窗墙面积比、体形系数就已基本确定。因此，节能的优化工作应从方案阶段着手。至于后期的初步设计和施工图设计则对建筑节能只起到技术细则的控制作用，而不能从根本上实现建筑节能的优化。

(二)城市建筑规划中建筑节能的方案

第一，单体的节能设计。城市建筑规划设计的朝向对建筑消耗能量的影响也是很大的，太阳辐射会使得夏季的时候增加制冷负荷，在冬季时降低采暖负荷。朝向的采用应当结合当地的气候条件和地理环境，从节约用地的前提出发，先考虑本地区最佳的朝向，可以满足冬季需要较多日照的要求，夏季的时候也可以避免阳光照射的地方，并且还可以满足自然通风，从长期的实践状况来看。南向是我国普遍使用的建筑朝向，但是在建筑设计的时候也会受到各个方面的制约，导致不能全方位的采用朝南方向，所以我们需要因地制宜，合理的安排建筑朝向，满足节能和舒适的要求。

第二，建筑布局。城市建筑布局效果在一定程度上影响着家住节能的效果，城市建筑

的布局方式有很多种，最主要的布局方式是行列式、自由式、综合式三种。如若想使房间获得充分的日照，就需要建筑规划布局为南北朝向的。从视觉方面考虑的话，一般采用多层方式进行建筑规划设计，这样不仅可以为居住区的居民提供良好的通风环境，还可以创造出美丽舒适的环境景观。这样通过对多层次的方式进行建筑规划设计，不单单是为了改善人类生活环境，提高空气质量，其最终目的也是为了建筑节能。

第三，建筑朝向的选择。城市建筑朝向的选择也是构成建筑节能的重要因素，在传统的建筑理念中，建筑都是南北朝向的，因为这样的规划建筑布局，可以充分地发挥建筑节能的作用，使能源在最小浪费的同时可以达到最大的利用。对于现在来说，现代城市建筑规划设计和传统的建筑设计有很大的不同。就朝阳设计而言，不仅只是建筑坐南朝北的问题，还有很多其他因素也在影响着朝阳设计。比如周边环境、风向、辐射度等这些外在的因素都干扰朝阳的设计，而恰巧这些都是在设计朝阳方向时需要注重的因素，这对建筑节能有很大影响。

第四，建筑绿化设计。做好绿化环境，不仅影响居民的居住心情，陶冶人类的情操，还可能会直接影响建筑的节能效果，因此做好城市建筑规划设计当中的绿化环境是十分重要的。为了做好建筑绿化环境可以采取一些相应的措施，比如，我们可以在居民居住的区内建设一个人工湖，人工湖不仅可以改善居民附近的环境气候，也可以收集雨水，对小区的绿化和环境的改善十分有益。增加居民区的绿植，可以净化空气，减少雾霾的同时，还有效地扩大了绿化的面积，为人们提供了一个干净舒适的居住环境。除此之外，还可以多种植树木，可以在美化环境的同时还能形成很好的屋内通风。总之，做好建筑绿化任务是非常利于节约建筑的能源消耗的。

第五，建筑通风节能设计。建筑的通风设计决定建筑的空气流动、热气的消散能力，而建筑通风设计不仅是受到建筑朝向、间距、相互作用关系的影响，建筑物的排列方式也会影响着建筑物通风、日照的效果，因此，建筑物的建造选择自由式还是错列式的排列方式需要设计人员思考后决定。错列式适用于高度错落不一的建筑群，将高建筑设计在夏季主导风向迎风面的最后位置，往前依次是多层建筑，再到低层建筑，这样的错列式设计均不会阻挡到建筑群通风效果。建筑房屋内部的设计，主要是做到冬暖夏凉的效果，冬季避开主导风向的寒风，夏季可以利用主导风向降低室内温度，因此房屋室内设计的方位可以参考建筑物所在地区的风向图进行设计，房屋的通风设计不仅需要考虑房间的通风效果，还需要考虑厨房、卫浴、客厅的通风循环。建筑室内的通风设计的原理是通过进出两个风口形成空气流向，产生的穿堂风带走空气积热。风向进出口的位置主要安置室内门窗，风量以及风向主要是门窗面积比，对向稍错开式的门窗位置可以增加空气对流的面积，以此来达到更好的通风作用。

第六，建筑外遮阳的合理运用。建筑窗户遮阳的方式主要有水平遮阳、垂直遮阳以及综合遮阳三种。建筑窗户方向朝南的适用于水平遮阳，这样可以有效遮挡角度面积大的光照；正北向、北向和东北向的窗户适用垂直遮阳法，垂直遮阳法的作用是遮挡侧向斜入阳光；综合遮阳法是水平和垂直遮阳两种结合形成，可以适用于多种朝向阳光的照晒。建筑遮阳的方式应根据建筑太阳光照位置和建造朝向设计。

第七，减少热桥的产生。建筑物产生热桥的主要因素有以下两种：建筑物的传热系数不均匀，出现高低传热系数，外加热阻小，最终形成保温性能不佳的情况；建筑物内部散热面积与受热面积存在较大差异的情况，致使建筑表面温度因散热面积大而降低，从而产生热桥现象。建筑物内部易产生热桥现象的部位有：门窗的金属框架、内外墙的连接处、墙面与门窗的连接处、建筑物围护结构的各项金属连接处等。建筑节能主要是通过合理的设计减少建筑能耗和用户水电等能源的消耗，因此建筑物的空气流通、保温和散热效果均是影响建筑节能实施的关键，在进行节能设计中需要对其进行综合考虑。

冬季是能源消耗的主要时期，建筑室内的保温和热量的流散影响着用户电能、燃气等能源的消耗能力，因此建筑物的室内构造需要控制好墙面内外的温差，减少室内外的温度差是建筑节能冬季的重点。夏季是太阳光照强烈的季节，辐射和过高的温度影响建筑室内的舒适度，可以采取墙外保温的形式来降低阳光照晒带来的过强辐射和高温。对于易产生热桥现象的门窗部位，想要减少热桥现象可以选用市面上具有阻挡热桥的铝合型门窗，窗户所选的玻璃同时也应选择具有减少热桥的玻璃材质。建筑物室内产生热桥的其他部门选用的材质应符合国家建筑节能规范准许的合格的材料，能有效平衡建筑室内外的温差，平均建筑物的传热系数，才能有效地达到建筑节能的效果。

第七章　智慧交通

第一节　智慧交通概述

一、智慧交通相关概念

(一) 智慧交通

智慧交通这一概念最初来源于西方，并经历了一系列的变化而最终受到认可。20 世纪 60 年代末到 70 年代，美国开发了 ERGS 电子道路诱导系统。1973 年，日本外贸工业部开发了 CATCS 汽车交通综合控制系统。之后，欧盟在 70 年代后期推进了 AII 工程。80 年代末，美国针对日本 80 年代中期的 IVS 智能车辆系统提出了 IVHS 智能车路系统。欧盟重新提出了先进的运输技术。ISO 提出了道路交通和运输技术。1990 年，日本最先提出了智慧交通系统的称呼，但并没有受到认可。直到 1994 年，日本 VERTIS 筹备第二次 ITS 世界大会时提出用简洁、准确的名称 ITS，才得到欧美国家的赞同。同年 9 月，美国 IVHSAmerica 也改名为 ITSAmerica。

在智慧交通这一概念形成的 20 余年中，智慧交通这一提法已经得到了广泛的认可，但对智慧交通的定义，也随着技术的发展而产生变化，目前国际上还没有达成一致的意见。其中，比较有代表性的观点如下：

智能交通是利用信息通信技术对交通信息进行收集、处理、发布、交换、分析和利用，为交通参与者提供多样化服务的交通管理模式。智能交通的基本理念是利用高科技使传统的交通模式变得更加智能化，更佳安全、节能、高效。智能交通的功能目标是实现车辆智能化，将交通流量调整至最佳状态，并实现交通信息的即时获取与管理。

智慧交通是基于智能交通系统实现对交通运输体系中各种要素（包括人、车、路、环境）的全面感知、泛在互联、协同运行、高效服务和可持续发展；是集成物联网、大数据和云计算等新一代信息技术、结合人工智能、知识工程技术等实现具有一定自阻止能力、判断能力和创新能力的更加高效和敏捷的交通运输系统。

智慧交通指通过信息资源的自动整合与智能共享，实现对交通的高度分析与预测能力，保障交通运输的便捷、安全、经济和高效，为城市运营及经济发展提供支撑。从本质上看，智慧交通是充分利用信息通信技术，通过人、运输设备与交通网络之间的相互感知、智能互动，达到一种完全自动、合理、高效的交通管理服务状态，实现交通运输效率最高、交通资源效益最大化的一种管理模式。

根据上述的定义可以看出，智能交通既可以被认为是一种智能高效的交通管理模式，也可以指代具体的交通运输系统。首先，从交通管理理念和模式上对传统进行了很大的改进，使交通资源的利用更加充分和高效；其次，交通运输中的各种要素都被数字化为特定的交通信息，便于进行数据处理；再者，智慧交通涉及一系列的先进技术，是智慧交通得以技术条件；另外，智慧交通本身是高度智能化的，具有一定的自适应性，能够根据要求提供多样化的服务。

（二）智慧交通系统

智慧交通系统（Intelligent transport system，ITS）是"将先进的传感网技术、通信网络技术、卫星导航与定位技术、电子控制技术以及计算机处理技术等有效地集成运用于整个交通运输管理体系，而建立起的一种在大范围内、全方位发挥作用的，实时、准确、高效的综合运输和管理系统。"智慧交通系统所涉及的内容十分广泛，包括交通检测技术、交通控制技术、通信技术、数据处理、信息提供等。

互联网和智慧交通的关系。

从智慧交通的定义和内容可以看出，智慧交通中会涉及许多高新技术，且交通信息的传输是尤为重要的一个环节。在任何的交通系统中，都不可避免地会涉及移动体，行人、小汽车、公交车、地铁、火车、飞机等等移动体构成了整个庞大的交通网络。移动体的移动性为智慧交通的应用造成了一定的困难，交通信息采集、传输、处理等都是如此。尤其是在通信技术的采用上，如果不选择移动网络，就无法和移动体之间进行信息传输，因而移动通信的优越与否在很大程度上决定交通信息的传输是否高效和可靠，这也对整个智慧交通系统运行有着不容小觑的影响。可以说，移动通信是智慧交通应用中必不可少的一个部分。而移动互联网，是移动通信中较为先进的技术，自然可以称为智慧交通中进行数据通信的一种技术基础。尤其是宽带移动互联网的发展，大大提升了移动通信的效率，这对智慧交通而言也是有所助力的。

另一方面，宽带移动互联网的发展离不开实践，而智慧交通的推广为宽带移动互联网的发展和实践提供了良好的契机，智慧交通能够让宽带移动互联网的优势得以充分发挥，如让交通信息的发布有着更强的实时性，用户通过手机终端就可以轻松地掌握自己需要的信息，避开交通拥堵路段，使出行更为便捷。在智慧交通系统不断优化的过程中，会对宽带移动互联网提出新要求，而宽带移动互联网能够在实际运行过程中发现存在的问题，从而有针对性地去解决，继而推动宽带移动互联网的演进。

综合来看，宽带移动互联网和智慧交通的结合，不仅是智慧交通发展对移动通信提出高要求的结果，也是寻求新一代移动通信方式的趋势所向。两者的融合可以互相促进、互相补充，能够产生事半功倍的效果，对于完善智慧交通的应用和优化现有的宽带移动互联网技术都有着深远的意义。

二、智慧交通的发展历史

智慧交通的前身是智能交通系统（ITS），ITS 是 20 世纪 90 年代初由美国提出的理念。到了 2009 年，IBM 提出了智慧交通的理念，智慧交通是在智能交通的基础上，融入物联网、云计算、大数据、移动互联网等高新 IT 技术，通过高新技术汇集交通信息，提供实时交通数据下的交通信息服务。它大量使用了数据模型、数据挖掘等数据处理技术，实现了智慧交通的系统性、实时性、信息交流的交互性以及服务的广泛性。

（一）智能交通

智能交通系统是指将先进的信息技术、数据通信传输技术、电子传感技术、卫星导航与定位技术、电子控制技术，以及计算机处理技术等有效地集成运用于整个交通运输管理体系，而建立起的一种在大范围内、全方位发挥作用的，实时、准确、高效的综合运输和管理系统。其目的是使人、车、路密切配合达到和谐统一，发挥协同效应，极大地提高交通运输效率、保障交通安全、改善交通运输环境、提高能源利用效率。

20 世纪末，随着社会经济和科技的快速发展，城市化水平越来越高，机动车保有量迅速增加，交通拥挤、交通事故救援、交通管理、环境污染、能源短缺等问题已经成为世界各国面临的共同难题，无论是发达国家，还是发展中国家，都毫无例外地承受着这些问题的困扰。在此大背景下，把交通基础设施、交通运载工具和交通参与者综合起来系统考虑，充分利用信息技术、数据通信传输技术、电子传感技术、卫星导航与定位技术、控制技术、计算机技术及交通工程等多项高新技术的集成及应用，使人、车、路之间的相互作用关系以新的方式呈现出来，这种解决交通问题的方式就是智能交通系统。

智能交通系统中的"人"是指一切与交通运输系统有关的人，包括交通管理者、操作者和参与者；"车"包括各种运输方式的运载工具；"路"包括各种运输方式的道路及航线。"智能"是 ITS 区别于传统交通运输系统的最根本特征。

（二）智慧交通

前面提到城市化水平越来越高，机动车保有量迅速增加，交通拥挤、交通事故救援、交通管理、环境污染、能源短缺等问题已经成为世界各国面临的共同难题。

解决上述交通问题的方法可概括为两种：建、疏。"建"是指对高速公路、城市轨道交通、城际交通设施建设等道路硬件进行投资，同时也包括建设智慧交通等为代表的智能化解决方案的管理设施建设，缓解交通压力。"疏"就是指充分发挥智能交通的技术优势和协同效应，结合各种高科技技术、产品，提高交通运输系统的效率。过去传统的解决方法即采用加大基础设施建设投资，大力发展道路建设。由于政府财政支出的有限性和城市空间的局限性，该法的发展空间逐步缩小，导致近年来北京、广州等城市相继实行了汽车"限购""限牌"政策，寄希望于"禁"的手段来减缓城市交通压力。但这种抑制人们刚性需求的做法饱受诟病。

专家也呼吁"禁"不如"疏"，发展智慧交通是提高交通运输效率，解决交通拥挤、交通事故等问题的最好办法。从各国实际应用效果来看，发展智能交通系统确实可以提高交通效率。有效减缓交通压力，降低交通事故率，进而保护环境、节约能源。

电子信息技术的发展，"数据为王"的大数据时代的到来，为智慧交通的发展带来了重大的变革。物联网、云计算、大数据、移动互联等技术在交通领域的发展和应用，不仅给智慧交通注入新的技术内涵，也对智慧交通系统的理念及其发展产生巨大影响。随着大数据技术研究和应用的深入，智慧交通在交通运行管理优化，面向车辆和出行者的智慧化服务等各方面，将为公众提供更加敏捷、高效、绿色、安全的出行环境，创造更美好的生活。

三、智慧交通的发展现状

多年来，国家和政府高度重视交通行业的发展。2000年，科技部会同国家计委、经贸委、公安部、交通部、铁道部、建设部、信息产业部等部委相关部门，专门成立了全国智能交通系统协调指导小组及办公室，组织研究中国智能运输系统的发展；《信息产业科技发展"十一五"规划2020年中长期规划纲要》将"智能交通系统"确定为重点发展项目；《交通运输"十二五"发展规划》中提出："十二五"时期要推进交通信息化建设，大力发展智能交通，提升交通运输的现代化水平；在国家八部委起草的《关于促进智慧城市健康发展的指导意见》中，智能交通被列为十大领域智慧工程建设之一；2014年交通运输部杨传堂部长在全国交通运输工作会议中所做的报告《深化改革务实创新加快推进"四个交通"发展》则提出将"四个交通"（综合交通、智慧交通、绿色交通、平安交通）作为今后和当前一段时期交通运输发展的主旋律；杨部长又在2015年全国交通运输工作会议上的讲话中两次提到"以智慧交通为主战场"。

目前，中国智能交通系统已从探索阶段进入实际开发和应用阶段。接下来将从应用领域、行业规模和企业分布三方面来阐述我国智慧交通已经取得的巨大成就。

交通运输部近年来高度重视智慧交通发展，提出了要建设交通基础设施和信息化基础设施两个体系，将信息化提升到和交通基础设施同等重要地位。智慧交通扛起了引领交通现代化的大旗，是未来交通发展主要趋势之一。工信部将"智慧交通"列为十大物联网示范工程之一。工信部提出的是"智慧"而不是"智能"，两者的本质区别在于"智慧交通"是利用现代化科技手段，实现人、车、路和环境的和谐关系，使交通发展更加具有现代化的意识，更好地节约能源，减低环境污染，改善交通秩序和交通环境的全新交通发展形态。

从应用领域来看，目前我国智慧交通主要应用在公路交通信息化、城市道路交通管理服务信息化以及城市公交信息化领域。

在公路交通信息化方面：北京实施了"科技奥运"智能交通应用试点示范工程。广州、中山、深圳、上海、天津、重庆、济南、青岛、杭州等作为智能交通系统示范城市也各自进行了有益的尝试；在公路收费领域中，全国14省市高速公路ETC正式联网运行，京津冀、长三角地区正逐步展开跨省区的收费系统的建设。

在城市道路交通管理服务信息化方面：南京市城市智能云交通诱导服务系统通过综合分析人、车、路等交通影响因素，利用各类信息发布手段，为道路使用者提供最优路径引导信息和各类实时交通帮助信息服务，为众多出行者优化路径。厦门市智能交通指挥控制中心则通过检测设备、视频巡逻、电话、微信、微博等多元化渠道采集道路交通信息，通过室外诱导屏、网站、手机等方式及时发布信息。

在城市公交信息化方面：37个城市入选公交都市建设示范工程创建城市，在提高公共交通系统的吸引力、调控城市交通需求总量和出行结构、提高城市交通运行效率等方面进行了积极探索并取得了一定成效。

(一)百度地图正全面打造"互联网+智慧交通"新模式

最近一段时间以来，百度地图频繁与各地交通主管部门展开合作，为江苏、广东，以及贵阳、西安、海口等省市提供"标准化＋定制化"的地图服务，这一切实改善民生的战略为百度地图赢得了更多青睐。截至2016年6月30日，百度公司第二季度财报显示，百度地图月活跃用户达到3.43亿，同比增长13%，政企共建"互联网+智慧交通"的新模式已经开始取得成效。

2016年第二季度，在全百度的战略布局当中，百度地图正发挥越来越重要的作用。海外市场方面，百度地图加速开拓，已登陆亚太、欧洲和南美63个海外国家和地区；在国内市场方面，百度地图则更注重"精耕"，凭借着领先的技术优势和出众的用户体验，百度地图以政企合作的方式逐步打造了"互联网+智慧交通"的新模式。

2016年5月，百度地图与海口交警达成战略合作，双方在基于数据开放融合的交通出行服务就政企共建、大数据决策分析管理应用研究、交通便民服务创新等领域展开深度合作，满足民众对交通出行的多元化需求，提升公共资源的配置效率。7月，百度地图与成都市公安局交通管理局、成都交投集团签署合作协议，正式建立战略伙伴关系，三方合作聚焦治理成都市交通拥堵"城市病"，推动建立基于互联网、大数据、云计算技术的成都公众交通出行信息服务和交通管理决策支持系统，致力于为成都市民定制更便捷的出行方案。政企之间优势互补、资源共享，正助力更多城市的交通进行转型升级。

从行业规模来看，2011年中国智能交通行业应用总体市场规模达到252.8亿元，比2010年的201.9亿元增长了25.21%，2012年随着各地智慧城市建设的推进，在智能交通行业ＩＴ应用投资方面加大了力度，2012年比2011年增长了25.59%，规模达到了317.5亿。2013年受政府投资推动智慧城市建设的影响，智能交通行业应用投资增长至408亿元，增长率则高达 28.5%。预计到 2020 年国内智能交通领域的投入将达到上千亿元，智能交通产业将讲入新一轮的快速发展轨道。

从企业分布来看，目前国内从事智能交通行业的企业约有 2000 多家，主要集中在道路监控、高速公路收费、3S（GPS、GIS、RS）和系统集成环节。近年来的平安城市建设，为道路监控提供了巨大的市场机遇，目前国内约有 500 家企业在从事监控产品的生产和销售。高速公路收费系统是中国非常有特色的智能交通领域，国内约有 200 多家企业从事相关产品的生产，并且国内企业已掌握了具有自主知识产权的高速公路不停车收费双界面 CPU 卡技术。在 3S 领域，国内虽然有 200 多家企业，但能够实现系统功能的企业还比较少。尽管国内从事智能交通的企业"鱼龙混杂"，但一些专注于特定领域的企业。经过多年的发展，已在相关领域取得了不错的成绩。一些龙头企业在高速公路机电系统、高速公路智能卡、地理信息系统和快速公交智能系统领域占据了重要的地位。

（二）日本智慧交通建设的借鉴

智慧交通能够有效治理与预防城市交通堵塞问题，大中城市推进智慧交通重在解决已经发生的拥堵问题，小城市推进智慧交通建设则以预防拥堵为主。

日本对智慧交通的研究较早，且技术先进。为了解决城市交通拥堵问题，日本推进智慧交通建设经历了四个阶段：一是加强道路基础设施建设，大力推进市内道路改造和高速公路建设，提高道路通行能力。二是推进智慧交通控制的研发应用。1973 年，东京都率先采用全自动智慧交通控制系统。三是提升智慧交通信息服务水平。1991 年，日本警察厅、通产省、运输省、邮政省和建设省联合开发了新一代"车辆信息与通信系统"。四是发展智能交通产业。1994 年，由警察厅、通产省、运输省、邮政省、建设省五个部门牵头，成立官、研、企"三位一体"智慧交通（ITS）推进协会。以丰田、本田、东芝等大企业为龙头，协同推进智慧交通产业发展。

四、智慧交通的技术应用

智慧交通系统主要解决四个方面的技术应用需求：第一，交通实时监控。获知哪里发生了交通事故、哪里交通拥挤、哪条路最为畅通，并以最快的速度提供给驾驶员和交通管理人员。第二，公共车辆管理。实现驾驶员与调度管理中心之间的双向通信，提升商业车辆、公共汽车和出租车的运营效率。第三，旅行信息服务。通过多媒介多终端向外出旅行者及时提供各种交通综合信息。第四，车辆辅助控制。利用实时数据辅助驾驶员驾驶汽车，或替代驾驶员自动驾驶汽车。

数据是智慧交通的基础和命脉。以上任何一项应用都是基于海量数据的实时获取和分析而得以实现的。位置信息、交通流量、速度、占有率、排队长度、行程时间、区间速度等是其中最为重要的交通数据。据不完全统计，当前交通运输行业每年产生的数据量在百 PB 级别，存储量预计可达到数十 PB。以北京市交通运行监测调度中心（TOCC）为例，目前 TOCC 共包括 6000 多项静动态数据、6 万多路视频，其静动态数据存储达到 20T，每天数据增量达 30G 左右。面对增长迅速的海量数据。在云计算、大数据等技术支撑保障下，未来的交通管理系统将具备强大的存储能力、快速的计算能力以及科学的分析能力，系统模拟现实世界和预测判断的能力更加出色，能够从海量数据中快速、准确提取出高价值信息，为管理决策人员提供应需而变的解决方案。交通管理的预见性、主动性、及时性、协同性、合理性将大幅提升。

物联网通过各类传感器、移动终端或电子标签，使信息系统对外部环境的感知更加丰富细致，这种感知为人、车、路、货、系统之间的相互识别、互操作或智能控制提供了无限可能。未来，智能公路、智能航道、智能铁路、智能民航、智能车辆、智能货物、智能场站等将快速发展，管理者对交通基础设施、运输装备、场站设备等的技术运行情况和外部环境能够更加全面、及时、准确掌握。例如：通过用户 ID 和时间线组织起来的用户行为轨迹模型，实际记录了用户在真实世界的活动，在一定程度上体现了个人的意图、喜好和行为模式。掌握了这些，对于智慧交通系统提供个性化的旅行信息推送服务很有帮助。

服务是交通运输的本质属性，随着移动互联网、智能移动终端大范围应用，信息服务向个性化、定制化发展。信息服务系统与交通要素的信息交互更加频繁，系统对用户的需求跟踪、识别更加及时准确，能够为用户提供交通出行或货物运输的全过程规划、实时导航和票务服务，基于位置的信息服务和主动推送式服务水平大大改善。

五、智慧交通的发展趋势

加快推进绿色循环低碳交通运输发展，是加快转变交通运输发展方式、推进交通运输现代化的一项艰巨而紧迫的战略任务。近年来，国家层面通过出台相关政策、开展城市试点等方式积极推进绿色交通建设。2010 年，启动了"车、船、路、港"千家企业低碳交通运输专项行动。2012 年，交通运输部颁布实施了《关于贯彻落实（国务院关于城市优先发展公共交通的指导意见）的实施意见》，随后便启动了公交都市建设工作。截至 2013 年年底。全国有 37 个城市入选公交都市试点城市。2013 年，交通运输部印发了《加快推进绿色循环低碳交通运输发展指导意见》；同年，颁布了《关于推进水运行业应用液化天然气的指导意见》，组织无锡等 10 个城市开展低碳交通城市区域性试点工作。

"十三五"期间，随着科学技术的不断创新、国家政策的强力支持，绿色交通将成为交通运输发展的新底色，节能减排将成为智慧交通发展的关键词。大力发展车联网，提高车辆运行效率；重视智能汽车的发展，提升车辆智能化水平，加强车辆的智能化管理；积极采用混合动力汽车、替代料车等节能环保型营运车辆；构建绿色"慢行交通"系统，提高公共交通和非机动化出行的吸引力；构建绿色交通技术体系，促进客货运输市场的电子化、网络化提高运输效率，降低能源消耗，实现技术性节能减排。

车联网是智慧交通发展的新动向。随着国内汽车保有量的迅速扩大，我国正在步入汽车社会，与汽车相关的社会问题和矛盾也日益凸显，其中汽车与道路、汽车与环境、汽车与能源、汽车与行人之间的矛盾日益突出。这些都表明我国车联网市场蕴含着巨大空间。

车联网是物联网在智能交通领域的运用，车联网项目是智能交通系统的重要组成部分。21世纪，物联网、智慧地球、智慧城市等概念兴起，具体到交通领域的应用便产生了智慧交通、车联网的概念。物联网的概念，在中国早在1999年就提出来了，当时不叫"物联网"而叫"传感网"，物联网概念的产生与物联网行业的快速发展同步，与智能交通交汇融合，产生了智能交通行业的新动向——车联网。

车联网就是汽车移动物联网，是指利用车载电子传感装置，通过移动通信技术、汽车导航系统、智能终端设备与信息网络平台，使车与路、车与车、车与人、车与城市之间实时联网，实现信息互联互通，从而对车、人、物、路、位置等进行有效的智能监控、调度、管理的网络系统。只与"人一车"相关的部分在国外叫车载信息服务系统（Telematics），也就是"狭义"的汽车物联网。Telematics是以无线语音、数字通信和卫星导航定位系统为平台，通过定位系统和无线通信网，向驾驶员和乘客提供交通信息、紧急情况应付对策、远距离车辆诊断和互联网（金融交易、新闻、电子邮件等）服务的综合信息服务系统。

"十二五"规划已将车联网作为物联网十大重点部署领域之一，是实施国家科技重大专项，是科技工作的重中之重，车联网有关项目已被列为我国重大专项重要项目。车联网项目作为物联网领域的核心应用，第一期资金投入达百亿级别，扶持资金集中在汽车电子、信息通信及软件解决方案领域。工信部从产业规划、技术标准等多方面着手，加大对车载信息服务的支持力度，全力推进车联网产业全面发展。

然而，由于产业结构、商业模式、安全法规等瓶颈的存在，我国车联网目前依然处于初级阶段。"十三五"期间，随着国家层面对车联网政策红利的逐步释放、技术水平的不断提升、互联网思维的逐步渗透，车联网将迎来爆发式增长期。据银河证券数据，2015年，中国车联网用户渗透到1000万，占当时汽车用户总数的10%左右。5年内用户数将达到4000万，有望渗透率突破20%。

第二节　智慧交通的核心技术

交通信息系统是在传统的计算机技术、电子技术、信息处理技术、数据库技术、控制与系统技术和智能自动化技术等相关技术的基础上，以安全信息的流向为线索，综合运用信息的获取技术、传输技术、处理技术、发布技术以及信息整合技术，形成完善的安全保障技术体系。本节以交通运输信息为研究对象，从信息的采集、传输、分析及处理等环节全面分析安全保障技术在智能交通系统中的应用。

可以说，没有交通信息技术就没有智能交通系统的发展，而信息技术在交通领域的应用又非常广泛。本节主要介绍交通信息采集、交通信息处理、交通信息传输、交通控制、交通信息管理等方面的技术以及它们在智能交通系统中的应用。

一、交通信息采集技术

交通信息采集技术通过应用传感器技术、模式识别等信息获取手段将人、机、环境的相关安全原始信息转换成能为人所直观识别、理解的信息，为交通信息处理及决策提供数据基础。交通信息采集是智能交通系统中的重要环节之一，为交通管理、交通控制与预测、交通引导、交通指挥及交通信息服务等提供信息源基础。从交通信息的类型上，交通信息分为静态交通信息和动态交通信息。其中，静态交通信息包括交通空间信息和交通属性信息；动态交通信息是反映网络交通流状态特征的数据以及交通需求空间分布特征的数据。因此，交通信息的采集可分为静态交通信息采集和动态交通信息采集两大类。静态交通信息采集的目的在于建立交通基础信息空间数据库，包括基础道路网络数据、交通附属设施数据以及交通属性信息等。这些信息的采集主要有三种途径：

第一，从各系统、各部门已有的与道路交通信息相关的地理数据库（包括空间与属性信息）中处理、转换得到。

第二，不足或缺失信息，通过基于地面数字化、智能化，以及遥感（RS）、数字摄影测量系统（DPS）、GPS 和 GIS 等在内的众多技术采集。

第三，动态信息的采集可分为两大类，即直接交通信息采集和间接交通信息采集。直接交通信息采集是指通过传感设备获取相应的交通信息。到目前为止，动态交通信息采集传感设备包括：环形线圈、无线采集器（包括嵌入式和非嵌入式）、超声波采集器、电磁波采集器、光子式采集器、图像式采集器、车辆自动识别（AVI）装置、动态图像采集器、移动式采集系统、速度传感器及环境信息采集器等。间接交通信息采集方式主要包括人工式（如驾驶人通过移动电话提供路况信息等）、网络式（如通过数据网获取轨道交通、机场及港口客流信息等）等。到目前为止，为了满足常规交通信息（流量、车速、车头时距等）采集的需要，主要以常规传感设备为主，以图像采集设备为辅，图像采集设备主要用于交通监控管理。

然而，随着计算机技术、多媒体通信技术及图像信息处理技术的不断发展，图像采集设备不但可用于常规的交通监控管理，而且可从图像信息中获取相关的交通信息，以达到交通信息采集手段的融合。

交通信息采集是交通管理的基础，详尽、及时、准确的数据将保证交通监控有效可靠。根据对交通控制策略的分析可知，无论何种策略，如果要发挥作用，就要有充足的信息源作为基础。从信息技术发展角度分析，信息来自多种媒体和媒介，具体来说，交通管理的信息源技术平台基于数据、视频和语音网络，因此需要一个多媒体的综合信息网络平台作为基础，而该平台上的信息所反映的功能可归属为交通流、环境状况、设备状态三大类。

交通流信息通过安装在路边的交通参数检测设备采集，环境干扰参数通过路边环境检测设备采集，两者分别经过初步处理后形成数字式数据，通过通信系统送到监控中心的计算机系统。

交通检测设备用来检测交通流量、车速、车道占有率、车头时距、车辆存在和排队长度等，国外常称它为车辆检测器。根据检测原理的不同，检测器主要分为超声波检测器、微波检测器、线圈检测器和视频检测器等几种。从采集到的数据形式来看，检测器又可分为视频检测器和非视频检测器。这两类检测器的用途是不同的。非视频检测器主要用于对路段上车速、车流量、车道占有率等数据的采集。非视频检测器的最大优势在于它不受天气和光线的影响。目前，在全国各省市的交通管理系统中，使用比较多的非视频检测器是电感线圈检测器和微波检测器。视频检测是一种结合视频图像和计算机化模式识别的技术，通过软件方法实现图像中跟踪移动车辆的数字化处理，产生所需的交通数据。它的优势在于检测点的变化只在监视器的图像上设定虚拟检测器的位置就可完成，不同道路的维修而中断交通检测，但天气和光线会影响检测精度。

上述各种交通参数检测技术均为固定式检测，其优点是采集精度高，但存在安装和维护成本高、覆盖范围小、仅能检测固定位置的数据等不足。即使是大城市，也只在关键路段和主要平交口安装了固定检测器，导致道路网巡航存在大量的信息"缺失"地带，使得交通管理者无法精准高效地进行交通控制和诱导。随着 GPS 和无线移动通信技术的发展，利用浮动车、手机、电子标签等实时采集交通数据，已成为一种新兴的大有应用前景的交通信息采集方式。它的特点是建设周期短、投资少、覆盖范围广、数据精度高、实时性强等。同时，与固定位置交通参数检测相比，移动式交通信息采集技术能直接采集路网中的平均行程时间、平均行程速度等更加能反映路网交通状态的交通参数。

二、交通信息处理技术

通过对采集的安全数据进行整合与共享，建立分析模型对获取的信息进行分析处理，辅助交通管理者做出决策。其主要包括信息预处理与信息综合处理两个环节。

交通信息的一个显著特征是它的随机性和空间性。因此，对它的研究和分析只能建立在广泛统计的基础上，应用各类统计分析方法来探索它的规律。另外，交通信息多种多样。采集到的信息不同和每一个应用场合不同，交通信息的处理方法也不一样，目前主要采用的技术包括：交通数据预处理技术、交通事件检测技术、预测及建模技术、模式识别技术、信息融合技术等。这些技术的综合应用在交通运输系统中起着重要的作用。

(一)交通数据预处理

城市交通系统的有效管理离不开海量的交通数据。因此，交通数据的采集、处理以及应用是智能交通系统的重要组成部分。国内外许多学者曾专注于交通数据的应用研究，建立更加精确、完善、实用的交通模型以便应用于智能交通系统的各个环节。然而，已经建立的智能交通综合管理系统表明，数据的完好率并不高，缺失数据是交通管理系统中存在的突出问题，因此对采集的数据进行预处理，保证交通模型中输入数据的完整性和有效性是一个非常关键的问题。

对交通数据进行预处理是保证交通信息采集精确度和可信度的基础。基础数据不完整或存在异常，将给后续的数据处理造成困难或导致错误的结果。数据预处理包括数据稳健性处理和残缺数据预处理，前者指异常数据处理，后者主要指数据修补，即利用相关性较强的数据对缺失的数据进行修补。

异常交通数据是指测量的客观条件不能解释为合理的明显偏离测量总体的个别测量值。异常值是虚假的、偶然出现的，带有随机性，并会直接影响数据总体的正确性。在交通参数检测中，出现异常值的主要原因是检测器本身故障、传输线路故障以及出现概率极小但作用较强的偶发性干扰等。

出现可疑数据时，对于被怀疑为异常的数据，最好能分析出明确的理论或工程技术上的原因，然后决定取舍。剔除异常数据时一定要慎重，因为异常数据常是异常现象的反映，包括被测对象超出正常工作状态。在进行上述溯源分析之后，就可以用统计学方法对测试数据本身的可靠性做出评价，并引用有关检验法将异常的离群数据剔除。用统计学方法处理可疑数据的实质就是给定一个置信系数或置信概率，找出相应的置信区间，凡在置信区间以外的数据，就可定为异常数据并从测量值数列中剔除。

（二）交通事件检测

道路上部分交通异常事件可以通过巡逻车、电话等人工方法通知交通管理中心，但大多数交通异常事件仍要采用各种道路事件自动检测（AID）算法来实现。AID算法的基本原理是：对于由交通异常事件导致的道路交通流变化，可以通过实时检测道路上不同位置的交通流参数变化值加以识别。在发生交通异常事件后，交通流参数会发生突变（表现在车道占有率、流量、速度、密度等参数上）。若变化程度超过了预先设置的阈值，则可判别为异常事件发生。

国内外专家经过近40年的研究，开发了很多交通事件自动检测算法。这些算法分为基于固定检测器和基于移动检测器两种类型。基于固定检测器的算法发展至今，大致可划分为四大类：比较算法、交通理论模型算法、统计预测算法、智能算法。其中，比较算法中的California算法（简称加州算法）和交通理论模型中的麦克马斯特算法应用最广。智能算法是近年来发展较快的算法，它包括神经网络算法和模糊逻辑算法。

以上这些算法均根据检测到的交通参数进行交通事件检测，属于间接方法。随着计算机视觉技术的发展，图像识别的直接检测方法逐渐成为未来的研究热点和发展趋势。图像识别的直接检测方法以摄像机和计算机处理技术为基础，对道路上的事件进行自动检测。它可以跟踪单个车辆或一个车队进行图像采集，通过处理图像信息即可获得车流量、空间车速、空间占有率等参数。它不仅可以判断事故的发生，而可以预测事故，因而具有广泛的应用和发展前景。

（三）交通预测模型

动态交通信息的一个显著特征是它的随机性。因此，对它的研究和分析只能建立在广泛统计的基础上，应用统计分析方法来探索它的规律性，并建立各种交通预测模型。例如，车流量统计就是一项十分庞大的工程，它对建立车流模型、设计路面通行能力、分析车流阻塞情况等问题的研究就十分重要。又如，车主出行调查也是一项十分复杂的工作，它包括出行目的、距离、时间等内容，变动和相关因素都多，因此，建立出行模型就非常复杂，但用多元统计分析仍然可以找到合适的出行模型，对设计和调查信号控制系统非常重要。再如，行车速度的统计是设定区间最高时速的依据，可以建立车速模型来防止恶性事故的发生或使事故率降低。

目前的交通模型，包括上述车流模型、出行模型、车速模型等已有很多，用于交通流和行程时间预测的方法主要包括历史趋势法、非参数回归模型、时间序列、贝叶斯分类估计、多元线性回归、神经网络、卡尔曼滤波、交通模拟和动态交通分配模型等。这些方法还在被不断地改进和创新。值得注意的是，有些模型的成功率较低，误差较大，究其原因无非是统计数据不够完善或者相关因素考虑得不够全面。被广泛采用的多元回归分析模型是建立在大样本理论上的，它要求统计数据越多，模型精度才越高。由于交通信息具有很强的时变性，原来统计到的数据相隔一段时间就会改变、数据越多，变动的幅度也就越大。因此，直接造成交通模型的精度不够高。另外，多元回归分析模型的算法过于复杂，计算速度难以适应交通时变性的要求。

解决上述问题的方法之一是采用时间序列分析模型。它属于小样本理论，只要采集到短时间内的交通信息就可以建立一定精度的交通模型，它的优点是模型参数可根据不同的精度要求和统计数据进行更新，及时地进行调整，因此，很适合用于交通信息的控制和实时处理。目前，采用最广泛的时间序列分析模型为回归（AR）模型，它的算法比较简单，运算速度快，完全可以在个人计算机上实现。例如，在精度一般的情况下采用10阶以下的 AR 模型，只要计算和调整 10 个以内的模型参数就可以实现预测或控制功能，它要比多元回归分析模型简单实用得多。

与时间序列分析模型密切相关的另一种统计分析方法是所谓的"谱估计法"，它们之间具有等效性。例如，最常用的最大熵谱估计法具有误差小和分辨率高的优点，算法也比较简单，在处理地震信息、空间信息、生物医学信息等方面已收得了明显的效果。据资料报道，国内外正在研究车谱理论，它用现代谱估计法来分析车流密度及其分布规律，具有十分明显的实用意义。交通信息除了其固有的随机性外，还有时空多维性的特征，以及在统计车流数据时除了要考虑时间因素外还必须考虑距离及方位因素，在统计车速数据时除了要知道车速信息外还应知道车速的变化和滞留时间等，这就构成了多维随机信号的时间过程，而且往往是非常平稳的（即时变的）。目前，处理多维、非平稳随机过程的新方法是利用小波理论，它已经在处理语言信息、图像信息、雷达信息等方面获得成功，解决了短波信号分辨率不高的问题，在精度和速度上均可以达到实用化的要求，因此应用于交通信息的统计分析处理一定会有新的突破，特别是在比较复杂的环境和条件下，传统的统计分析方法往往难以奏效。

（四）模式识别

模式识别也是交通信息处理的一个重要内容。用随机数据的统计规律分时提取某些特征参数来代替统计分布本身，既可以减少运算量，提高运算速度，又不失去数据信息源的有效性。模糊控制不追求数据的统计特征，而是利用隶属度关系来区别和控制各类模糊信息。这是一种新的数据处理方法，目前在交通领域的应用越来越广，如交通量预测、交通状态识别、信号灯区域控制、交通事件自动检测、车型自动识别、车牌号自动识别等。

模式识别是指利用计算机或其他装置对物体、图像、图形、语音、字形等信息进行自动识别。模式识别诞生于20世纪20年代，随着计算机的出现及人工智能的兴起，模式识别迅速发展成为一门学科。它所研究的理论和方法在很多学科和技术领域中得到了广泛的重视，推动了人工智能系统的发展，扩大了计算机应用的可能性。经过多年的研究和发展，模式识别技术已被广泛应用于人工智能、计算机工程、机器人学、神经生物学、医学、侦探学、高能物理、考古学、地质勘探、宇航科学和武器技术等许多重要领域，如语音识别、语音翻译、人脸识别、指纹识别、手写体字符识圳、工业故障检测、精确制导等。模式识别技术的快速发展和应用大大促进了国民经济建设和国防科技现代化建设模式识别可以分为基于统计学习理论的统计模式识别和基于语法结构的模式识别，前者的应用领域更为广泛。

（五）信息（数据）融合

早在20世纪70年代初期，美国对军用的多个独立的连续声呐信号进行融合，通过融合处理可以自动检测出敌方潜艇的位置，由此使得信息融合技术作为一门独立的技术首先在军事应用中受青睐。美国继续开发了几十个军用信息融合系统。受这些系统研制的需求和推动，关于多传感器信息融合基础理论和基础技术的研究也越来越受到重视，为信息融合技术的研究建立了基础。从信息融合理论方法角度来看，信息融合技术目前主要包括：卡尔曼滤波、神经网络、号家系统、模糊逻辑、贝叶斯方法、D-S证据推理等。

简单地说，数据融合又称为信息融合，是指利用计算机技术对按时序获得的若干传感器的观测信息在一定的准则下加以自动分析、综合，以完成所需的决策和估计任务的信息处理过程。按照这一定义，多传感器系统是信息融合的硬件基础，多源信息是信息融合的加工对象，协调优化和综合处理是信息融合的核心。

数据融合给交通信息加工和处理提供了一种很好的方法，它的最大优势在于能合理协调多源数据，充分综合有用信息，提高在多变环境中正确决策的能力。数据融合已从最早在军事领域应用，发展成为一个热门研究方向，是多学科、多部门、多领域共同关心的高层次共性关键技术，逐步应用于工业、交通、金融等领域。

在交通领域，数据融合主要用于以下几个方面：一是车辆定位与跟踪。对从源数据获取的交通信息进行融合处理，从而对车辆行驶轨迹加以识别，比如用 GPS 和 DR（航位推算）组合进行车辆定位；第二，交通信息获取。对各种传感器（线圈、超声波传感器等）采集的交通参数进行时间、空间角度的融合，得到全面反映交通状况的实时信息；第三，路网交通状态识别。通过历史数据、实时数据的融合以及交通状态指标量化来判断路网交通状态；第四，车辆诱导。根据对车辆行驶轨迹的确认，并将现有道路网络、现状路网交通流参数、未来路网交通流状态参数估计等作为必要的边界条件来实现实时的车辆诱导。

在智能交通管理中，数据融合之所以被越来越广泛地应用，主要有以下几方面因素：一是单个交通检测器获取数据具有局限性，无法全面掌握整个路网的交通流信息；二是可以通过数据融合技术在智能交通领域中的应用，提高智能交通系统中多个子系统之间（中心与中心之间）的数据交换以及中心与设备之间数据交换的效率。；三是可以通过数据融合的远程控制和管理系统，提高整个交通运输管理系统的运营效率。

对于综合交通信息平台，数据融合技术可以理解为：对各种来源的交通数据（线圈检测数据、视频检测数据、超声波检测数据、交通控制参数、"一卡通"采集的客流数据等）进行检测、互联、相关、估计以及组合等多层次多角度的处理，以便获得准确的交通参量、车辆状态和身份估计，对交通状态进行指标量化，做交通态势描述与评估，并将相关信息用于交通管理的决策支持。这一定义表明在平台内部，数据融合模块不仅要处理检测器的数据，而且要处理各种智能交通系统传输的交通信息，世界运输领域的专家和学者，都在不同程度上应用信息融合技术解决智能交通系统中的实际问题，我国高等院校等科研机构在智能交通系统领域研究中也不同程度地开展了对信息融合的相关理论和方法的研究，主要对交通信息采集与融合的关键技术、交通信息采集与融合的相关标准与规范、交通信息采集与融合技术的城市应用案例、交通信息采集与融合的企业产品研发及技术解决方案等进行了交流与探讨，为进一步开展交通共用信息平台建设开辟了崭新的思路并提供了理论基础。

三、交通信息传输技术

信息传输技术分为现场设备通信与信息接入、数字（基带）信息传输、无线信息传输、光网络传输四类。

由于交通信息采集点地理上的分布性、采集手段的多样性、交通信息需求的分散性及交通信息服务对象的随机性，因此交通信息往往是海量的、多源的、异构的并分布式地存在于各个系统中。在进行信息传输时，可根据信息的特征选取不同的传输技术。

交通信息传输也可以理解为数字通信技术在交通运输系统中的应用。从交通信息的采集道变通信息的提示、控制和利用，其总与信息通信技术结合在一起，而其中交通信息的传输更为重要。如果交通信息传输过程中出现差错，就会带来严重的后果。

所谓智能动态交通信息是指可利用和可控制的那一类交通信息，它是实现交通智能化的基础。为了实现实时的智能信息处理和控制，有必要提供既可靠又有效的传输途径，即由信息采集点（或信息源）到信息处理中心（或调度中心），以及从信息处理中心到显示、控制或发布终端的传输通路。例如，为了实现车辆的流量控制，首先要将车辆信息及时地传输给信息处理中心，经过处理后做出的判决以限速、分流或行程时间等诱导信息的形式反馈到信息采集点附近的显示终端，并以不同的显示信号提示驾驶人，促使其采取措施，以防止交通阻塞或其他事故发生，这是半自动控制方式。如果车内装有能接收提示信号的控制设备，则可实现全自动的车辆速度控制，以适合非熟练驾驶人或残疾人的操作运行。

选择哪种传输通路及传输技术取决于交通信息的数量和特征、交通信息的环境。由于道路传感器或监测器采集到的路面、车辆及其他相关信息通过各自不同的信道传输，因此它要求信道数量多，而传输速率并不需要很高的信息传输系统，根据道路交通信息的特征，即使在实时控制系统中传输信息，速度也不算高，但在高速公路和高速铁路上行驶的车辆要求使用信息传输速率较高的控制系统，以满足实时性的要求。比较困难的问题是交通信息的分布面广，而且很分散，有时甚至信息采集点是移动的，因此，需将它们集中起来组成一个功能强大而且使用灵活的交通信息传输系统。同时，根据信息传输的方法，可以大致将信息传输技术分为现场设备通信与信息接入、数字（基带）信息传输、无线信息传输、光网络传输等。

（一）终端设备通信与信息接入

交通信息的传输媒介，一般可根据检测设备的特征和信息传输的需求选取。对于固定检测点，最初的传输媒介（传输线）主要采用双绞线，同时，为了减少投资，还租用电信运营商的电话线路。后来，随着传输闭路电视（Closed Circuit Television，CCTV）图像的需要，许多交通监控系统开始使用同轴电缆，因为同轴电缆较宽的带宽可以满足传输质量。随着光通信技术的成熟和成本的降低。目前，光纤通信成为交通控制系统的主要传输媒介。对于车辆等移动体的信息传输，无线传输媒介（称为自由快速组网）为首选，使用的信息传输媒介包括区域无线广播网络、地面微波链路、蜂窝无线网络、分组无线网络和卫星系统。

终端设备的通信是指现场控制设备和执行设备的信息传输方式。目前，交通终端信息采集和控制设备中广泛使用基于传统的串行通信总线的数据通信技术。近年来，随着通信总线技术的飞速发展，控制器局域网络（CAN）通信总线的数据通信技术也得以应用。目前，串行通信接口标准主要有三个：EIA/TTIA-232、EIA/TIA-422 和 EIA/TIA-485，这三个标准最初都是由美国电子工业协会（EIA）制定的。1988 年 4 月，美国电信供应商协会（USTSA）与 EIA 的电信和信息技术组合并，组成了美国通信工业协会（TIA）。上述三个标准后续版本改由 TIA 制定。EIA/TIA-232 定义了采用串行二进制数据交换方式的数据终端设备和数据电路终端设备之间的接口。该标准通常称为 RS-232，RS 是"推荐标准"

的意思。尽管其后做了多次修订，但其基本内容并未做大的修改，仍然以 RS-232 称呼。EIA/TIA-422 定义了平衡电压型数字接口电路电气特性，该标准经常称为 RS-422。它规定了上述接口电路中的双绞线和平衡线路驱动器以及接收器标准、EIA/TIA-485 定义了平衡数字多点系统中所用的发送器和接收器的电气特性，该标准经常称为 RS-485。在 RS-422 的基础上制定的 RS-485 标准，增加了多点、双向通信能力。CAN 总线是国际上应用最广泛的现场总线之一，最早 CAN 总线被设计成汽车电子控制网络。CAN 总线是一种多主方式的串行通信总线，基本设计更规范，要求有高的位速率、高抗电磁干扰性，而且能够检测出产生的任何错误。当信号传输距离达到 10km 时，CAN 总线仍可提供高达 5kbit/s 的数据传输速率。作为一种技术先进、可靠性高、功能完善、成本合理的远程网络通信控制方式，CAN 总线已被广泛应用到各个自动化控制系统中。从高速的网络到低价的多路接线，都可以使用 CAN 总线。

（二）数字信息传输技术及数字传输网络

数字信息传输的崛起要归功于数字调制技术的发展。从开始时的二元调制（包括幅度键控 ASK、频率键控 FSK 和相位键控 PSK）发展到多元调制技术，极大地提高了数字信号传输的频带利用率，并且改善了误码性能。特别是无线通信中采用的先进编码调制技术将编码技术与调制技术有机地融合在一体，依靠卷积码的良好抗干扰特性，即使在信噪比很差的条件下仍能改善误码性能。同时，它也保持了极高的频带利用率。目前，这种数字调制技术已经实用化。

要想传输高速率的多路复用数字信号，必须提供高速电子器件和宽带传输信道。宽带传输信道的发展离不开光纤通信技术。光导纤维自从 1970 年发明以来，一直受到人们的重视，并且开辟了光电通信的新时代。由于它在传输信号时具有一系列优点（如频带宽、损耗低、串扰小、传输性能稳定等）。因此世界各国对光纤通信技术的研究掀起了高潮，其传输速率越来越高，传输距离越来越长，特别适合于高速数据的传输。在光纤通信中开始时采用短波长（0.85μm）光纤传输，后来向长波长（1.3μm）光纤传输发展，其原因是后者传输损耗更小，因而中继距离可以增长，有利于远距离传输。根据理论计算，理想的传输波长应该是 1.55μm，此时传输损耗接近于零。另外，在光纤结构上从多模光纤向单模光纤发展，后者在传输容量方面要比前者大得多。

以 1980 年为例，一对光纤的传输速率为 44.7Mbit/s，可以传输 672 路电话和 1 路电视信号，到 1991 年，一对光纤就可以传输 2488Mbit/s，即容纳 32256 路电话和 48 路电视信号。可见，在这 10 年内光纤在传输速率和传输容量方面的发展速度是惊人的。目前，在光纤信道内传输的信息速率已经达到每秒千兆比特的数量级，甚至更高。

数字信息传输的最大优点是抗干扰性能强，这对交通信息传输来讲尤为重要。实际上，在交通信息传输通路内各种干扰依然是存在的，如各种电气设备的干扰、输电线路的干扰以及其他动力设备的干扰等。为了进一步提高传输的可靠性，可以采用各种先进的信息处理技术，如自适应滤波技术、噪声和脉冲干扰抵消技术、现代谱分解技术以及特征值提取技术等，它们对各类干扰的防止或削弱均有显著的效果。目前，在数据传输系统中应用最广泛的还有信道编码（或称为差错控制）技术和自适应均衡技术，它们已有商品出售，可完全满足数据通信的要求。因此，在交通信息传输系统内传输可靠性的指标是可以达到的。

（三）无线信息传输技术及移动传输网络

无线信道相对于有线信道来说，最大的优势就是无须敷设电缆就可以随时随地发送和接收信息。但是，无线电波的辐射和接收有其特殊性，必须在了解无线电波的传播特性以后才能正确地选择无线接入、编码和调制技术。

在组成全球或全国的交通信息传输无线网络时最重要的是多址技术，即给每个信息采集点或控制显示终端部分都分配一个固定的地址号码，作为识别的标志，拥有信道资料的信息处理中心可以动态地分配和管理信道，以便及时灵活地沟通各种信息采集点或控制显示终端间的信息传输。信道分配可以按频率来划分，也可以按时间来划分，前者称为频分多址（FDMA），后者称为时分多址（TDMA），最近又发展了具有扩频功能的码分多址（CDMA）技术。划分的频段越宽或者时隙越窄，可以分配的地址容量就越大，这可根据交通信息网的规模和信息容量来确定。

除了多址方式，无线信息传输中的另一个关键技术是跳频和扩频技术。由于无线信道的开放性，为了保证信息传输的安全性，采用了跳频技术。另外，由于无线信道的干扰很大，所以将信号的频谱扩展到高于信号本身频谱几百倍的频谱上，能够提高信号的抗干扰能力。

选择哪种传输技术取决于交通信息的数据量和特征。由于传感器或检测器采集到的路面、车辆及其他相关信息通过各自不同的信道传输，因此它要求信道数量多，而传输速率并不需要很高的信息传输系统。根据交通信息的特征，即使在实时控制系统中传输信息，其速度也不算高，但随着行车速度的提高（如高速铁路、磁悬浮列车等），需要传输信息的速度也相应地提高。另外，比较困难的问题是交通信息的分布面广而且很分散，有时信息采集点甚至是移动的，因此，要将它们集中起来组成一个功能强而且使用灵活的交通信息传输系统。就必须加强组网技术，组成灵活的信息传输网络。

随着码分多址（CDMA）技术、全球移动通信系统（GSM）、通用分组无线服务技术（GPRS）网络的发展和逐步成熟，网络容量不断地扩大，数据业务将在车路移动通信网络上有很大的应用前景。因此，可利用该网络的覆盖范围广、双向数据业务等优点，将其作为交通车辆管理的数据传输手段，实施大范围道路交通的协调管理。

利用移动数字蜂窝网络实施交通管理时，要把交通车辆看作无线网络的移动数据终端，通过无线网络将自身采集的所有数据传送到所在区域内的分控中心或主控中心，分控中心或主控中心对任意交通车辆发出相应指令并完成交通指挥、管理调度等任务，这样，可减少交通拥堵，防止交通事故的发生，使道路交通畅通、便利。

GSM-R则是在欧盟铁路上专用的移动数字集群网络，基于900MHz频段的GSM标准，引入了语音广播呼叫、组织呼叫、优先级、强插强拆功能寻址、位置寻址等功能，主要解决调度员（车站值班员）一司机间的运营通信、调车作业通信、车站和维修段的地区通信、旅客服务通信等，并为列车控制信息传输、远程遥测遥控信息、列车自动控制等车—地间信息传输提供通道。

车载自组织网络是近几年兴起的服务于车 - 车通信的无线传输网络，主要采用短程通信技术实现车辆与车辆之间或车辆与路侧设施之间的通信，进而实现系统控制、车辆安全等各方面的应用。

（四）光纤信息传输技术及光纤传输网络

对于城市道路或者高速公路的交通控制信息传输网络，通常根据不同的区域和信息汇集层次，将其分成不同的传输结构层次。对城市某区域路网或者一条高速公路而言，一般设置干线层、接入层和基础层三层结构。干线层完成最上层控制中心之间的信息传输，接入层完成工程范围内各个区域之间（即各个信息汇集点之间）的信息传输，基础层则完成各个外场设备向所属的信息汇集点的信息传输。在实际中根据工程规模的大小，传输网络结构层次可适当增减。

处于不同网络层次的设备，其等级、规模以及设备要求也各不相同。对于多层结构，若能采用相同的通信方式，则有利于系统各个层次之间的良好兼容，方便系统维护和网络管理；对于干线层和接入层，通常采用光纤传输自愈环网结构；对于基础层，则根据工程特点和技术条件采用相应的结构。

外场终端设备光缆采用光纤调制解调器和终端组成单纤光环网（环路点对多点的连接），通过光环网将数据传输到控制中心或就近区域的节点站，再由上层网络传到监控中心。光环网传输可以将区域内的监控设备构成物理光纤环状结构，使用的光缆资源少，系统结构简单。在光纤调制解调器组成的单纤光环网中，电气数据接口主要为串行接口，而在工业级光纤以太环网中，采用环间冗余技术，使网络获得高可靠性，系统符合 IEEE 802.3 所支持的局域网标准，并支持传输控制协议 / 因特网互联协议（TCP/IP），可实现三网合一（语音、数据、图像同网传输）。

光传输方式因具有传输的抗干扰能力强、传输容量大、传输距离远等优点，而被广泛应用于各种数据采集和系统控制网络。早期的数据光端机点对点或点对多点的传输方式，传输对数据汇集点的可靠性要求高，一旦汇集点设备故障，整个系统就会瘫痪，系统风险进而增加，且使用光缆资源多、系统结构复杂多样，改用光环网来传输信息就可以解决这些难题。

四、城市交通控制技术

城市交通控制系统的起源是交通自动信号灯的诞生。1868 年，在英国伦敦 WestmＩnster 地区安装了世界上第一台交通信号灯，揭开了城市交通信号灯控制的序幕。

1918 年纽约街头出现了新的信号灯，这是与当今使用的信号灯极为相似的红黄绿三色灯，它是人工操作的。1926 年，英国首次安装和使用自动化的控制器来控制交通信号灯，标志着城市交通自动控制的开始。鉴于当时的信号灯主要采用机电设备连锁的定周期控制方式，因此，数据处理能力有限，信号灯之间的协作也很少。1952 年，美国科罗拉多州丹佛市首次利用模拟计算机和交通检测器实现了交通信号机网的配时方案选择式信号灯控制系统，称为"PR"系统。其核心技术是单点感应控制原理在交通网络中的应用，在线通过抽样数据计算绿信比和相位差，这种控制十分有效。

1964 年，在加拿大的多伦多市完成了数字计算机控制信号灯的实用化，并成为世界上第一个具有电子计算机城市交通控制系统的城市，从此开始了交通控制发展史的新纪元。19967 年英国运输与道路研究实验室（TRRL）成功地研究出交通网络研究工具"TRANSYT"用于脱机优化配时方案，它的广泛应用将交通控制技术推向更高的发展阶段，后来在"TRANSYT"的基础上开发了"SCOOT"系统及澳大利亚开发了"SCATS"自适应控制系统，这成为世界上两个最优秀的城市交通信号控制系统。

（一）城市交通控制技术的发展阶段

最新的科技成果不断应用到交通控制中，促进了交通控制住成熟、高科技含量方向发展。纵观其发展历程，其主要经历了以下几个阶段：

1. 定时控制向协调控制发展

早期的交通信号自动控制都是采用固定周期单点（单一路口）控制方案，比如单点定周期自动信号机和感应式自动信号机等。这种控制方案在交通量不大的情况下，虽然效果比较好，但是对与时间关系密切的路口（如节假日、上下班时间）以及大交通流量的情况，它就不能满足客观需要了，于是，产生了单点多时段控制方案，即不同的时间段采用不同周期。这种方案只能实现某一路口的交通流量最大化，而不能实现交通流在整个路段的连续运动和路段流量最大化，因此，后来产生了信号协调控制系统。

2. 感应信号控制

20 世纪 30 年代初期，美国各城市相继出现了车辆感应式信号机，它可以自动测量目前各方向的车流量，然后根据车流量实时控制各方向的信号灯，它可以有效地减少车辆在交叉路口的延误。

3. 计算机应用

美国的交通控制模拟计算机交通信号控制系统（简称"PR"系统），英国的 TRANSYT 交通控制系统及后来在"TRANSYT"的基础上开发的 SCOOT 系统，澳大利亚的 SCATS 系统，这些系统都将计算机技术应用到交通信号控制中。

（二）城市交通控制发展阶段的技术模式

城市道路交通控制发展阶段的技术模式又可以分为如下 5 种。

1. 原始模式

原始模式应用于道路交通发展的早期，交通技术原始落后，道路简陋，运输工具也多为人力或畜力车。它的特点是技术含量低，运载工具和交通基础设施比较原始，道路上人、车、畜混杂，路况差，交通效率低等。

2. 机械模式

机械模式阶段有了机动车与非机动车之分，道路上的车辆相对较少，建立了较完善的交通规划，有些地方还出现了固定的信号控制系统，它的特点是控制系统采用简单的机械方式运行，通过路口信号灯完成单点、定时信号控制功能。该阶段中的交通控制系统不能根据交通流的实际情况做出相应的动态调整，柔性很差。

3. 生物模式

交通的发展使机械模式不能满足人们的需求，产生了生物模式，即模仿生物适应环境的能力，产生了感应方式，实现在交通管理中的实时控制，不断适应最新交通状况。生物模式的任务是疏导交通、实现诱导控制、采用仿真生物感应方式，来满足交通疏导的要求。在生物模式阶段，信号控制功能由中心计算机控制系统实现，能够进行系统辨识和最有控制。

4. 智能模式

随着通信技术、GPS 技术、计算机网络技术、视频技术、传感技术和诱导技术等的不断发展和完善，将它们综合应用于现代交通系统中，形成了智能化道路交通运输系统。智能模式阶段加强了道路、车辆和驾驶员三者之间的联系。指助系统的智能，驾驶员能够了解实时。

5. 全球智能模式

全球智能模式的特点是世界各国智能交通控制都有一定的发展，尽管各国的交通控制采用的形式和技术不尽一致，但具有标准的系统模块、技术模块接口和兼容性。它将各个交通控制子系统衔接起来，构成综合交通控制系统，而各地区、各国的综合交通控制系统则作为新的子系统，它们相互连接，构成全球智能模式。对接卸模式、生物模式、智能模式、全球智能进行了比较。

近几年我国经过深入研究，也开发出了一些适用于我国交通状况的交通信号控制系统。比如，上海开发的自适应交通信号控制系统 SUA TS，它是在深入研究国内外先进系统的基础上，融合了大量交警实际控制经验而产生的。该系统可与其他交通控制系统进行连接和协调控制。还有，厦门开发的视频检测自适应交通信号控制系统、智能电子警察系统和监控系统，投入使用，效果良好。其视频检测自适应交通信号控制系统直接利用视频信号来检测机动车辆的技术，准确检测通过的车流量 / 排队长度等交通流参数。根据不同方向和车道的实际交通流，实施实时的信号配时，自适应能力强，而且它具有很好的扩展性和开放性。

（三）道路交通控制的发展方向

综合分析国内外先进的城市道路交通控制系统，结合中国大城市道路及交通的实际情况，考虑今后中国城市交通与道路建设的发展，充分考虑现代科学技术成果的使用，中国城市道路交通控制系统的发展方向应是如下五个方面：

1. 多模式化

首先在系统结构上，应该吸收集中式 SCOOT 和分布式 SCATS 各自的长处，在控制范围内各个区域采用灵活多变且可相互转换的系统结构，以使系统结构适应交通流的区域变化。其次，在系统目标上，应根据不同区域具体的实时交通路况，对总行程时间最小"动能"（流量和速度的乘积）、路口能力最大、总延误最小、排队长度最短等目标进行筛选或组合以确定不同的系统目标，这样系统优化更具有针对性。最后，在控制战略模式上，应有适应交通拥状态下和适应中等交通量的方式。

2. 智能化

随着网络技术、图像处理技术以及智能控制技术等的快速发展，作为道路交通控制系统应能为车辆提供准确、及时、多样的信息，在传统的信息广播、可变情报板的基础上，应在城市中建立与控制系统协调的集中式 GPS 诱导系统，并与公路的智能车辆公路系统（简称ⅠVHS）相衔接。

3. 最优化

TRANSYT 与 SCOOT 都采用交通模型来优化配时，由于当时计算机技术的限制，在模型算法上有一定的局限性，一般仅能获得有限的局部最优解。随着计算机技术和优化理论的发展，在线优化有可能获得更好的局部甚至整体最优解。同时要看到无论 TRANSYTHA 还是 SCOOT 以及 NUTCS 都立足于路口、控制区域建立交通模型，以获得路口控制参数，同样随着计算机技术和优化理论的发展，建立立足于整个路网的动态交通分配模型和整体优化模型并求解，达到对路口控制参数进行调整从而实现在整个城市范围内对交通流进行动态协调控制是可行的。

4. 规整化

任何控制系统都是立足于一定的道路与交通条件下，因此，使用道路的方法与疏导交通流的方法对控制系统会产生深刻的影响。有鉴于影响已有系统的运行效果的一些因素，在建立一个城市道路交通控制系统之前，必须针对道路状况及交通流状况做出交通流疏导方案和道路使用方法，制定出交通规则，使得道路与交通更加规整。

5. 标准化与模块化

由于计算机语言的发展水平，SCATS 控制方式受硬件及用汇编语言的限制，不能在其他类型的计算机上运行，限制了它的扩展。而 SCOOT、UNTCS 都使用高级语言编程，便于移植和推广，其成本也相对较低。而且随着可视化语言以及 Java 等高级语言的不断完善和发展，所研制的控制系统应立足于标准化和模块化，有利于产品的进一步完善和市场的推广。

五、交通地理系统技术

近年来，GIS 技术应用得到空前的发展，其应用领域由自动制图、资源管理、土地利用等，发展到与地理相关的交通、邮电、军事等各个领域。交通 G1S 是 GIS 重要的一个分支。交通 GIS 建立在各种交通运输网络基础上，通过数据库与空间分析相结合的方法，描述交通运输网络和网上运输流，并反映运输网络所存在的问题。交通规划、预测等模型与 GIS 结合，使之成为交通辅助决策支持系统。目前，交通 GIS 可应用在交通运输规划管理与设计部门，且在智能运输系统的集成中起着重要作用。

（一）交通地理信息系统概述

1. 交通地理信息系统的定义

交通地理信息系统（GIS-T）是收集、存储、管理、综合分析和处理交通地理的空间信息和交通信息的信息系统。或者说，它是以与交通关联的各类空间数据和属性数据为基础，在计算机软硬件技术支持下。实现对道路地理信息和交通信息的收集、存储、检索、处理和综合分析，以满足用户需要的计算机系统。也可以说，它是 GIS 技术在交通领域的延伸，在传统的 GIS 基础之上，加入了交通的几何空间网络概念及线的叠置和动态分段等技术，并配以专门的交通建模手段而组成的专门系统。

2. 交通地理信息系统的功能与特点

交通 GIS 结合了 GIS 和其他通信技术的优点，具有一定的感知能力与自适应能力（即智能性）；记忆与逻辑思维能力（即分析性）；表达和判断能力（即可视决策性）。等等。除了 GIS 的一些基本功能，在交通规划、建设和管理方面还具有以下一些独特的功能。

（1）基本功能

基本功能包括编辑、制图和图形量测等功能。编辑功能允许用户添加和删除点、线、面，或改变它们的属性；制图功能可以灵活多样地制作和显示地图、分层和分类输出多种地图，并可放大和缩小地图；量测功能用于在图上量算某一线段长度和指定面积、体积等。另外，除基本常用地图操作功能外，还应具有一些办公自动化的功能。

（2）叠加功能

叠加功能主要是线性数据的叠加能力，分为合成叠加和统计叠加。合成叠加得到的新图层可显示原图层的全部特征，彼此交叉的特征区域仅显示共同特征；统计叠加的目的是统计一种要素在另一种要素中的分布特征。此外，以叠加功能为基础，还可进行缓冲区分析，能用于交通设施选址和线路规划设计等。

（3）动态分段功能

为了分析以线为基础的运输系统属性，交通 GIS 中引入了线性特征的动态分段功能。与静态分段不同的是，动态分段功能是将交通网络中的连线按属性特征分段，分段是动态进行的，且与当前连线属性相对应，如果属性改变，则创建一组新的分段。如在路面管理中，将以路面类型来自动分段，使每个类型的路面含在同一个组中。如果需要按路面类型和车道数这两种属性进行分段，那么每类路面中车道数相同的又自动形成一组。

（4）地形分析功能

地形分析功能可建立地表模型和进行等高线计算。它主要是通过数字地形模型（DTM），以离散分布的点来模拟连续分布的地面高程，为道路设计创建三维地表模型，称为地面数字高程模型（DEM）。这在道路选线和施工设计中是十分需要的。

（5）栅格显示功能

栅格显示功能使得交通 GIS 可以包含图片和其他影像，并可将对应的属性数据进行叠加分析，以便对图层更新。例如，通过添加桥梁、交叉路口以及修正线形等新特征，对原有道路图层进行更新；对带状（沿线一定宽度）或多边形（周围一定范围）图层进行叠加，可以标出沿线或周边土地用途和其他交通属性。

（6）网络分析功能

主要指路径优化分析，即最短路径分析（或者是最佳路径选择分析）。此外，还有相邻和最近邻分析、网络负载分析、车辆路由选择分析、资源分配分析等能力，这在运输需求分析中很有用处。与网络分析集成化的交通 GIS 具有该模型的功能，而无须与其他软件链接。当然，随着交通 GIS 功能的完善，将来与其他软件（如运输需求规划软件、道路设计软件等）链接也是必要的。

综上所述，空间分析是交通 GIS 的核心。网络分析、叠加分析、地形分析和缓冲区分析等功能，为交通 GIS 进行空间分析提供了强有力的工具和广阔的应用空间。随着系统多种功能的完善和发展。交通 GIS 将成为交通运输系统及相关部门日常工作不可或缺的工具、手段和工作平台，在交通现代化建设中发挥出越来越大的作用。

由于交通系统本身所具有的动态性、复杂性，使得 GIS 技术在交通领域的应用与其他领域相比具有很大的差异性。概括起来说，其特点如下：

①几何空间网络拓扑概念

此概念包括的要素有：

节点：点的几何或拓扑目标，两个或多个弧段或链之间的拓扑交点或弧段与链的起、终点。

连通性：弧段在节点处的相互连接关系。弧段与节点的拓扑关系表现了连通性，同时也很好地表达了交通地理的网络线性特点。

路径：路网中由一条或多条弧段连接形成的线特征。

路径段或称区段：与动态分段中的 Section 不同路径段与连线之间是 1∶1 的关系。

这里路径段主要是作为路径、连线及线事件之间的中介实体。

连线：两节点之间的拓扑连接。

②动态分段技术概念

动态分段（Dynamic Segmentation）是按网络重叠的概念发展而来的。即在基于交通特征的数据建模中，把有关特征的属性合并成一个独立的网络，映射到原来的交通几何网络上，通过弧段的分解与合并，建立起交通特征的目标、事件与弧段、节点数据结构之间的映剩关系。动态分段与拓扑数据结构密不可分，它的基本要素是路径和路径段，这里的路径段是弧段的整体或一部分，其长度以所占弧段百分比表示。路径和路径段并不是真正的数据库图形实体，它本身并没有坐标，只是通过它们之间的映射关系继承了几何网络上弧段的坐标。动态分段技术将属性从弧段、节点数据结构中分离出来，解决了具有多重属性地理要素的表达问题，舍弃了属性与弧段、节点的一一对应关系。动态分段实质上是建立在弧段、书点数据结构上的一种抽象方法，通过一定的映射关系把动态分段对应回原有GIS数据中从而实现在不改变原有GIS空间数据结构的条件下处理与表达多重数据的属性关系。由于动态分段不改变原来数据结构，所以建立的特征映射目标是虚体而不是实体，造成交通GIS网络分析的许多功能无法发挥作用。这就需要对弧段、节点数据结构进行改造，寻求合适的拓扑关系表达方法。面向对象扩展关系型交通数据模型和基于交通特征的空间拓扑数据模型的建模方法是一种尝试。

③复杂的空间分析能力

由于交通本身的动态性和网络特征，造成了交通GIS的复杂性。这种复杂性一方面表现在上述几何空间网络拓扑概念和动态分段技术的复杂性上，同时也表现在空间分析的复杂性上。这种复杂的空间分析方法有：线性特征的叠加分析；不同参照系下的线性数据相互转换；最短和最佳路径选择分析；资源分配分析；相邻和最近邻分析；车辆路由选择能力分析；网络负载模型分析；地表数字模型和等高线计算分析等。还有许多分析方法尚未列出。

（二）交通地理系统的技术方法

1.地理数据采集技术

交通地理事物或现象是现实世界的客观存在，而目前计算机所处理的对象最终只能是基于二进制的数字。也就是说，交通GIS系统所描述和处理的数据集是现实世界信息的模型。由于现实世界中地理要素或现象的空间分布是连续的任意形态，只有在空间离散化的基础上，化无限为有限才能对其描述；而其地理属性（定量或定性）需要进行编码描述。因此，地理信息所表达现实世界的信息传输过程实质是一个数字化的过程。

建立一个GIS的基本步骤之一是数据的采集，数据采集也是一个完整的GIS系统应具备的基本功能。数据采集可分为空间数据采集和属性数据采集。空间数据采集的方法很多，根据所采集数据的来源叮分为野外实地测量、地图数字化、遥感数据采集和以全球定位系统为数据源的数据采集等；属性数据采集主要包括遥感数据获取、现场调查、社会调查和已有的各类统计资料的收集等。

（1）野外测量技术

野外实地测量是传统的地图测量方法，这种方法获得的资料具体、准确，但花费人工多，工作周期长。一般是测得资料后制成通用地图，再输入到 GIS 的数据库中。对数据库的局部数据做修改时。则可将实测资料直接输入，而不必经过制图这一环节。近年来得到普遍推广的利用全站仪测量和 GPS 测量技术，给野外实地测量带来了极大的方便，这些技术已用于测量控制网的坐标定位和直接用于地物坐标的实测，可快速获得地理数据。

（2）地图数字化技术

地图数字化所采用的具体方法受设备条件、人力条件和数字化内容的影响。用数字化仪和扫描仪获取地图数据的方式已经非常普遍，大大提高了数字化的精度和速度。数字化仪直接以矢量形式获取地图坐标数据，绝大部分 GIS 和图形处理软件都带有利用数字化仪进行数字化的模块，而 GIS 的设计者也可以自己编写数字化接口程序；扫描矢量化是目前较为流行的数字化方法，这种方法是先用扫描仪将地图扫描为栅格图像，然后对栅格图像进行屏幕跟踪矢量化。屏幕跟踪矢量化不受数字化设备的限制，可以同时大批量进行数字化工作。

（3）遥感数据采集技术

航空摄影测量已普遍用于通用地图的制作。通过使用立体解析测图仪的光学电子仪器，直接在航空照片上读取坐标并传入计算机中，经过适当的转换就可以变成 GIS 的数据；遥感技术是在航空摄影测量基础上发展起来的，从广义上讲前者应包括在后者之中。除可见光外，遥感技术还可利用其他自然电磁波（如红外线）或由人工发射电磁波对地球表面进行远距离探测，探测的结果如果是记录在胶片上，可以用扫描仪或解析测图仪输入到计算机中；如果以数字方式记录下来（一般是把模拟信号转换成数字信号），则可直接用计算机来处理，然后转入 G1S 数据库。另外。还有一种类似电视摄像的扫描技术（CCD），也可以用于数据采集，这在本质上和遥感相似。用遥感技术获取交通信息有范围大、速度快、信息广的特点，遥感信息中既有空间位置信息，也有属性信息。大范围的资源、环境调查，遥感往往是主要信息来源。交通规划和管理部门也越来越多地利用航空遥感影像来获取信息。

④专题数据调查技术

某些专门的地理信息，如道路的属性和交通量、房屋质量性质、地下管网分布等，都要靠实地专题调查才能获得，有时也可将局部的样本资料和遥感信息进行对照，以检验对遥感信息解译的准确性，并从中归纳解译的规律性。

与人口有关的年龄、性别、教育程度、收入与消费、工业生产、商业经营、医疗保健等属性数据，必须经过社会调查与统计才能获得。

值得注意的是任何一个 GIS 都应尽量利用已有的资料，以减少工作成本、缩短工作周期。例如标准通用的数字化地图、与交通规划有关的各种电子图件、政府统计部门的各种数据，以及将社会调查和地图结合的地理数据等，都将简化各种地理空间和属性数据的采集工作，也为不同的 GIS 之间的数据沟通、共享带来了方便。

2. 地理空间数据库技术

地理空间数据库是指用来表示地理空间实体的位置、形状及其分布特征等地理信息的数据库。它可以用来描述来自现实世界的目标，具有定位、定性、时间和空间关系等特征。定位是指在一个已知的坐标系里地理空间目标都具有唯一的空间位置；定性是指有关地理空间目标的自然属性，它伴随着目标的地理位置；时间是指地理空间目标随时间变化而变化的特征。地理空间数据库适用于描述所有呈二维、三维甚至多维分布的关于区域的实体和现象，它不仅能表示实体本身的空间位置及形态信息，而且还可以表示实体属性和空间关系（如拓扑关系）的信息。在地理空间数据中不可再分的最小单元对象称为地理空间实体，地理空间实体是对存在于这个自然世界中地理实体的抽象，主要包括点、线、面及体等基本类型。在空间对象建立后，还可以进一步定义其相互之间的关系（主要指拓扑关系）。地理空间数据是城市和区域中的基础信息，数字城市和数字区域中的绝大部分信息将以地理空间数据库为基础。在 GIS 中，现在的地理空间数据库技术已被广泛用于如交通规划、管理和运输各方面。

从数据处理的角度来看，GIS 又是一个以地理空间数据库为中心的信息转换系统，这个空间数据库本身是地理现象的多面模型，接受地理多样性的数据输入和提供多样性的信息产品。由于 GIS 既管理着具有海量的地理空间数据，又管理着与地理空间数据相关联的地理属性数据、数据模型，以及在此基础上构建的数据库。因此它比其他数据库类型和数据库系统复杂得多。

第三节　智慧交通的建设内容

一、交通管理与规划

智慧交通在交通管理与规划领域的建设包括三方面，分别为：先进的交通管理系统、交通基础设施智能监控系统、交通运输规划决策支持系统。其中，先进的交通管理系统是重点，交通基础设施智能监控系统是基础，交通运输规划决策支持系统则属于长期宏观类型的应用。

(一) 先进的交通管理系统

先进的交通管理系统是目前交通管理所包含的各项业务的全面智能化升级，包多手段、全方位的交通信息采集与路网状态监控系统、自动化的卡口监测系统、各类先进的电子警察监测系统、智能化的交通信号控制系统以及各种交通执法系统等。

（二）交通基础设施智能监控系统

交通基础设施智能监控系统通过在海量的交通基础设施上部署各类先进的传感设备，实时获取其状态信息，这些信息为交通基础设施的维护和相关信息服务提供决支持。该系统与具体的交通基础设施一起共同构成实施智慧交通所需的公共设施。

（三）交通运输规划决策支持系统

基于智能交通系统和物联网的基础设施建设中获得的海量的历史与实时交通信息，利用各种先进的交通规划理论模型，挖掘有价值的交通需求、供给以及运营效果层面的信息。将这些信息资源提供给交通运输规划人员，并实现路网交通运输规划计算、评估以及仿真的各种实用功能，从而提高交通运输规划工作的高效性、科学性和智能性。

二、出行者信息服务

出行者信息服务领域包含的内容非常丰富，服务的分类方法多种多样。从系统建设独立性的角度分析，智慧交通在该领域的建设内容包括三方面：智能车流诱导系统、智能车载导航系统和多渠道信息服务系统。

智能车流诱导系统是指交通管理部门利用实时采集到的路网状态信息和交通需求信息，以路网上分布式部署的可变信息板、可变交通标志、交叉口信号控制机道控制器等为信息发布载体，向在途机动车出行者发布实时路况、交通管制、路径诱导等信息。

智能车载导航系统是指以车载终端设备为信息接收端向机动车出行者提供实时路况、最优路径以及动态路径引导服务的系统。

多渠道信息服务系统泛指其他多种多样的信息服务，信息发布渠道包括 web/ 移动 Web、广播、WAP、短信、语音、触摸式服务终端等；服务内容覆盖出行前、出行中乃至到达目的地并停车的全过程。

三、车辆通营管理

智慧交通在车辆运营管理领域的建设内容包括：智能公交系统、快速公交系统、智能商用车辆管理系统、物流车辆管理系统以及特种车辆运输智能监控系统等。主要通过在目标车辆上安装必要的终端设备，实现高精度的定位功能和高效的双向信息通信能力。通过车辆终端与中心系统的实时信息交互，实现对车辆的实时跟踪、安全保证、应急救援，实现对运营业务的优化调度、效率提升。

四、电子收费

智慧交通在电子收费领域的建设主要体现为不停车收费系能交通系统中起步较早发展较成熟的建设内容。在物联网的全新技术背景下，随着传感技术和短程物物通信技术的进步，现有的不停车收费系统在技术先进性、通行高效性和服务可靠性等方面都将得到全面改进。此外，还将衍生出多种其他基于便携终端的自动收费系统。

五、智能车辆

交通在智能车辆方面的建设内容包括智能防撞系统和智能辅助驾驶系统通过先进的车载电子系统、车载传感系统以及车路无线短程通信系统，实现全方位的车辆避撞功能，包括交叉路口防撞以及碰撞前的车辆乘员保护等，还可以提供视野扩展等辅助驾驶功能。

六、紧急事件与安全

智慧交通在紧急事件与安全领域的建设内容包括事件应急管理系统和紧急救援系统。

事件应急管理系统包括事件的预防、事件的检测与确认、事件的鉴别、事件的响应、事后管理、事件的记录等功能。该系统通过能事件检测算法以及各种人工汇报渠道获取各类交通事件，利用先进的交通事件影响分析模型对其影响进行分析，根据分析结果实时制定或调用预存的处理预案，实现快速高效的事件响应和处理。事件应急管理系统的目的是将各种突发事件对路网通行能力的影响限制在尽可能小的时空范围内。

紧急救援系统的主要服务对象包括机动车驾驶员、行人、摩托动车驾驶员等。该系统全天候地接收各类用户在车辆被盗、发生意外交通事故、车辆抛锚或者人身安全受到威胁等紧急事件下发出的遇险救援请求的信息或信号。系统收到该信号后启动救援计划，根据请求发出的地点、请求救援的类型、距离最近的救援资源分布以及邻域路网范围内的实时路况，确定最佳救援路径，以最快的速度实施救援。

七、综合运输

智慧交通在综合运输领域的建设内容主要体现为智能客货综合联运系统。该系统利用部署在货物、车辆上的各种传感与识别技术以及旅客的便携智能终端的能力结合运输路径所在范围内的实时路况信息，实现客货运信息资源的交换，大幅提升旅客联运服务和货物联运服务中的运输效率和服务质量。

八、自助公路

自动公路系统的基本理念是：在公路系统上铺设有路面磁钉车道，控制中心可直接对每辆智能汽车发出指令，调整其行驶工况。自动公路系统是智慧交通中最先进的应用领域之一。为了实现车辆的自动驾驶，需要在车辆上安装先进的车辆控制系统（Advanced Veh Ⅰ cle Control System，AVCS），该系统利用车载传感器、车载计算机、电子控制装置以及安装在路侧的电子设备。实现车与路之间和车与车之间的信息交换来检测周围行驶环境的变换情况，进行部门或完全的自动驾驶控制，已达到行车安全和增强道路通行能力的目的。

九、汽车移动物联网

汽车移动物联网，简称车联网，是物联网在交通领域的具体应用。在物联网的技术背景下，交通系统中的人、车、路等组成要素的泛在感知能力将逐渐成为实现，这相当于提供了覆盖率极高的海量的信息采集终端和信息发布终端。在物联网的环境中以汽车移动计算平台为核心，利用泛在感知能力可以对现有的几乎所有智能交通系统进行升级强化，建设基于物联网的路网车辆状态监控系统、基于物联网的交通控制系统以及基于物联网的信息服务系统等。

第四节　智慧交通的典型应用

一、道路视频监控系统

交通监控系统可以作为了解交通状况和治安状况的一个窗口，是公安交通指挥系统不可缺少的子系统，也是交通系统的一个重要组成部分。建立道路视频监控系统的目的就是及时准确地掌握所监视路口、路段周围的车辆、行人的流量、交通治安情况等。

二、交通信号控制系统

交通信号控制系统是指用现代化的控制装置或设施（如信号机、信号灯、通信设施、探测仪器、计算机等）对交通进行指挥和疏导，在时间上给交通流分配通行权，其主功能是自动调节交通信号灯的配时方案，使停车次数和延减至最小，从而充分发挥道路系统的交通效益。必要时，可通过指挥中心或交通副控室人工干预，直接控制路口信号机执行指定相位，强制疏导交通。它是交通指挥系统的核心。

交通信号控制系统是城市道路交通管理系统中对交叉路口、行人过街，以及环路出入口所采用的信号控制系统，是充分运用了交通工程学、心理学、应用数学、自动控制与信息网络技术以及系统工程学等多门学科理论的应用系统，主要包括交通工程计、车辆信息采集、数据传输与处理、控制模型算法与仿真分析、优化控制信号、调整交通流等。

道路网络建设的目的是为了提高整个城市交通的通行能力，为交通提供更加优质的服务。道路网络建设还与每条道路自身的特点有重大的关系，一条道路是否畅通将直接影响着整个区域交通状况，而一条道路畅通与否在很大程度上受到这条道路上的每一个交叉路口的制约。当某一路口拥有一定量的交通量时，就需要采取有效的控制措施来保证交通的畅通与安全，因此对路口进行交通管制就显得尤为重要。

同时，交通信号控制的作用就是把相互冲突的交通流在时间上适当分离，以保证交叉口范围内的交通安全和充分发挥现有道路在交叉口的通行能力，从而减轻噪声废气等交通公害的污染，达到国家提倡的"节能、减排"目标。

三、交通流检测系统

交通流检测系统采用视频、地感线圈、微波雷达或 FCD 等交通信息采集技术，实现对全市范围内道路交通信息的采集，为交通管理决策提供支持，为交通诱导提供数据源支持。

通过向驾驶员提供整个路网的交通情报，使驾驶员能够自行选择最佳行驶路线从而把紧张路线上的车辆"诱导"到较宽松的路线上去，以调节交通量的到达数，改变交通流在路网上的分配，避免到达车辆数超过道路的实际通行能力，避免在道路交叉口出现超饱和交通流，"主动"调节交通流。

四、交通事件检测系统

交通事件检测系统采用全画面、多目标跟踪与识别技术，综合处理和分析来自道路监控摄像机的视频图像，对道路交通事件以及过程进行实时检测、报警、记录、传输统计，同时检测和统计道路交通流参数。所检测的交通事件包括停车、车辆慢行、车超速、车辆逆行、抛撒物、交通拥堵、烟雾和火灾、车辆碰撞、行人与非机动车等。当检测到交通事件后，视频交通事件检测器能够记录事件发生时刻前后各一段时间的视频图像，同时发出报警信息。所检测的道路交通流参数包括：车流量、平均车速、占有率、车头时距、车辆长度分类等交通事件检测核心技术是动态多目标识别与跟踪，采取基于自适应模型的目标和背景分离技术、模板自动获取及匹配技术，对画面内的每个目标进行轨迹跟踪和特征识别，通过对目标运动轨迹和多维特征的分析，实现对多种交通事件的检测。

五、高清卡口系统

高清卡口系统采用先进的光学、电子、通信、图像处理和计算机网络等技术，实时记录经过监控区域的每一辆机动车辆的图像，并进行存储和处理，实时对车辆号牌（含中文）

自动识别和报警，为交通超速违章纠正、交通事故逃逸、盗抢机动车及利用机动车作案等案件的及时侦破提供重要的信息和证据。

六、高清电子警察系统

该系统采用现代先进技术，建立完善的对交通违法行为（包括闯红灯、超速、逆向行驶、越线行驶、闯禁令等）进行自动或手动抓拍记录系统，为公安交通管理部门提供强有力的执法证据，进一步改善交通秩序，保障交通安全，提高道路交叉口通行能力减少交通事故。

高清电子警察系统的记录结果作为交通执法依据，对车辆违法判定的准确性极为重要，其主要功能包括：对信号灯控制的路口发生的闯红灯违章行为自动进行实时监测记录；利用视频检测技术或其他先进检测技术，对逆行、越线行驶、闯禁令等交通法车辆进行实时监测记录；采用地感线圈或雷达测速技术，对指定限速路段超速车辆进行监测记录；在指挥中心内建设交通违法行为抓拍系统，采用路口视频监控资源，由人对乱停乱放、逆行，不按规定车道行驶、闯禁令等违法交通行为进行抓拍取证；在指挥中心建设统一的交通违法记录数据传输、存储、处理系统。

七、应急移动取证系统

为了能够快速、高效地处置突发事件，需要建设应急移动取证系统，实现迅速到达场，将现场信息包括音频、视频传回指挥中心，以供指挥中心掌握实时、全面的事件息，使指挥中心可以迅速调派人手处置，在最短时间内解决事件。所以，应急移动取系统弥补了定点信息检测与指挥的不足，可以实现快速灵活地到达事件现场，成立场指挥部，是指挥决策与事件处置的一个重要组成部分。

应急移动取证系统的定位是一个多功能前台取证设备，是供移动取证使用的警终端，是一个机动化、智能化、动态性的车载动态执法取证系统，是一套高科技电子备，为非现场执法维护交通提供了一种先进手段。应急移动取证系统具有车辆稽查交通违法取证、视频监控、交通违法处罚、综合业务查询、事故处理等功能。

八、城市安全管理系统（平安城市）

在政府提出"构建社会主义和谐社会"后，公安部开展了一系列科技强警示范城市建设工程，其中平安城市的建设成为市民提供安全保障和相关服务的重要项目。

平安城市的主体是利用现代信息通信技术，达到统一指挥快速反应、协调提高公安工作效率之目的，以适应中国在现代经济和社会条件下实现动态管理和及时、有效打击犯罪的需要，加强中国城市安全防范能力，加快城市安全系统建设。

平安城市项目涵盖社会众多场景和多个领域，既有民用街区、商业建筑、银行、邮局、道路监控校园，也包含流动人员、机动车辆、警务人员、移动物体船只等。针对重要场所，如机场、码头、油库、电厂、水厂、桥梁、大坝、河道、地铁等,需要建立全方位的立体防护。针对不同的目标群体,可提供报警、视频、联动等多种组合方式。将110/119/122报警指挥调度、GPS车辆反劫防盗、远程可视图像传输、远程智能电话报警及地理信息系统(GIS)等有机地链接在一起,实现犯罪实施、火灾发生的实时联动报警、犯罪现场远程可视化及定位监控、同步指挥调度,从而有效实现信息高速化,实现城市安防"事后控制"向"事前控制"转变,提升市民的安居满意度。

平安城市应急指挥中心系统集公安、交警、消防、医疗、公共事业、民防等政府部门于一个平台上,通过与数字化城市管理系统、道路交通监控系统等多个系统的结合,利用市区级数据交换平台实现资源共享,为市民提供快速、及时的救助和服务,实现统一接警、统一指挥、快速反应、联合行动,具体包括以下几个方面:

第一,统一的报警求助号码。群众可以通过拨打城市统一的应急中心号码报警求助如:999,也可以拨打原来的110/122/119或120等号码报警求助,由系统人工或自动进行分类处理。

第二,统一的指挥调度。各应急系统之间的联动,如120急救,根据急救的线路,公安交通信号控制系统可以在预定的急救线路上给出信号绿波控制方案,保证沿途的畅通。

第三,统一的城市地理信息系统。同一电子地图包含公安、急救、社会公用事业应急处理等所有专题图层。

第四,统一的城市应急综合信息数据库。对应急系统的信息进行数据采集和融合,形成城市应急综合信息数据库,为综合指挥调度和系统联动奠定基础。

第五,智能化的应急指挥调度系统。自动选择应急路线,综合分析距离和道路情况,在电子地图上自动确定最优路径。

第六,丰富的应急处理预案。提高突发事件处理的效率和能力。

九、城市慢行公交系统(公共自行车)

随着我国经济的快速发展和城市化进程的迅速推进,城市交通日益拥堵,导致能源消耗急剧增加,环境污染日益严重,已经成为制约我国社会、经济健康稳定快速可持续发展的瓶颈因素之一。如何实现城市交通、能源与环境的可持续发展已成为各大中城市迫切需要解决的严峻问题。城市慢行公交系统(SMTS)已经成为世界公认的节约能源、减少污染的重要交通方式。大力推动城市慢行交通系统建设与发展、构建包含SMTS的多元交通模式下的公共交通智能诱导体系,是解决上述难题的一个有效途径。通过与现有的主要为机动车等快速交通工具服务的城市智能交通系统进行无缝对接,为出行者提供更有效的多元交通诱导信息,为交通管理部门实时生成多元交通管理与控制预案提供可靠依据,从而提高公共交通出乘率,提高路网多元交通综合运行效率,均衡路网负载,达到减少机动车能源消耗、减少污染物排放、降低交通拥堵的目的。

城市慢行公交系统由租用、查询、管理、清结算、网络和防范监控六大功能模块部组成，共涉及 14 个子系统和 3 个附属部分，同时系统还包含了用户系统管理的营运调度管理子系统。

（一）租用模块

租用模块作为城市慢行公交系统最核心的驱动模块，租用模块由 4 个子系统和 2 个附属部分组成，即锁止器执行子系统、锁止器控制子系统、交易子系统、通信子系统 CAN 总线和密钥计算部分。锁止器执行子系统负责执行控制子系统发出的指令，实现对公共自行车的开闭锁工作；锁止器控制子系统是负责向锁止器执行子系统发出控制指令，接收锁止器执行子系统的状态信息，同时完成对租用 IC 卡的操作，还要响应交易处理子系统传来的控制信息。密钥计算部分采用 PSAM 卡与 IC 卡读卡器分离技术，将 PSAM 卡安装在交易处理子系统的密钥机中，由密钥机统一计算密钥，把服务点的密钥卡数量从几十个降到一个，大大降低了成本，增加了系统推广应用的可能性。

（二）查询模块

查询模块由前端服务点查询和后台管理查询两部分组成。通过前端自助服务机可以查询以下内容：公共自行车专用卡（Z 卡）启用与停用情况、保证金退还次数金额和交款金额；用户 IC 卡租还车信息；用户 IC 卡的流水号、租还时间、租用时间、免费时间、扣款金额信息；用户 IC 卡钱包、优惠区余额信息。通过后台对数据库访问，除前端查询的信息外，还可以查询一个时区内的租用量、租用消费金额等信息。

（三）管理模块

管理模块是通过采集前端各租用服务点产生的相关信息以及公共自行车租赁、故障等数据，进行综合处理并生成所需的各项结果数据的系统，由基础数据管理子系统运营调度子系统、查询统计子系统和异常管理子系统组成。基础数据管理子系统主要自行车基础数据（包括车型、生产厂家、购买日期、维护日期等）、相关部门基据管理、各类设备基础数据、租用服务点基础数据、维修点基础数据、管理人员基础数据、持卡人基础数据等的统一维护；整个平台的数据进入数据中心完成统一清洗、核对及整理，形成决策分析及数据挖掘中可用的基础数据。

（四）清结算模块

清结算模块主要接收租用功能部分上传的各服务点租车与还车所产生的各类数据，同时对售卡、充值、退卡、清算和消费等做好记录，并进行归类整理后形成报表系统。

（五）网络模块

网络模块主要将各个功能部分用有线与无线网络方式组成专用通信网络进行数据传输，目前杭州公共自行车智能管理系统采用的专用通信网络是由杭州网通公司 VPN 有线网络与 Wi-Fi 技术的无线城域网组成，当服务点无法进行有线网络传输时，自动切换到无线网络进行传输，保证各功能部分之间数据交换不中断。

（六）防范监控模块

防范监控模块主要由摄像机、红外报警等设备组成，实现对租用服务点设施设备直接接入视网络服务器现场进行图像数字化压缩处理，通过硬盘录像保存，同时将数字化处理图像通过专用通信网络传输至监控中心。租用服务点的红外线探测设备对防盗区域进行防盗布防，当有人体移动入侵通过布防空间或停在车位上的公共自行车被非法移动时，报警装置触发自动报警，监控中心立即出现报警提示，并自动将监控至对应报警区域画面，报警区域自动开启全部照明灯光，供监控人员查看现场实际情况，并且可通过远程广播进行喊话警告。

（七）营运调度管理子系统

营运调度管理子系统主要对租用服务点、公共自行车、服务人员、租用服务点设备设施进行管理，同时还可实现对租用服务点的区域化管理、租用服务点公共自行车实时空满位报警、租用服务点实时断电断网报警、黑车检测管理、系统各模块软件版本检测和管理等。该系统实现对各租用服务点公共自行车数量的实时统计和汇总，设置租用服务点公共自行车最高和最低存储数量报警提示，对公共自行车租用运行状况进行分析，便于管理人员对公共自行车的有序调度；并能根据对租用数据的挖掘，给出智能调度方案，对调度情况进行跟踪并完成调度排版及执行管理等功能，确保各租用服务点公共自行车存储数量平衡，不发生短缺和蛮夷。

（八）异常管理子系统

异常管理子系统主要完成公共自行车租用过程中的异常情况，包括车辆丢失、车祸及责任处理登记等，如果车辆进行了保险，还需要对车辆的保险情况提供登记和查询，为公司车辆调度、服务巡查、故障维护等日常的运行管理提供系统的指导。

参考文献

[1] 熊光忠 . 城市道路美学 - 城市道路景观与环境设计 [M]. 建筑工业出版社，1990.

[2] 刘滨谊 . 现代景观规划设计 [M]. 东南大学出版社，1999.7.

[3] 刘滨谊 . 城市道路景观规划设计 [M]. 东南大学出版社，2002.3.

[4] 魏兴琥 . 景观规划设计 [M]. 北京：中国轻工业出版社，2010.9.

[5] 胡波 . 道路景观设计导则研究 [D]. 天津大学硕士论文，2003.06.

[6] 薛峰 . 城市道路相关设施景观设计要则研究 [D]. 西安建筑科技大学硕士论文，2003.

[7] 徐华 . 杭州市道路绿地景观规划设计初探 [D]. 浙江大学硕士论文，2003.06.

[8] 谭敏 . 现代城市街道空间景观系统化研究及整合思路 [D]. 重庆大学硕士论文，2004，63 — 79.

[9] 文国玮 . 城市交通与道路系统规划 [M]. 清华大学出版社，2001.

[10] 邵力民 . 景观设计 [M]. 北京：中国电力出版社，2009.

[11] 吕正华 . 街道环境景观设计 [M]. 沈阳：辽宁科学技术出版社，2000.

[12] 岑乐陶 . 城市道路交通规划设计 [M]. 北京：机械工业出版社，2006.

[13] 陈锦富 . 城市规划概论 [M]. 北京：中国建筑工业出版社，2006.

[14] 刘易斯 - 芒福德 . 城市发展史 [M]. 北京：中国建筑工业出版社，2005.

[15] 李德华 . 城市规划原理（第三版）[M]. 北京：中国建筑工业出版社，2001.

[16] 庄林德，张京祥 . 中国城市发展与建设史（第三版）[M]. 南京：东南大学出版社，2002.

[17] 唐恢一 . 城市学 [M]. 哈尔滨：哈尔滨工业大学出版社，2001.

[18] 黄光宇 . 陈勇 . 生态城市理论与规划设计方法 [M]. 北京：科学出版社，2002.

[19] 崔功豪，王兴平 . 当代区域规划导论 [M]. 南京：东南大学出版社，2006.

[20] 程道平等 . 现代城市规划 [M]. 北京：科学出版社，2004.

[21] 谭纵波 . 城市规划 [M]. 北京：清华大学出版社，2005.

[22] 丁成日 . 城市空间规划——理论、方法与实践 [M]. 北京：高等教育出版社，2007.

[23] 夏祖华，黄伟康 . 城市空间设计（第 2 版）[M1. 南京：东南大学出版社，2002.

[24] 顾朝林，俞滨洋，薛俊菲 . 都市圈规划——理论·方法·实例 [M]. 北京：中国建筑工业出版社，2007.

[25] 许学强，周一星 . 城市地理学 [M]. 北京：高等教育出版社，1997.

后　记

　　本书由刘勇、郑翔云、傅重龙担任主编，廉捷、李玖诺、覃诚、武俊宏、张军、黄维担任副主编，其具体分工如下：

　　刘勇（山西交科公路勘察设计院）负责第四章的三、四、五以及第五章、第六章内容撰写，共计10万字符；

　　郑翔云（沈阳建筑大学）负责第一章、第二章以及第四章的一、二节内容撰写，共计8万字符；

　　傅重龙（厦门市市政工程设计院有限公司）负责第三章、第七章内容撰写，共计6万字符；

　　其他参编人员有：廉捷（中国铁路北京局集团有限公司）、李玖诺（中铁第五勘察设计院集团有限公司）、覃诚（宁局集团公司调度所）、武俊宏（山西玉达路桥工程有限公司）、张军（永州市城市建设投资发展有限责任公司）、黄维（山东省青岛市崂山区房屋征收管理局）、金泽宇（中铁第五勘察设计院集团有限公司）、朱增江（河北胜康工程设计有限公司）、阮霞（中陕核工业集团测绘院有限公司）、王怀涛（迪尔集团有限公司）、王佳（北京北方天亚工程设计有限公司）、刘鑫（日照山海天城建开发有限公司）、冯彦凯（中国铁路北京局集团有限公司）、朱莹（浙江工业大学工程设计集团有限公司）、刘心亮（辽宁省交通规划设计院有限责任公司）、朱晓飞（辽宁省交通规划设计院有限责任公司）。